“十三五”江苏省高等学校重点教材（编号：2017-2-010）

基于Pocket Lab的电子电路实践教程

王　蓉　王　欢　编著

东南大学出版社
SOUTHEAST UNIVERSITY PRESS
·南京·

内容提要

本书以口袋实验室 Pocket Lab 为硬件测试设备，按照教指委制定的“电子线路”课程的基本要求来设计和编排实验。首先介绍了什么是口袋实验室，让读者对这种新型的实验手段有个基本的了解。然后介绍口袋实验室中的两大利器：仿真工具 Multisim 和硬件测试工具 Pocket Lab 的基本使用方法。最后提供了十个实验，包括晶体二极管、晶体三极管、单管晶体管放大器分析与设计、差分放大器、频率响应与失真、电流源与多级放大器、多级放大器的频率补偿和反馈、运算放大器及应用电路、功率电子线路和振荡器，每个实验都贯穿了理论计算、计算机软件仿真和硬件实验三个环节，可使读者更好的掌握完整的电子设计流程。

本书可以作为高等学校电子信息类、电气类、自动化类等相关专业的电子线路实践教学指导书，也可以作为日益丰富的 MOOC 资源以及翻转课堂的教学补充，帮助自学和在线课程学习的学生在课外和实验室外建立自己的专属实验室，有更充分的时间和空间来实践电子线路实验。书中实验内容基于 Pocket Lab 开发，但不仅限于 Pocket Lab 测试，可移植性强，在所有虚拟测试仪器构建的口袋实验室和真实实验室环境中均可完成测试。

图书在版编目(CIP)数据

基于 Pocket Lab 的电子电路实践教程 / 王蓉，王欢编著. — 南京 ：东南大学出版社，2018.1(2020.7 重印)
ISBN 978-7-5641-7640-2

Ⅰ.①基… Ⅱ.①王… ②王… Ⅲ.①电子电路-教材 Ⅳ.①TN702

中国版本图书馆 CIP 数据核字(2018)第 024529 号

基于 Pocket Lab 的电子电路实践教程

出版发行 东南大学出版社
社　　址 南京市四牌楼 2 号(邮编：210096)
出 版 人 江建中
责任编辑 姜晓乐(joy_supe@126.com)
经　　销 全国各地新华书店
印　　刷 江苏凤凰数码印务有限公司
开　　本 787mm×1092mm　1/16
印　　张 12.75
字　　数 248 千字
版　　次 2018 年 1 月第 1 版
印　　次 2020 年 7 月第 3 次印刷
书　　号 ISBN 978-7-5641-7640-2
定　　价 42.00 元

本社图书若有印装质量问题，请直接与营销部联系，电话：025-83791830。

引 言

Introduction

模拟电子线路，很多同学叫它"魔电"。这一方面说明了它的难度，另一方面也说明了它的魅力。它是电子信息、电气工程自动化等专业的一门重要的专业基础课，同时这门课程中的很多内容也以各种方式进入了其他专业——甚至很多非电专业——的教学内容中，在相关的专业领域担任着越来越重要的角色。在学习模拟电子线路的过程中，实验是一个非常重要的环节，在实验中，你可以更好地领会课程中说到的各种关键的知识，能够将你的奇思妙想实现在实际系统中，能够更好地发挥你的想象力和创造力，设计出更好的创新作品。

说到实验，离不开实验仪器，离不开实验室。在我们的印象中，实验室是学校提供给我们的一个个专门的房间，里面提供了很多实验必需的、昂贵的实验设备。但是，本书给出了一个全新的实验方式，它可以将实验室装入你的书包，让你随时随地可以做实验，开始魔电世界的探索之旅。能够做到这一点，得益于两个关键词：计算机仿真和虚拟仪器！

第一个关键词，计算机仿真，说的是计算机电路仿真技术。现在电子器件建模技术不断成熟，使得器件的电路模型与实际电路的契合度越来越高，各个器件供应商都提供了各个元器件的精确模型。在此基础上，电路的计算机仿真软件也得到了飞速的发展，各种优秀的仿真软件不断涌现，在这些平台上可以方便地搭起你的电路开展实验，观察电路在运行时的各种表现，探索魔电世界。在这里，你可以尽情发挥你的想象，不用担心硬件价格，不用担心由于搭错电路对硬件产生损害。而这一切的实现，只需要一台你书包中的笔记本电脑！

但是，仿真毕竟是"仿"真，并不是完全的真实，毕竟模型与实际电路之间依然可能存在这样那样的差异，有时并不能完全展现电路的实际情况。所以，我们还需要在实际电路中进一步测试和验证，真正保证我们的电路能够达到预期的设计指标。只有在实际电路中实现了以后，才能真正发挥电路在实际应用中的功能。此外，从实验中，我们可以掌握利用多种仪器设备，发现、分析、解决电路中出现的各种问题的能力。所以，实物实验也是一个必不可少的环节。

实验调试需要用到很多的仪器设备，必须在专业的环境下进行。实验室环境的构建成为实验教学的关键。以往的实验，由于需要使用大量的专门仪器设备，大都在专设的实验室中完成。而近来计算机技术的迅猛发展和普及给我们带来的虚拟仪器技术，给实验带来了很大的变化。借助于虚拟仪器，可以将计算机扩展成各种实验仪器，实验环境得以大大的简化。这就是我们说的第二个关键词——虚拟仪器！

本书介绍的口袋实验室 Pocket Lab 以及其他类似的平台，就是这样一种虚拟仪器。虽然只有巴掌大小，但是接在笔记本电脑上，就可以构成一个集信号发生器、示波器、电源、系统参数测试仪、逻辑分析仪等多种设备于一体的完整的电类实验台。而这个“实验台”完全可以放进你的书包中，构成你的私人实验室，让你可以摆脱实验室场地的束缚，随时随地做实验，在教室、宿舍、图书馆等地方，针对你感兴趣的题目，搭建实验系统，探索相关的难题，实现和验证你脑海里的奇思妙想。而这个平台的价格，甚至低于一些廉价手机。

但是必须提醒大家的一点是：虚拟仪器虽然可以替代实物仪器支持我们的实验学习任务，但是今后在实际工程应用中，并不能完全替代实物仪器，后者在性能指标上会远远超过虚拟仪器。所以，在学习中千万不能以学会虚拟仪器为终极目标。

本书的特色，就在于充分利用了计算机仿真和虚拟仪器技术，通过仿真实验和实物实验，带领大家遨游奇妙的魔电世界。各个实验直接在元器件层面进行连接，实现各种电路系统。这种实验方式，看起来比那些实验箱、实验模块式的实验方式要略微麻烦一些，但是通过这样的元器件级的连接和测试过程，你才能够真正了解电子系统的奥妙，才能够真正设计出具有你自己完整的自主知识产权的创新作品。实验使用到的元器件成本比实验箱、实验模块式的产品要低得多。

这本书的另一特色在于其中无论是仿真实验还是通过口袋实验室的实物实验，都做到了相关的仪器操作界面与实际仪器非常接近。这样在学会这本书介绍的实验以后，你实际上也掌握了实际仪器的使用方法，以后再使用相关的实际仪器就非常容易了。

东南大学信息科学与工程学院多年来利用这种口袋实验室的方式，在“电路基础”“模拟电子线路”“数字电路”等课程中进行了理论—实践教学一体化的大胆尝试，让实验教学打破了时间和地点的限制，让学生可以随时随地做实验。多年的教学实践取得了优异的成果。本书是王蓉等老师们这几年教学探索的一个总结，对其他相关院校的学生和老师有着很大的参考价值。同时，在 MOOC 等在线开放教育模式不断发展的今天，广大的网上学习者对“电子线路”等课程的实验也有着很大的需求，本书的出版也可以给广大的网上学习者找到一个方便的途径。

来吧，让我们跟着这本书，一起探索魔电世界！

孟　桥
2018 年 1 月于东南大学

前言

Preface

随着社会对学生素质要求的提高，学生作为独立个体，自主性增强，多样化和自主创新的需求提升。同时，在线课程、翻转课堂等全新的教学方式盛行，使得提高学生的分析、设计能力和独立解决问题的能力变得越来越重要。特别是对于实践性较强的课程体系，如三电课程："电路""数字电路"和"模拟电路"，需要将实践教学纳入常态化教学体系，才能极大地发挥理论和实践教学的互相促进作用，极大地提升学生的动手实践能力和解决问题的能力。

"电子线路"作为一门电子类的专业基础课，内容涵盖了半导体器件、放大器分析与设计、频响、反馈、集成运放的应用、功率电路、振荡器等多方面内容，知识点多，理论和实践结合性要求高，工程应用背景强。实验作为理论课的有效补充，不仅可以加强学生对理论知识的消化和吸收能力，而且可以增强学生动手实践和创新能力，在实践中提高分析和解决问题的能力。另一方面，电学实验的测量和调试离不开测量仪器，传统实验手段对实验地点和实验时间均提出了极大的限制，使得实验只能在确定的地点和合适的时间开展。有限又昂贵的实验室资源也无法支撑大量学生的研究性实验。近年来，EDA技术不断发展成熟，电子产品和虚拟仪器价格不断下降，现代电子化设备的发展和翻转课堂、MOOC课程的兴起，都对实验教学提出了新的要求和挑战。因此，便携式口袋实验室成为实验教学的新型手段。围绕口袋实验室可以建立丰富多彩的课堂教学方式，可以让学生在图书馆，在宿舍，在教室，在翻转课堂，在在线课程学习中，都可以随时建立起属于自己的实验环境，满足学生日益增强的自主研学需求。

口袋实验室的构建和发展为学生创造了随时随地做实验的环境，也为开展研究性和设计性实验奠定了基础，而合适的实验指导书就变得更为重要。实验指导书要能体现理论的重点和难点，还要兼顾验证性、设计性和探讨性实验比例，既能加强学生的理论学习，又能增强他们的动手能力，同时提升他们思考和解决问题的能力，为实验课堂的探讨性研究提供实验素材。在此背景下，笔者编著了基于Pocket Lab口袋实验室的电子线路实践教程。

本书以电子线路的理论内容为依托，以口袋实验室 Pocket Lab 为硬件基础，注重理论计算、计算机仿真和硬件实验三个环节的融合，注重提升学生的分析、设计能力和独立解决问题的能力。优化设计实验内容，提高实验的可操控性和灵活性，注重让学生通过设计和优化器件参数等方式加深对电路的理解，注重提出问题，让学生自行设计解决方案，激发学生的主动性。本书注重平衡验证性实验和设计性实验。加大课后思考题比重，以思考题的方式实现对实验结果的总结和提升。

本书的实验内容是按照教指委制定的"电子线路"课程的基本要求进行设计和编排。实验内容的安排突出反映"电子线路"课程的教学重点和难点，实现用理论指导实验，用实验结果加深对理论的理解。本书第一章介绍了什么是口袋实验室，让读者对这种新型的实验手段有个基本了解；第二章介绍了口袋实验室中的两大利器：仿真工具 Multisim 和硬件测试工具 Pocket Lab 的基本使用方法。第三章是全书的主体部分，提供了十个实验，包括晶体二极管、晶体三极管、单管晶体管放大器分析与设计、差分放大器、频率响应与失真、电流源与多级放大器、多级放大器的频率补偿和反馈、运算放大器及应用电路、功率电子线路和振荡器。附录部分提供了 Pocket Lab 口袋实验室的软件安装和接口说明。Pocket Lab 提供了用于计算机端二次开发的控制接口协议，可供有兴趣的读者通过 C++、LabVIEW、Matlab 等软件进行二次开发，构成其他的测量、控制系统。

每个实验中都贯穿了理论计算、计算机软件仿真和硬件实验三个环节。这三个环节也是现代电子设计的三个主要阶段：理论分析能力是设计能力和分析能力的基础；然后利用 EDA 软件工具针对分析或设计的电路进行仿真，验证设计和分析的正确性；最后进行硬件实现和测试，并分析测试结果，务求使读者能掌握完整的电子设计流程。在实验栏目设计中，我们设计了"背景知识回顾"和"背景知识小考查"，以培养学生对所学理论知识的掌握、复习和运用，"一起做仿真"注重仿真工具的使用和仿真方法的培养；"动手搭硬件"注重硬件搭试和测试分析能力的提升；"设计大挑战"栏目提出设计类题目，"研究与发现"提出探索性问题，注重培养学生在实践中发现问题和解决问题的素养训练。每个实验阶段都配有一定的思考题，启发学生对实验现象进行思考，并鼓励学生对思考结果进行理论分析和实践验证。

本书所有的实验案例均在 Multisim 上仿真通过；硬件均在 Pocket Lab 口袋实验室上测试通过。实验内容基于 Pocket Lab 开发，但不仅限于 Pocket Lab 测试，可移植性强，在所有虚拟测试仪器构建的口袋实验室和真实实验室环境中均可完成测试。

本书可以作为高等学校电子信息类、电气类、自动化类等相关专业的电子线路实践教学指导书。使用过程中，可根据实验的学时和理论课程的重点选择相关实验内容开展教学研究。同时，因为它是围绕方兴未艾的口袋实验室编著，因此可以作为日益丰富的

MOOC资源以及翻转课堂的教学补充，帮助自学和在线课程学习的学生在课外和实验室外建立自己的专属实验室，以有更充分的时间和空间来实践电子线路实验。

本书由王蓉主编，王欢撰写了2.1节和晶体二极管、差分放大器、多级放大器的频率补偿和反馈、运算放大器及应用电路和功率电子线路的实验部分。

在本书的编写过程中，得到了孟桥教授、冯军教授的热情帮助，提出了许多宝贵意见和有益建议，谨在此表示衷心的感谢。

虽然本书从2013年开始，经历了4轮实践，对书的结构、文字做了多次修改、充实，但限于作者水平，书中内容还有待进一步完善，敬请专家和读者提出宝贵意见。作者邮箱为：wangrong@seu. edu. cn。

王　蓉

2017年10月于南京

本书的电子资源及关于Pocket Lab的更多介绍请见下面的网址，您也可以通过网站内的讨论区与更多的人交流电子电路实验。

http：// pocketlab. seupress. com

还可扫描二维码进入

Introduction 使用说明

背景知识回顾

梳理和回顾基础知识，系统呈现教学中的重点和难点。

背景知识小考查

理论分析和计算实验中的部分电路。

一起做仿真

仿真验证理论知识，分析计算和设计的正确性。

续表

实验用器件	型号	数量
电阻	不同阻值(含滑动变阻器)	若干
电容	不同容值	若干
面包板	任意	1块
数字万用表	任意	1台
口袋虚拟实验室	Pocket Lab	1台

【背景知识回顾】

本实验涉及的理论知识包括PN结的伏安特性、PN结的击穿特性、晶体二极管模型、晶体二极管电路的分析方法、晶体二极管整流和稳压电路等。

背景知识的回顾部分仅仅是提炼了教科书相关章节的重点和难点，如果想深入仔细研究理论知识和推导过程，可参阅任何一本教科书的相关章节和知识点。

1) PN结的伏安特性

PN结的伏安特性是指通过PN结的电流与加在其上电压之间的依存关系。PN结的正向特性和反向特性可统一由下列指数函数表示：

$$I=I_S(e^{\frac{V}{V_T}}-1) \quad (3-1-1)$$

若$V\gg V_T$(或$V>100$ mV)，则上式可简化为

$$I=I_Se^{\frac{V}{V_T}} \quad (3-1-2)$$

而当V为负值，且$|V|\gg V_T$时，$I\approx -I_S$，即为反向饱和电流。PN结掺杂浓度越大，I_S越小；I_S随温度升高而增大；I_S值还与PN结的结面积成正比。实验结果表明：温度每升高10 ℃，I_S约增加一倍。

I/mA

根据式(3-1-1)可以得到PN结的伏安特性曲线，如图3-1-1所示……应的两端电压称……

硅PN结：V……

锗PN结：V……

实验结果表……

2) PN结的……

当PN结上……

【背景知识小考查】

考查知识点：直流工作点计算

在图3-2-11所示电路中，双极型晶体管2N3904的$\beta\approx 120$，$V_{BE(on)}=0.7$ V。计算T_1的各极电流和电压，并填入表3-2-3的计算值一栏。

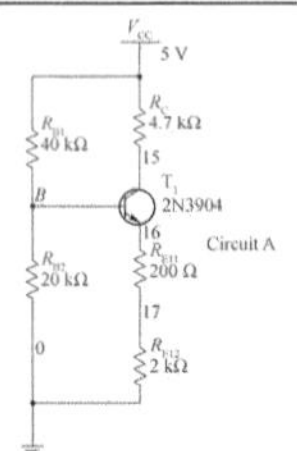

图3-2-11 晶体三极管静态工作点分析电路

【一起做仿真】

1) 晶体管输入特性曲线

在Multisim中搭建图3-2-12所示电路，仿真双极型晶体管2N3904的输入特性曲线。

仿真设置：依次选择Simulate→Analyses→Parameter sweep…，在弹出窗口中(如图3-2-13所示)选择扫描参数的Device type为接在CE间的电源V_2，这是两个参数扫描中的参变量；在Points to sweep中选择扫描种类为List(列表离散值)，并在Value list中给定0、0.3和10三个值；在More Options的Analysis to sweep中选择Nested sweep，点击Edit analysis按钮，弹出如图3-2-14所示窗口，选择Device type为接在BE间的电源V_1，这是两个参数扫描中的主变量；在Points to sweep中选择扫描种类为Linear(线性扫描)，给定Start(起始值)、Stop(终止值)和Increment(步进值)；在More Options

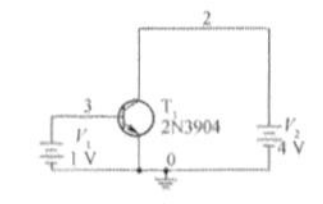

图3-2-12 输入/输出特性曲线仿真图

使用说明 Introduction

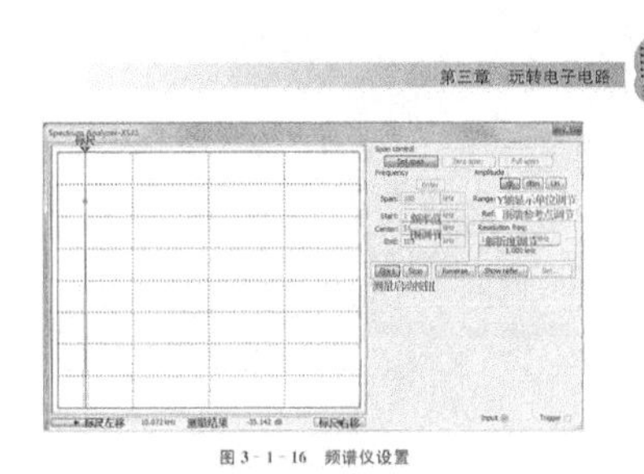

图 3-1-16 频谱仪设置

若改变二极管的直流电压，输出信号的失真情况会有什么变化?

【动手搭硬件】

二极管伏安特性曲线实验

根据图 3-1-17 在面包板上设计电路，直流电压源采用信号源替代，交流幅度设置为 0，改变信号源的直流电压获得不同的直流电压输入，测量二极管两端电压，计算二极管中电流，完成表格 3-1-4，并通过描点的方式绘制实际的二极管伏安特性曲线(可采用软件处理数据)。

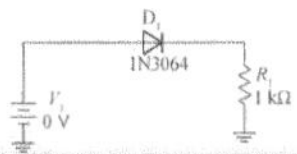

输入电压(V)
V_{D+}(V)
V_{D-}(V)
ΔV_D(V)
I_D(mA)

除了描点法，还有其他运用 Pocket Lab 功能进行二极管伏安特性曲线的测试方法吗? 试一试吧。

【设计大挑战】

采用稳压管 RD2.0S 设计稳压电路，具体要求如下：

a. 输入直流电压 5 V；

b. 负载短路电流小于 40 mA；

c. 输出电压 2 V，负载变化时输出电压波动小于±10%，确定负载电阻范围。

根据以上要求设计稳压电路，给出电路图和器件参数，并在面包板上设计电路，采用 Pocket Lab 实验系统对电路进行测量，完成表 3-1-5。

表 3-1-5 稳压电路测试结果

负载电阻(kΩ)	0.1	0.15	0.2	0.3	0.4	0.5	1	10
输出电压(V)								
符合要求的负载电阻范围为								

提示：负载电阻可以采用可变电阻，便于测试；为了得到准确的负载电阻范围，负载电阻的取值不仅仅局限于上表。

【研究与发现】

二极管温度系数的研究

按照图 3-1-18 所示电路在 Multisim 中进行温度扫描仿真(Temperature Sweep)，直流电流源 I_1 为 1 mA，温度扫描范围为 -40 ℃～125 ℃，步长为 5 ℃，线性扫描，进行直流工作点仿真，得到图中节点 1 的电压随温度的变化波形。

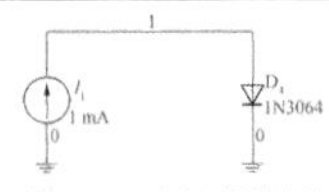

图 3-1-18 温度扫描仿真电路

仿真设置：依次点击 Simulate→Analyses→Temperature Sweep，在 Analysis to sweep 中选择 DC Operating Point。

针对性的启发思考问题，鼓励学生对各种电路现象展开研究与思考。

动手搭硬件

采用口袋实验室提供的电源、信号和测试手段实测电路。

设计大挑战

培养学生的综合应用能力，根据设计要求，自行设计电路。

研究与发现

深入分析研究电路问题，借助仿真和测试手段，验证分析的正确性。

目 录

Contents

第一章　口袋实验室

“电路”“数字电路”和“模拟电路”等电类专业基础课，是实践性很强的课程。初学者在开始学习的时候，往往会觉得它们很深奥。如果缺乏实践的机会，学习者会认为课程里面的内容毫无用武之地，书本上的知识难以理解甚至难以相信，眼不见不为实！有的时候突然有了新的想法，却不知道想得对不对，毕竟实践才是检验真理的标准。这时，或许需要一个进入实验室的机会，需要用仪器来检验理论，用仪器来检验设计，用仪器来验证想法。

众所周知，电路虽然是“设计”出来的，但更是调试出来的，可以毫不夸张地说，世界上几乎没有任何一套稍微复杂一点的电路是不经过调试就可直接由设计到生产的。而电路的调试离不开测量仪器，特别是最常用的示波器、信号源、电源等。当我们走进传统实验室（图 1－1），各种仪器设备像小山一样堆叠在一起。不同的仪器均拥有自己的显示器、供电模块、处理器单元、内存空间和存储器。如果实验室里有多套类似的仪器设备，那么就会有成倍增加的显示器、电源、处理器内存和存储器。这对于硬件来说是巨大的重复和浪费。更重要的是，这样一套实验室设备价格高昂，所需要占用的面积也不小，使得实验只能在固定的地点和合适的时间开展，给同学们的实践带来不便。而且近年来，随着慕课（MOOC，Massive Open Online Courses）的快速发展，各大在线课程平台上涌现出很多优秀的电类专业基础课，吸引了很多同学通过网络进行学习。但是，MOOC 无法

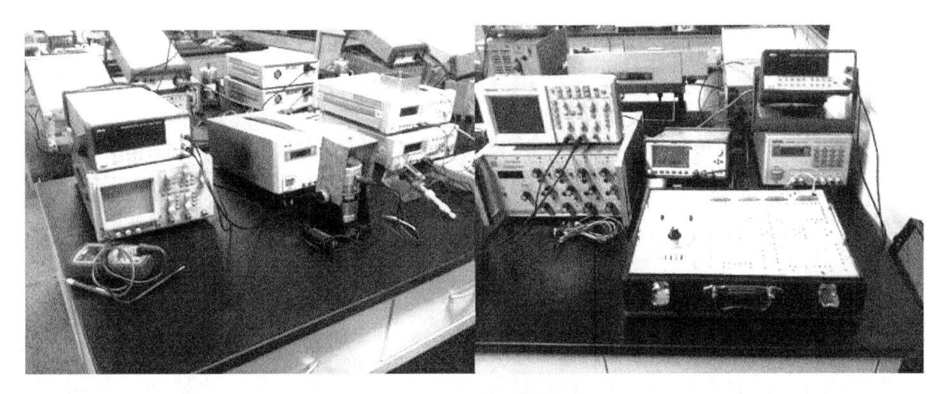

图 1－1　传统实验室

提供实践教学需要的实验室环境，这就给同学们深入掌握课程内容带来了困难。

那么想象一下，如果有这样一种实验室，它能把所有的实验设备和仪器都放进一个口袋里（图 1－2），那么无论在图书馆、宿舍，还是在教室，只要需要，都可以随时建立起属于自己的专属实验室——便携式口袋实验室。这种实验室能够将实验仪器按照需求进行合理整合，高效而灵活，价廉而便利。拥有这样一个实验室，就可以随时获得理论知识的感性认知机会，设计理念就可以随时付诸实践并接受检验。

图 1－2　口袋实验室

近年来，由于 EDA 技术的不断发展成熟，电子产品和虚拟仪器价格的不断下降，笔记本电脑的全面普及，以虚拟仪器为核心架构的便携式口袋实验室迎来了蓬勃发展时期。那么究竟什么是虚拟仪器？口袋实验室又包括哪些组成部分？这本书究竟有什么用处？本章的后续部分将对以上问题一一解答。

1.1　虚拟仪器

“虚拟仪器技术”这个概念缘起于 20 世纪 70 年代末。在当时，微处理器技术的发展已经可以通过改变设备的软件来轻松地实现设备功能的变化，要在测量系统中集成分析算法已经成为可能，因此虚拟仪器技术将会改变整个测试测量的世界。当传统仪器的供应商们还在将微处理器和厂商定义的算法嵌入到他们提供的封闭式专用系统中时，一个全新的趋势——打开测量系统，允许用户自己定义分析算法并且配置数据的显示方式——已经开始形成。就这样，虚拟仪器技术的概念诞生了。

虚拟仪器技术就是利用高性能的模块化硬件，结合高效灵活的软件来完成各种测试、测量和自动化的应用。自其问世以来，世界各国的工程师和科学家们都已将虚拟仪器用于产品设计周期的各个环节，从而改善了产品质量、缩短了产品投放市场的时间，并提高了产品开发和生产效率。使用集成化的虚拟仪器环境与现实世界的信号相连，分析数据以获取实用信息，共享信息成果，有助于在较大范围内提高生产效率。

虚拟仪器系统在应用的早期面临着许多技术上的挑战。当时的标准方式是通过通用接口总线（GPIB，IEEE 488）连接仪器和计算机，将仪器测量的原始数据传输到计算机处理器中，计算机执行分析功能并且显示结果。不过，市场上的各个仪器厂商都使用各

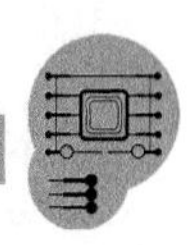

自的命令集来控制各自的产品，同时虚拟仪器技术的编程对于那些习惯用 Baisc 等文本语言来编程的专业人员来说是一个严峻的挑战。很明显，市场需要一种更高层、更强大的工具，但是这个工具到底是什么，当时却并不明朗。转机出现在 1984 年，那一年苹果公司推出了带有图形化功能的 Macintosh 计算机。较之以往键入命令行，人们通过使用鼠标和图标大大提高了创造性和工作效率。同时，Macintosh 的这种图形化操作方式也激发了 Jeff Kodosky 博士的灵感。1985 年 6 月，Jeff 带领一组工程师开始了图形化开发环境的编程工作，研发出虚拟仪器系统的 1.0 版本。在 30 多年后的今天看来，这个产品的诞生大大超越了当时业界的理念，具有深远的前瞻性。技术发展到这一步，虚拟仪器技术已经不再单纯是一个概念性的名词，而是一个切实可行的解决方案，并且可以用图形化或者基于文本的方式来设计系统，不但能为用户带来广泛的灵活性和可扩展性，而且可以节约成本。

虚拟仪器由硬件设备与接口、设备驱动软件和虚拟仪器面板组成。其中，硬件设备与接口可以是各种以 PC 为基础的内置功能插卡、通用接口总线接口卡、串行口、VXI 总线仪器接口等设备，或者是其他各种可程控的外置测试设备，设备驱动软件是直接控制各种硬件接口的驱动程序，虚拟仪器通过底层设备驱动软件与真实的仪器系统进行通信，并以虚拟仪器面板的形式在计算机屏幕上显示与真实仪器面板操作元素相对应的各种控件。用户使用鼠标操作虚拟仪器的面板就如同操作实际仪器一样真实与方便。

1.1.1　虚拟仪器系统的硬件构成

虚拟仪器的硬件系统一般分为计算机硬件平台和测控功能硬件。专用虚拟仪器系统硬件平台可以是各种类型的计算机，如台式计算机、便携式计算机、工作站、嵌入式计算机等。它管理着虚拟仪器的软件资源，是虚拟仪器的硬件基础。因此，计算机技术在显示效果、存储能力、处理器性能、网络、总线标准等方面的发展，促进了虚拟仪器系统的快速发展。

1.1.2　虚拟仪器系统的软件构成

测试软件是虚拟仪器的核心。使用者可以根据不同的测试任务，在虚拟仪器开发软件的提示下编制不同的测试软件，来实现所需的、复杂的测试任务。在虚拟仪器系统中用灵活、强大的计算机软件代替传统仪器的某些硬件，特别是系统中应用计算机直接参与测试信号的产生和测量特性的分析，使仪器中的一些硬件甚至整个仪器从系统中消失，而由计算机的软硬件资源来完成它们的功能。虚拟仪器测试系统的软件主要分为以下 4 部分：

(1) 仪器面板控制软件

仪器面板控制软件即测试管理层，是用户与仪器之间交流信息的纽带。用户可以利用计算机强大的图形化编程环境，使用可视化技术，从控制模块上选择所需要的对象，放在虚拟仪器的前面板上。

(2) 数据分析处理软件

利用计算机强大的计算能力和虚拟仪器开发软件功能强大的函数库可以极大地提高虚拟仪器系统的数据分析处理能力，节省开发时间。

(3) 仪器驱动软件

虚拟仪器驱动程序是处理与特定仪器进行控制通信的一种软件。仪器驱动器与通信接口及使用开发环境相连接，它提供一种高级的、抽象的仪器映像，它还能提供特定的使用开发环境信息。仪器驱动器是虚拟仪器的核心，是用户完成对仪器硬件控制的纽带和桥梁。

(4) 通用 I/O 接口软件

在虚拟仪器系统中，I/O 接口软件作为虚拟仪器系统软件结构中承上启下的一层，其模块化与标准化越来越重要。VXI 总线即插即用联盟提出了自底向上的 I/O 接口软件模型，即 VISA。作为通用 I/O 标准，VISA 具有与仪器硬件接口无关的特点，即这种软件结构是面向器件功能而不是面向接口总线的。应用工程师为带 GPIB 接口仪器所写的软件，也可以用于 VXI 系统或具有 RS232 接口的设备上，这样不但大大缩短了应用程序的开发周期，而且彻底改变了测试软件开发的方式和手段。

本书所列实验实例的硬件测试全部是在基于 Pocket Lab 虚拟仪器构成的口袋实验室上完成。下面就以 Pocket Lab 虚拟仪器为例，介绍虚拟仪器家族强大的测试功能。

1.2 Pocket Lab 能干什么？

Pocket Lab 是东南大学信息科学与工程学院自主研发并交付生产的一款虚拟仪器。该产品主要由 Pocket Lab 硬件和 Pocket Lab 软件配套组成，可以实现示波器、信号发生器、逻辑分析仪、电源、波特图分析、直流电源、直流电压表等多种功能。Pocket Lab 是一个可以用于“电路”“电子线路”“数字与逻辑电路”等课程的虚拟仪器，具有价格低、体积小、精度高等特点。它也可以用于一些实际系统的数据采集、模拟与数字控制，而且它提供了用于计算机端二次开发的控制接口协议，可供用户通过 C＋＋、LabVIEW、Matlab 等软件进行二次开发，构成其他的测量、控制系统。

如图 1－3 所示为 Pocket Lab 的硬件实物图，其尺寸为 9.7 cm×6.8 cm×2.3 cm，体

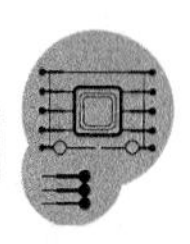

积轻巧，便于携带；中间为其核心电路，上下用两块透明有机玻璃面板进行保护。Pocket Lab 的软件部分操作界面与传统的实验仪器操作面板非常类似，以使学生将来操作实际仪器时不会感到陌生。

下面将对 Pocket Lab 的用途做简单介绍。

图 1－3　Pocket Lab 硬件实物图

1.2.1　它是信号发生器

信号发生器又称信号源或振荡器，是一种能提供各种频率、波形和输出电信号的设备。在测量各种电信系统或电信设备的振幅特性、频率特性、传输特性及其他电参数时，以及测量元器件的特性与参数时，用作测试的信号源或激励源。能够产生某些特定的周期性时间函数波形，如三角波、锯齿波、矩形波(含方波)、正弦波的电路被称为函数信号发生器。

Pocket Lab 信号发生器可以同时输出用户设定的两路信号，波形包括弦波、矩形波(含方波)和三角波。这两路信号可以是频率、幅度、直流偏置单独设置的两路独立通道信号，也可以是直流偏置相等、互为差分信号(幅度相同，相位差 180°)的双通道信号。图 1－4(a)为传统实验室中采用的某种型号的信号发生器照片，图 1－4(b)为 Pocket Lab 信号发生器虚拟面板。

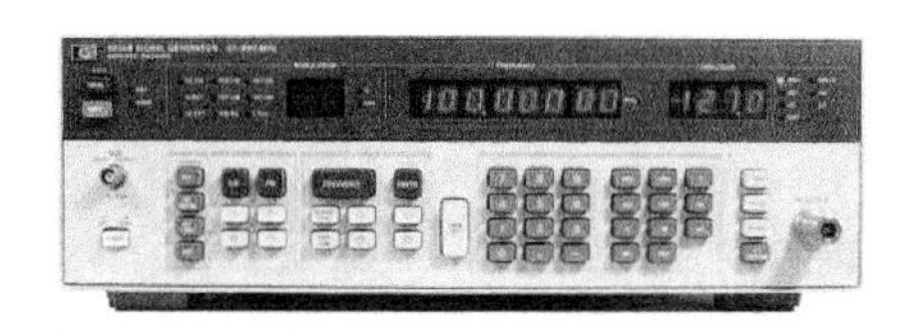

(a) 传统实验室中的信号发生器

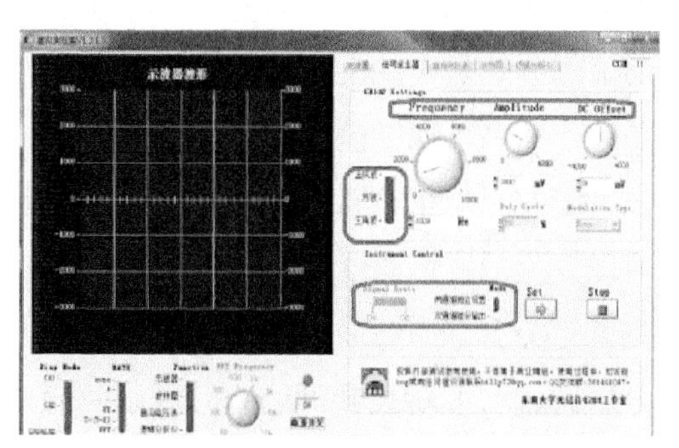

(b) Pocket Lab 信号发生器虚拟面板

图 1－4　信号发生器

1.2.2 它是直流电压源

任何一个电路都必须有电源才能够工作。电源通常又分为电压源和电流源，绝大多数电路采用电压源供电，因此一般提到电源时都是指电压源。Pocket Lab 提供实验中所需的几种常用电压源，包括+5 V、−5 V 和 3.3 V。图 1 - 5(a)为传统实验室中采用的某种型号的直流电源照片，图 1 - 5(b)中的④号区域为 Pocket Lab 多路直流电源硬件插孔。值得注意的是，实际的直流电源设备一般都能同时提供电压源和电流源供电，而大多数虚拟仪器仅仅提供直流电压源供电。

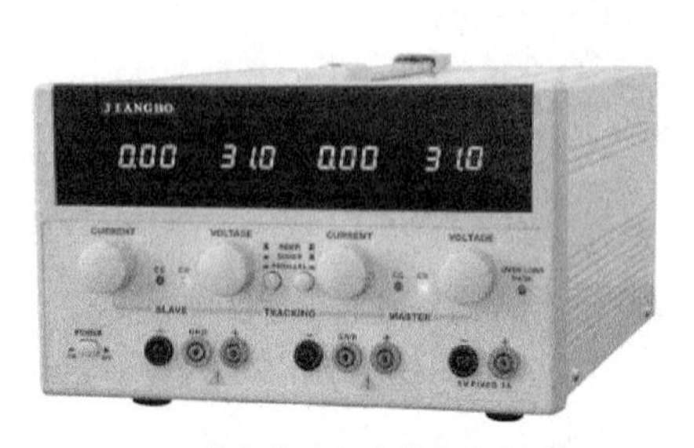

(a) 传统实验室中的直流电源

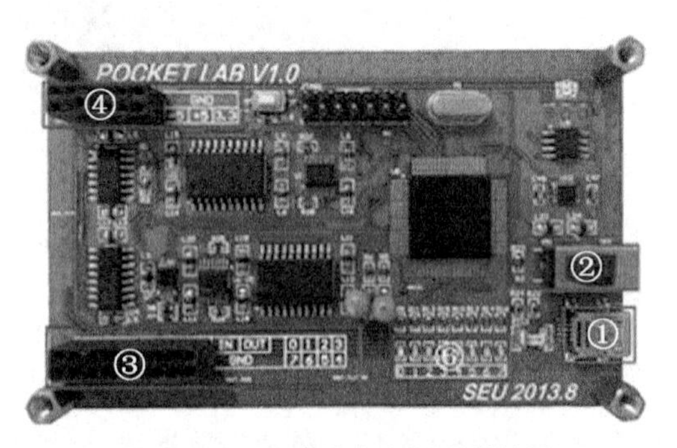

(b) Pocket Lab 多路直流电源硬件插孔

图 1 - 5 直流电源

1.2.3 它是示波器

示波器是最常用的电子测量仪器，是用来观察电路工作状态最好、最有力的手段之一，也是最基本、最需要掌握的工具之一。它能把肉眼看不见的电信号变换成看得见的图像，便于人们研究各种电现象的变化过程。传统的模拟示波器利用狭窄的、由高速电子组成的电子束打在涂有荧光物质的屏幕上，就可产生细小的光点。数字示波器则是利用数据采集、A/D 转换、软件编程等一系列的技术制造出来的高性能示波器。数字示波器的工作方式是通过模/数转换器(ADC)把被测电压转换为数字信息。数字示波器捕获的是波形的一系列样值，并对样值进行存储，存储限度是到能够判断出累计的样值是否能描绘出波形为止，随后，数字示波器重构波形。利用示波器能观察各种不同信号幅度随时间变化的波形曲线，还可以用它测试各种不同的电量，如电压、电流、频率、相位差、调幅度等等。

Pocket Lab 示波器可以同时显示两通道信号，两通道信号可以分别调整垂直位移，Y 轴增益、耦合方式等。在显示模式中，可以选择通道 1、2 单通道显示，也可以选择双通道一起显示。图 1 - 6(a)为传统实验室中采用的某种型号的示波器照片，图 1 - 6(b)为

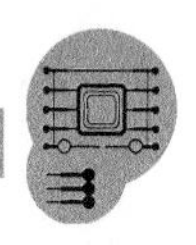

Pocket Lab 示波器虚拟面板。

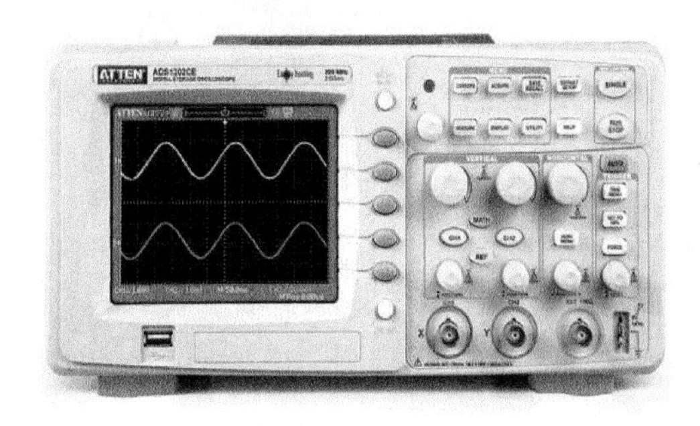

(a) 传统实验室中的示波器

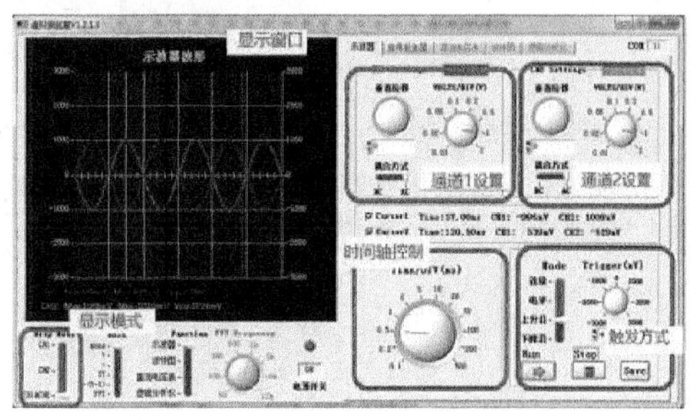

(b) Pocket Lab 示波器虚拟面板

图 1－6　示波器

1.2.4　它是频谱测试仪

物体发生振动时产生声音，振动的强弱(能量的大小)体现为声音的大小，不同物体的振动体现为声音不同的音色，而振动的快慢就体现为声音的高低。振动的快慢在物理学上用频率表示，频率的定义为每秒钟物体振动的次数，用每秒振动 1 次作为频率的单位，称为赫兹。

频率的分布曲线就是频谱。频谱广泛应用在声学、光学和无线电技术等方面。频谱是频率谱密度的简称。它将对信号的研究从时域引到频域，从而为我们带来更直观的认识。信号分析主要从时域、频域和调制域三个方面进行。所谓时域分析就是观察并分析电信号随时间的变化情况。例如，信号的幅度、周期或频率等。时域分析常用的仪器是示波器(这个仪器我们前面已经接触过)，但是示波器还不能提供充分的信息，因此就产生了用频域分析的方法来分析信号。观察并分析信号的幅度(电压或功率)与频率的关系，能够获取时域测量中所得不到的独特信息，例如谐波分量、寄生信号、交调、噪声边带等。通常进行信号频域分析的仪器就是频谱分析仪。

频谱分析仪(频谱仪)是信号频域特性分析的重要工具。它将一个由许多频率分量组成的复杂信号分解成各个频率分量，每一个频率分量的电平被依次显示出来。如图 1－7 所示，是由 3 个不同频率的正弦波叠加而成的信号，从时域测量来看，只是一个非规则波形。但是如果测量其频谱，便可获得更进一步的资料，了解这个合成信号中所包含的不同信号的频率和强度。现代频谱分析仪大多基于快速傅里叶变换(FFT)，通过傅里叶运算将被测信号分解成分立的频率分量，达到与传统频谱分析仪同样的结果。这种新型的频谱分析仪采用数字方法直接由模拟/数字转换器(ADC)对输入信号取样，再经 FFT 处理后获得频谱分布图。

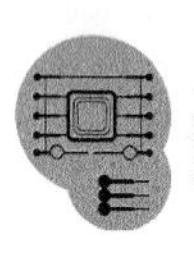

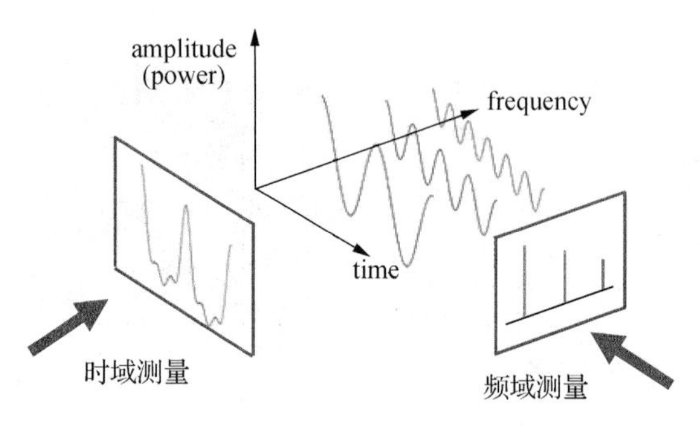

图 1 - 7　信号的频域与时域测量

在 Pocket Lab 的示波器面板上选择 FFT，即可获得信号的频谱信息。图 1 - 8(a)为传统实验室中采用的某种型号的频谱测试仪照片，图 1 - 8(b)为 Pocket Lab 频谱测试虚拟面板。

(a) 传统实验室中的频谱测试仪

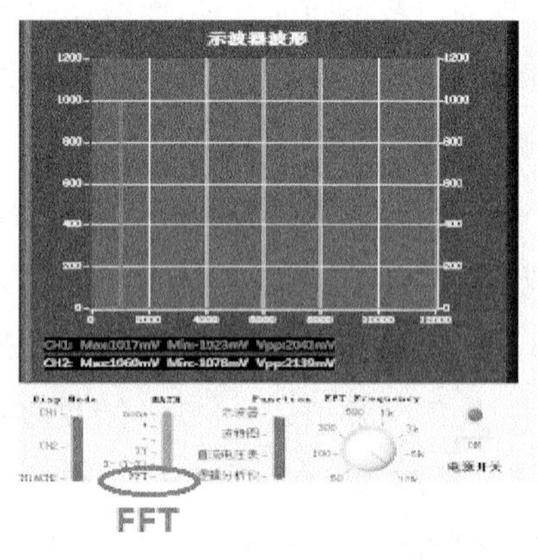

(b) Pocket Lab 虚拟频谱仪

图 1 - 8　频谱仪

正弦波和方波都是大家熟悉的时域波形，那么两者的频谱究竟如何呢？用 Pocket Lab 产生的 1 kHz 正弦波和方波在示波器上显示时域波形，如图 1 - 9(a)所示。选择 FFT，得到方波的频谱图，如图 1 - 9(b)所示，正弦波的频谱图如图 1 - 9(c)所示。频谱图揭示了方波和正弦波的频率本质：正弦波是单一频率波形，仅仅含有 1 kHz 分量；而方波的基波频率是1 kHz，除此之外还有 3 kHz、5 kHz 等基波的奇数倍数的分量。

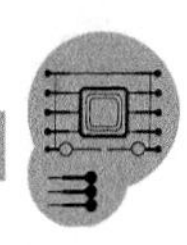

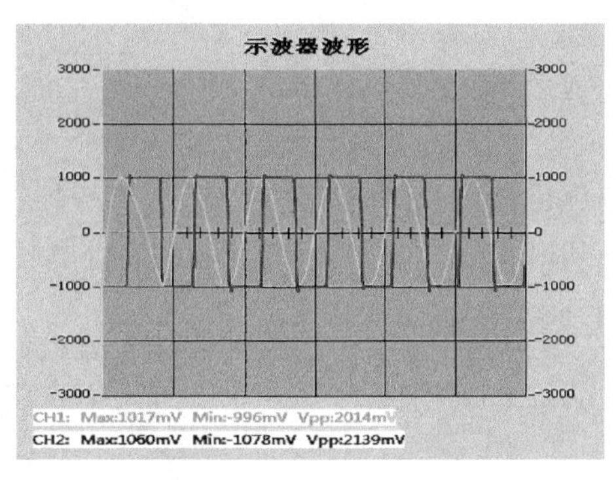

(a) 正弦波和方波时域波形

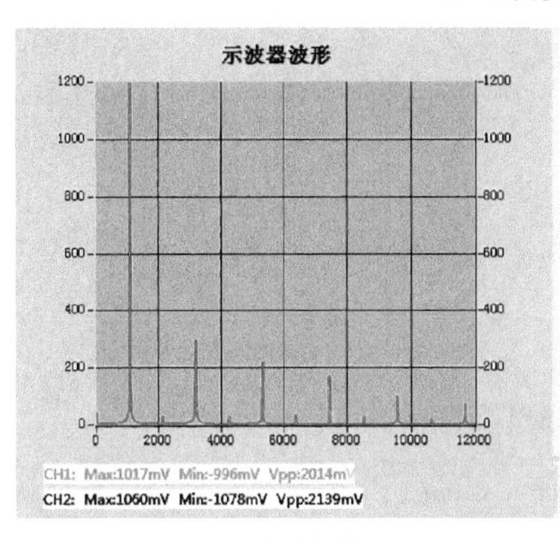

(b) 方波频谱

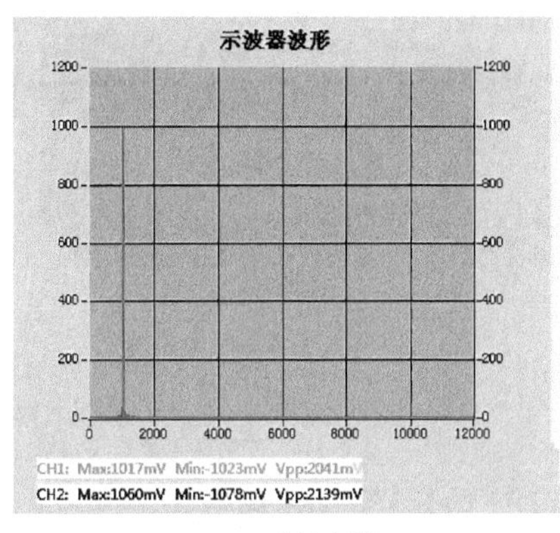

(c) 正弦波频谱

图 1－9　正弦波和方波的时域、频域信号对比

1.2.5　它是波特图仪(扫频仪)

波特图仪又称频率特性仪或扫频仪,可以测量和显示电路的幅频特性和相频特性。利用波特图仪可以方便地测量和显示电路的频率响应,波特图仪适合于分析滤波电路或电路的频率特性,特别易于观察截止频率。图 1－10(a)为传统实验室中采用的某种型号的扫频仪照片,图 1－10(b)为 Pocket Lab 波特图测试虚拟面板。

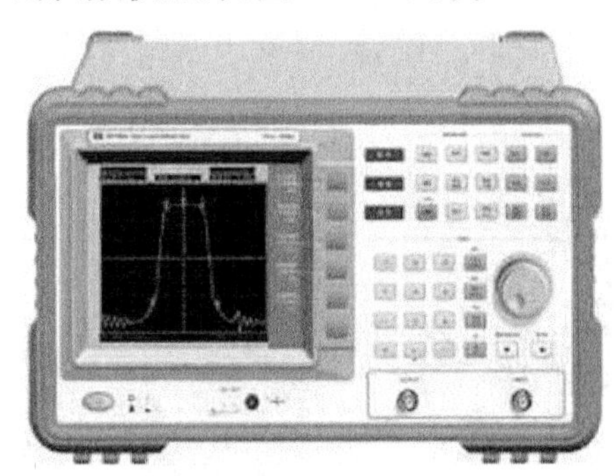

(a) 传统实验室中的扫频仪

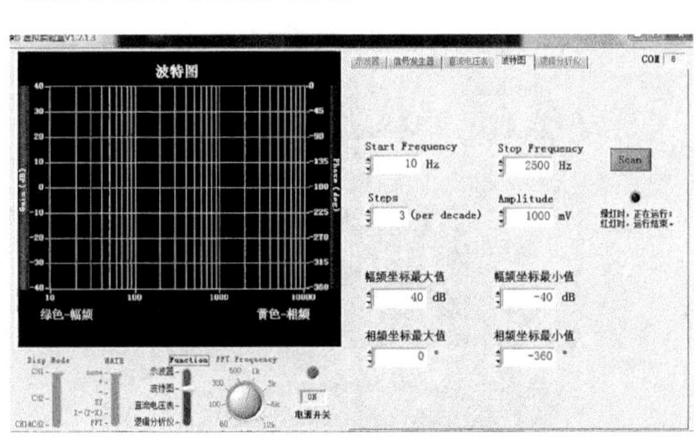

(b) Pocket Lab 虚拟波特图仪

图 1－10　波特图仪(扫频仪)

1.2.6 它是数字直流电压表

直流电压表是测量直流电压的一种仪器，Pocket Lab 可以同时测量两路对地直流电压。图 1－11(a)为传统实验室中采用的某种型号的直流电压表照片，图 1－11(b)为 Pocket Lab 直流电压测试虚拟面板。

(a) 传统实验室中的直流电压表

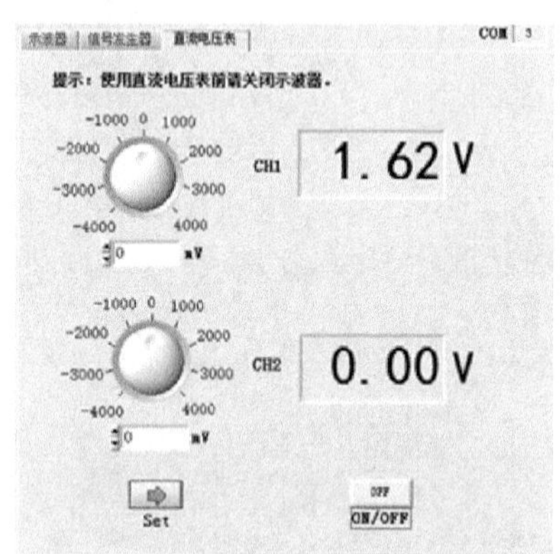

(b) Pocket Lab 虚拟直流电压表

图 1－11 直流电压表

1.2.7 它是逻辑分析仪

逻辑分析仪是分析数字系统逻辑关系的仪器。它可同时对多条数据线上的数据流进行观察和测试，且对复杂的数字系统的测试和分析十分有效；还可利用时钟从测试设备上采集和显示数字信号，最主要作用在于时序判定。由于逻辑分析仪不像示波器那样有许多电压等级，它通常只显示两个电压(逻辑 1 和 0)，因此设定了参考电压后，逻辑分析仪将通过比较器对被测信号进行判定，高于参考电压者为 High，低于参考电压者为 Low，在 High 与 Low 之间形成数字波形。

图 1－12(a)为传统实验室中采用的某种型号的逻辑分析仪照片，图 1－12(b)为 Pocket Lab 逻辑分析仪虚拟面板。

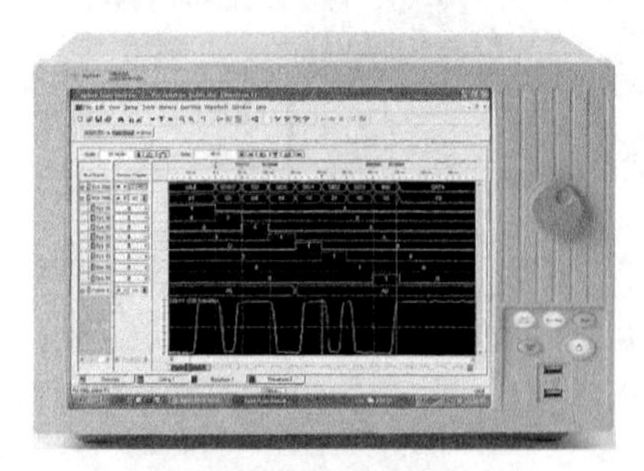

(a) 传统实验室中的逻辑分析仪

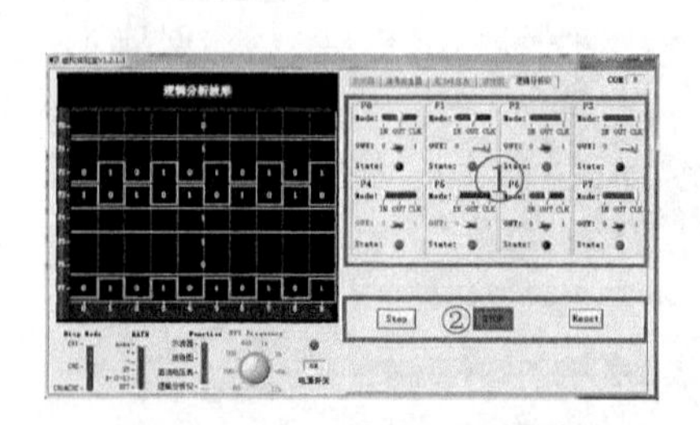

(b) Pocket Lab 虚拟逻辑分析仪

图 1－12 逻辑分析仪

1.2.8　它有强大的数学功能

Pocket Lab 还具有强大的数学功能，可以对测试波形进行不同的处理，如可以进行两通道波形相加、两通道波形相减。它的“X－Y”功能可将通道 1 和通道 2 信号分别作为横坐标和纵坐标变量，“X－(Y－X)” 将通道 1 和(通道 2－通道 1)信号分别作为横坐标和纵坐标变量。利用这种坐标变换，Pocket Lab 可以完成二极管的伏安特性扫描(图 1－13)及李沙育图形显示(图 1－14)等。

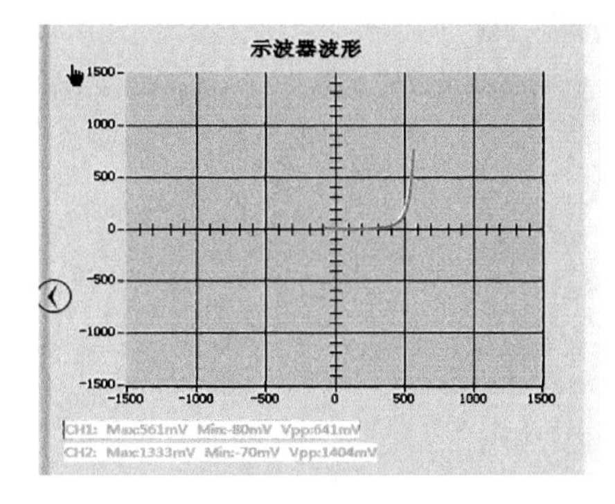

图 1－13　二极管伏安特性扫描曲线

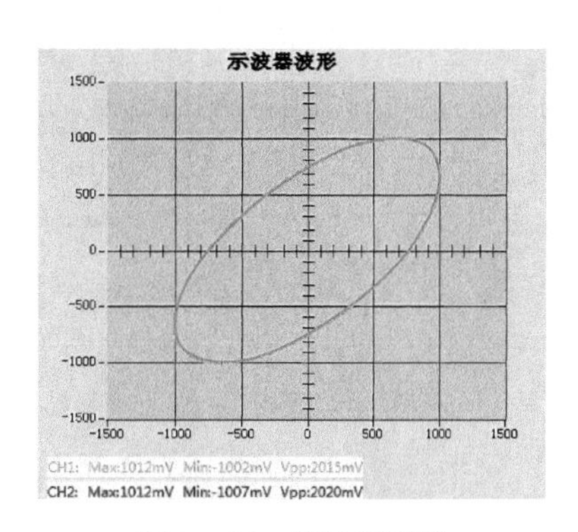

图 1－14　李沙育图形

1.3　口袋实验室——随时随地实现实验构想

如果将 1.2 节中介绍的所有仪器堆放在实验室中，我们看到的传统实验室就是如图 1－1 所示。这样一个实验室是无法做到每位学生拥有一个，且随时可以使用它开展实验的。而口袋实验室恰恰可以弥补这种不足。以虚拟仪器为核心构建的口袋实验室，可以打造一个随时随地做实验的平台。在这个平台上，可以进行理论实践、仿真验证、硬件搭试和测试的全过程。图 1－15 为以 Multisim 仿真软件和 Pocket Lab 为测试环境构建的口袋实验室。这个口袋实验室包括了安装有 Multisim 仿真工具和 Pocket Lab 软件部分的笔记本电脑、Pocket Lab 硬件和工具盒(含实验元器件)。随着电子设备的不断发展，学生已经普遍拥有笔记本电脑。大部分“大学计划”中都购买了 Multisim 作为仿真工具。再配备 Pocket Lab 虚拟仪器和工具盒，就可构建成每位学生专属的口袋实验室。口袋实验室的便携性使得电类实验突破了时间和地点的限制，学生可以随时随地开展实验。

当然，传统实验室和传统仪器具有不可替代性，相较于虚拟仪器，它们的适用范围更广。所以口袋实验室与传统实验室不是取代关系，而是互补关系。口袋实验室作为传统实验室的有益补充，可以满足随时随地开展实验研究的需求：验证性实验可以帮助学生提高感性认知和消化理论知识；设计性和探索性实验可以增强学生学习的主动性，提高他们动手动脑能力、分析能力和实践能力，培养他们独立解决问题能力和工程设计能力。口袋实验室强大的功能及便携性加上现在蓬勃发展的在线开放课程资源，突破了传统教学资源和环境的限制，可使学生随时随地进行工程学习、实践与创新。

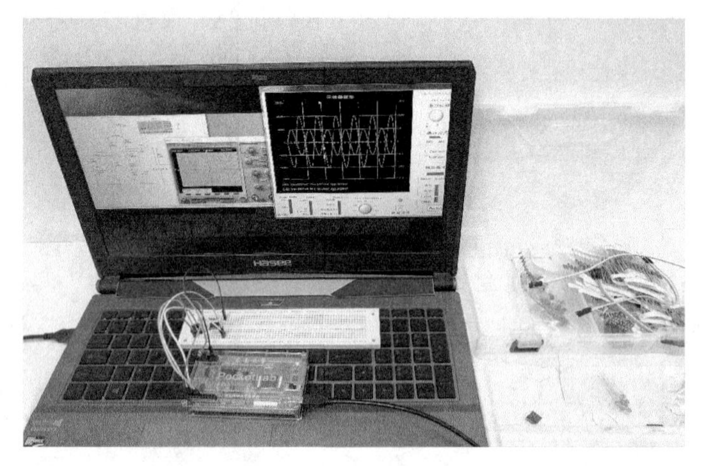

图 1－15　口袋实验室

为了使 Pocket Lab 使用更为便捷，Pocket Lab 除了 PC 机的软件系统，同时还配有手机软件系统。在 Android 操作系统（Android 2.2 及以上版本）的手机上安装 Pocket Lab 手机虚拟实验室软件，并利用 USB 线给 Pocket Lab 硬件供电。打开手机 WLAN，搜索 Pocket Lab 硬件的 Wi-Fi，完成手机虚拟实验室软件与硬件 Wi-Fi 模块的连接，如图 1－16 所示。

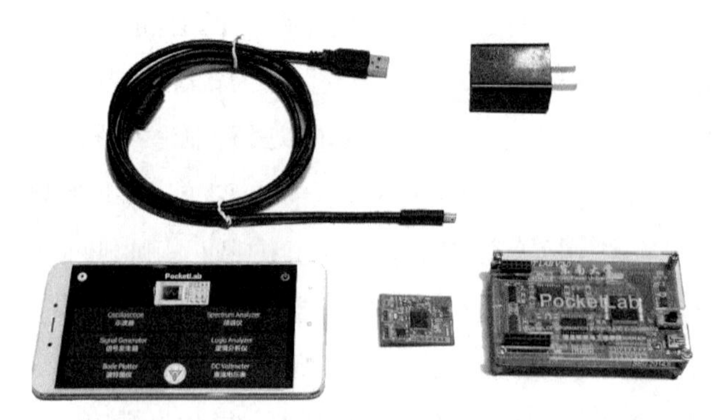

图 1－16　Pocket Lab 手机虚拟实验室

运行 Pocket Lab 手机虚拟实验室软件，其主功能界面如图 1－17 所示。Pocket Lab 手机虚拟实验室软件可以实现信号发生器、示波器、频谱仪、波特图仪、逻辑分析仪、直流电压表等多种功能，选择主界面的功能按钮即可切换至对应的功能界面。

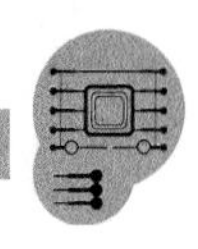

手机实验室软件的详细介绍请参见“附录一”。

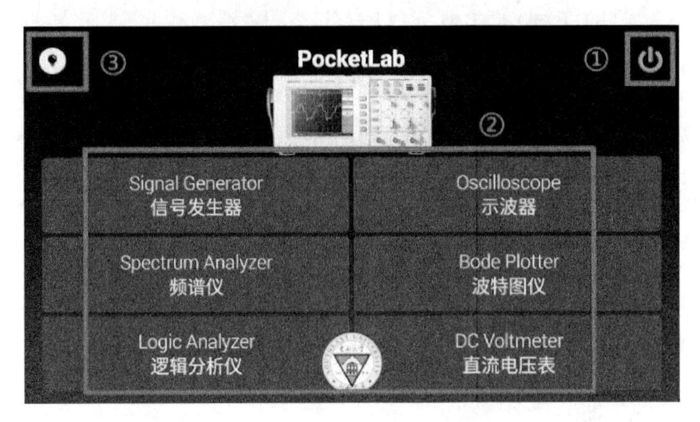

图 1－17 Pocket Lab 手机虚拟实验室软件主界面

1.4 本书特色

随着社会对学生素质要求的提高，教学中需要进一步提高学生的分析、设计能力和独立解决问题的能力。“电子线路”作为一门电子类的专业基础课，内容涵盖了半导体器件、放大器分析与设计、频响、反馈、集成运放的应用、功率电路、振荡器等多方面内容，知识点多，教学目标上衔接了“电路”和“通信电子线路”等课程，起着承前启后的作用。该课程理论和实践结合性要求高，工程应用背景强。传统的硬件实验平台难以体现学生的分析和设计过程，学生可以操作的空间有限，对实验缺乏自主性。在实验教学中，普遍缺乏教与学的互动，难以提高学生对电路的理解深度和认知水平。学生在上实验课之前缺乏相应的理论指导，实验课后对实验过程和结论缺乏进一步的理解，对电路难以有更加深入的认识。另外，网上慕课的蓬勃发展，吸引很多学生通过网络进行优秀的电类专业基础课的学习。但是，MOOC 无法提供实践教学需要的实验室环境，这就给同学们深入掌握课程内容带来了困难。

口袋实验室的构建和发展为学生创造了随时随地做实验的环境，也将以往实验课堂用来做验证性实验的时间解放了出来。实验课堂上，开展研究性和设计性实验课题的讨论成为了可能。同时，口袋实验室为 MOOC 课程的实践类教学提供了有益的补充，同学们可以在学习 MOOC 课程的同时，自行利用便携式口袋实验室开展实践学习。在此背景下，合适的实验教材就变得尤为重要。教材要能体现理论的重点和难点，还要兼顾验证性、设计性和探讨性实验比例，既能加强理论学习，又能增强动手能力，同时还能提升思考和解决问题的能力。教材既要为同学们的 MOOC 学习提供实验实践的内容，又要为实验课堂的探索性研究提供实验素材。基于 Pocket Lab 口袋实验室，本编写组开发编写了这部实验教材，以期达到以下几点目标：

1）内容丰富、重点突出

本实验教材的实验内容根据教指委对“电子电路”课程的指导重点展开，突出体现该门课程中的重点和难点，实现用理论指导实验，用实验结果加深对理论的理解。本教材提供了 10 个实验，与理论知识点的对应如表 1-1 所示。

表 1-1

	实验内容	对应知识点
实验一	晶体二极管	晶体二极管特性
实验二	晶体三极管	晶体三极管特性
实验三	单管晶体管放大器分析与设计	场效应管特性、基本组态放大器
实验四	差分放大器	差分放大器
实验五	频率响应与失真	频响、波特图与失真
实验六	电流源与多级放大器	电流源、多级放大器
实验七	多级放大器的频率补偿和反馈	反馈、频率补偿
实验八	运算放大器及应用电路	运算放大器性能和应用电路
实验九	功率电子线路	功率放大器、电源电路
实验十	振荡器	振荡器

2）理论＋仿真＋硬件调试——完整设计流程训练

对实验环节统筹规划，基于 Multisim 仿真软件平台和 Pocket Lab 便携虚拟仪器的实验环境，将理论计算、计算机软件仿真和硬件实验 3 个环节贯穿于每个实验，如图 1-18 所示。这 3 个环节也是现代电子设计的 3 个主要阶段：理论分析能力是设计能力和分析能力的基础；然后利用 EDA 软件工具针对分析或设计的电路进行仿真，验证设计和分析的正确性；最后进行硬件实现和测试，并分析测试结果。

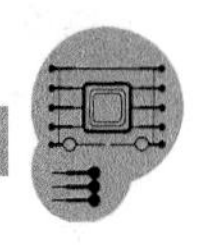

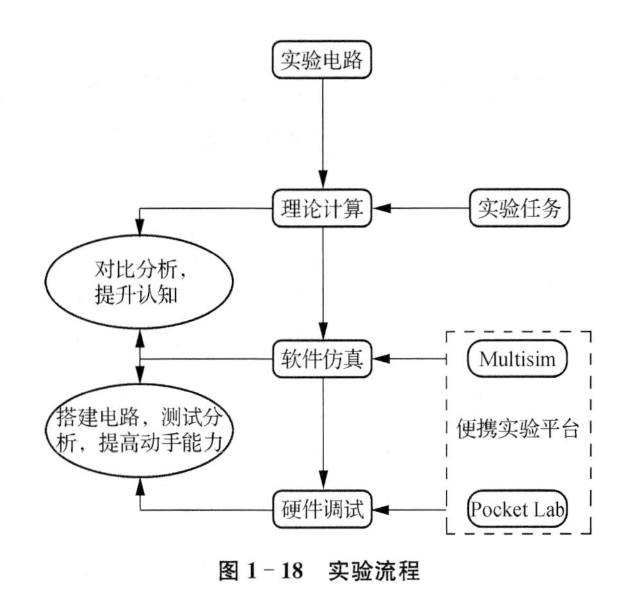

图 1－18　实验流程

3) 全面而独特的实验栏目

实践教学最重要的目的是运用所学知识，提升发现问题、分析问题和解决问题的能力。因此在实验栏目设计中，我们以该能力培养为主要目标，注重对所学理论知识的掌握、复习和运用，注重仿真工具的使用和仿真方法的培养；注重硬件搭试和测试分析能力的提升；注重设计能力的培养与引导；注重在实践中发现问题和解决问题素养的训练。每个实验阶段都配有一定的思考题，启发学生对实验现象进行思考，并鼓励学生对思考结果进行理论分析和实践验证。每个实验包含的栏目有：

【背景知识回顾】

该部分将本实验用到的基础理论知识进行系统的梳理和回顾，把教学中的重点和难点系统呈现。

【背景知识小考查】

该部分紧扣知识点，要求理论分析和计算实验中的部分电路，考查学生对理论知识的掌握程度，强调理论指导实验的重要性。

【一起做仿真】

采用 EDA 软件——NI 公司的 Multisim，仿真验证理论知识和分析计算的正确性，验证设计类项目的正确性，为硬件调试做好准备。

【动手搭硬件】

强调工程应用背景，培养学生的动手实践能力，采用口袋实验室提供电源、信号和测试手段，让学生做到随时随地做实验，用真实的电路调试验证理论和设计。

【设计大挑战】

这部分将对学生的设计能力和综合能力进行强化训练。设计题目围绕学习重点，培养学生的综合应用能力，根据设计要求，自行设计电路，并完成从理论分析到仿真和硬件搭试、测试的阶段。

【研究与发现】

针对某一个理论问题，开展深入的分析研究，并借助仿真手段验证分析的正确性，加深学生对理论知识的认知、消化和吸收，并学会用口袋实验室随时随地验证思考方案的正确性。让学生建立起：实践中发现问题——理论分析问题——推测原因和解决方案——仿真验证——硬件实现的思维模式。

这个标记符号提示了思考题的出现。与一般将思考题放在每个实验最后的做法不同，本实验教材针对实验的每一个环节，提出针对性的启发思考性问题，鼓励学生对各种电路现象展开研究与思考。

4）实验内容对于不同虚拟仪器的广泛兼容性

本教材是实验实践类指导书，所有的实验案例均在 Multisim 上仿真通过；硬件均在 Pocket Lab 口袋实验室上测试通过。实验内容基于 Pocket Lab 开发，但不仅限于 Pocket Lab 测试，可移植性强，在所有虚拟测试仪器构建的口袋实验室上均可完成测试。

目前市场上常用的虚拟仪器很多，如 DIGILENT 公司的 OpenScope 和 Analog Discovery，NI 公司的 MyDAQ 等，如图 1－19～图 1－21 所示。MyDAQ 可通过 NI LabVIEW 软件进行编程，扩展功能。OpenScope 带有 Wi-Fi 接口，允许学生在计算机以及智能手机上远程访问口袋实验室采集到的数据，并实现共享，由于采用浏览器访问技术，OpenScope 能够支持 iPhone，Android，MAC OS，Windows，Linux 等多个不同平台。Analog Discovery2（AD2）的信号输入采样率为 100 MSps，提供双通道 30 MHz 模拟输入带宽，双通道 100 MSps 12 M 模拟输出带宽，双通道 ±5 V 的程控可调电源。这些虚拟仪器都可以构建软硬件开源的口袋实验室。

通过本章的学习，读者对虚拟仪器和口袋实验室应该有了初步的了解和认知，并对本教材有了一定的把握。各种虚拟仪器构建的口袋实验室配合电脑以及手机等设备，可帮助同学们在课外和实验室外有更充分的时间和空间来完成电子线路实验。同学们可以结合日益丰富的 MOOC 资源以及翻转课堂的教学手段，将理论-仿真-硬件无缝结合，提升学习效率和学习效果。下一章，我们将介绍本教材用到的，构成便携式实验平台的两大利器——NI 公司的 Multisim 和便携式虚拟实验平台 Pocket Lab。

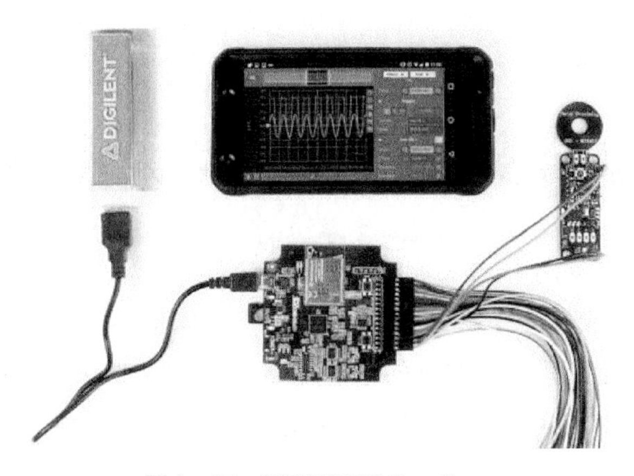

图 1－19　DIGILENT OpenScope

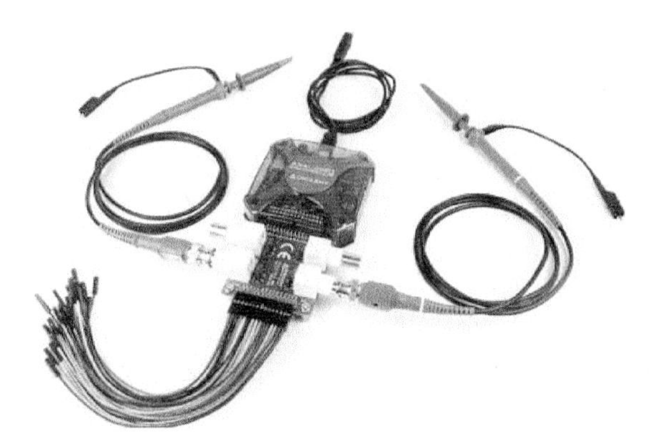

图 1－20　DIGILENT Analog Discovery

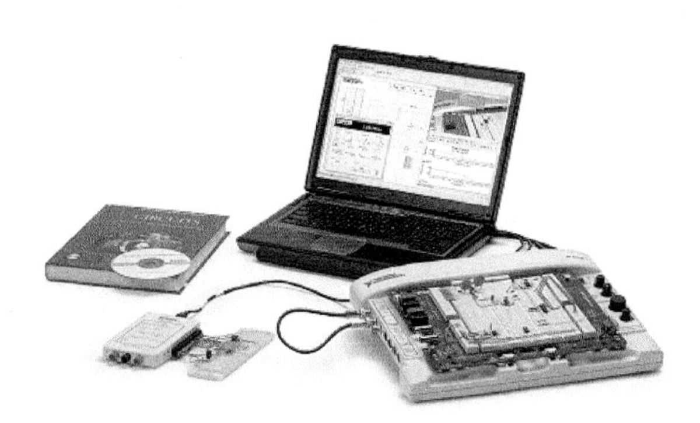

图 1－21　NI MyDAQ

第二章 口袋实验室中的两大利器

工欲善其事，必先利其器！本书的电子电路均在第一章介绍的口袋实验室中完成。本章将对该便携式实验室中的两大利器——NI 公司的 Multisim 仿真工具和东南大学的 Pocket Lab 虚拟仪器的功能、使用方法做入门式介绍，以使读者可以开启自己的专属实验室之旅。深入的功能和用法将在第三章的每个具体实验中一一展开。

2.1 Multisim 仿真软件

Multisim 电路仿真软件源自加拿大图像交互技术公司(Interactive Image Technologies，IIT)于 20 世纪 80 年代末推出的一款专门用于电子电路仿真的虚拟电子工作平台(Electronics Workbench，EWB)，后来 EWB 中专门用于电子电路仿真的模块改名为 Multisim。2005 年以后，加拿大 IIT 公司隶属于美国国家仪器公司(National Instruments，NI)。

Multisim 支持 Windows 运行环境，包含完善的元器件数据库，提供电路原理图输入和硬件描述语言输入方式，可以进行数/模电路的 Spice 仿真和 VHDL/Verilog 的行为级仿真，非常适合板级模拟和数字电路的设计和分析。本章主要介绍 Multisim 中与模拟电子电路仿真相关的部分。

2.1.1 Multisim 12 仿真环境简介

打开 Multisim 12 仿真软件，出现的主界面如图 2-1 所示，包含菜单栏、标准工具栏、元器件工具栏、仿真工具栏、视图工具栏、虚拟仪器工具栏等。

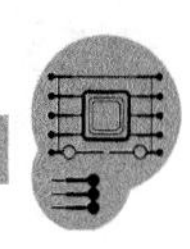

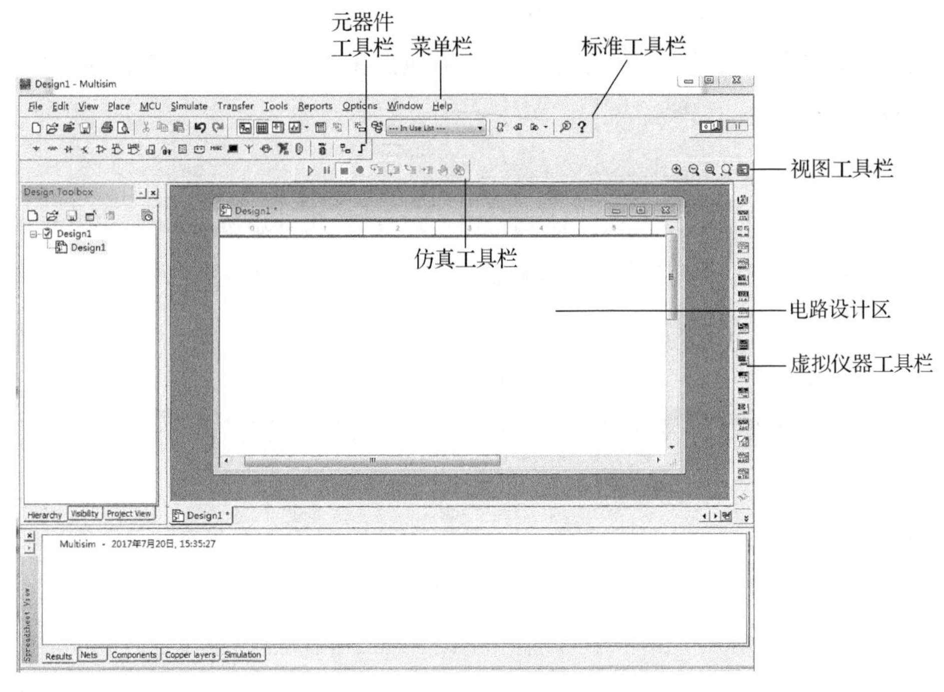

图 2 - 1　Multisim 12 的主界面

1）仿真分析方法

由图 2 - 2 可见，Multisim 12 提供的仿真分析方法主要包括：

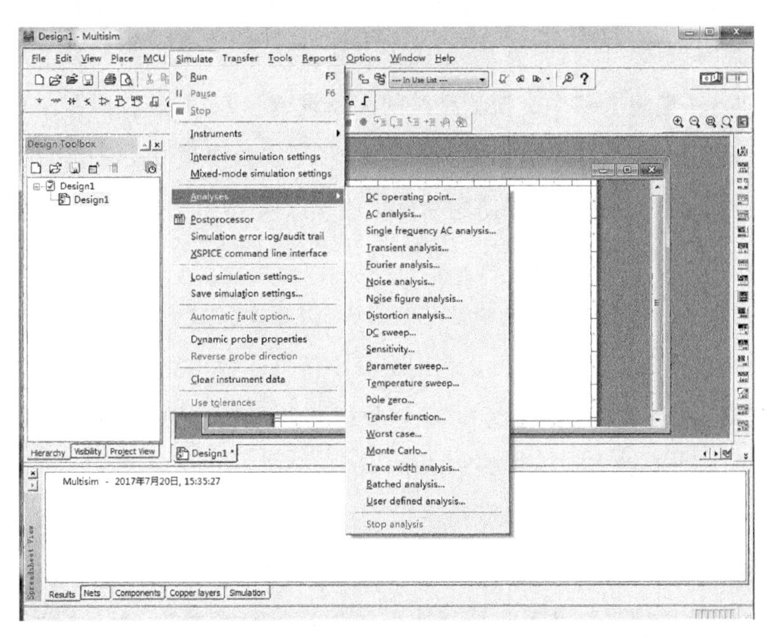

图 2 - 2　Multisim 12 中的 Simulate 菜单栏

(1) 直流工作点分析(DC operating point)

直流工作点分析也称静态工作点分析,是在电路中交流源置零、电容开路、电感短路时,计算电路的直流工作点。

(2) 交流分析(AC analysis)

交流分析是在直流工作点处对非线性元件进行线性化处理后,在正弦小信号激励条件下计算电路的交流信号输出,并计算电路的频率响应曲线,包括幅频特性曲线和相频特性曲线,是一种频域的线性分析方法。

(3) 单频点交流分析(Single frequency AC analysis)

与交流分析类似,仅仅是在某一个频率点对电路进行交流分析。

(4) 瞬态分析(Transient analysis)

瞬态分析是计算选定电路节点的时域响应,即计算该节点在整个信号周期中每一时刻的电流和电压波形。瞬态分析时,直流源保持常数,交流信号源随时间而变化,电容和电感都是储能元件,Multisim 先计算电路的初始状态,然后从初始状态起,到某个时间范围内,选择合适的时间步长,计算输出端在每个时间点的电流和电压,这是一种非线性的时域分析方法。

(5) 傅里叶分析(Fourier analysis)

傅里叶分析可以在某个交流激励条件下,把被测节点处的时域变化信号作离散傅里叶变换,求出该时域信号的直流分量、基频分量和谐波分量,从而得到该节点输出信号的频域变化规律。一般将电路中交流激励源的频率设定为基频,若在电路中有多个交流源时,可以将基频设定在这些频率的最小公倍数上。因此,傅里叶分析是一种可以分析复杂周期性信号的方法。另外,运用傅里叶分析还可以求出电路的总谐波失真 THD。

(6) 噪声分析(Noise analysis)

电路中的元件都存在噪声,信号经过电路后,信噪比会变得更差,可以采用噪声分析来评估电路的噪声性能。噪声分析是利用交流小信号等效电路,定量分析电路中噪声大小,计算所有元器件产生的噪声总和。噪声分析结果可以是噪声功率谱密度,也可以是噪声功率总和,后者是前者在一定频率范围内的积分值。

(7) 噪声系数分析(Noise figure analysis)

如前所述,信号经过电路后信噪比会变得更差,噪声系数可以用来评估信噪比的恶化程度。噪声系数定义为输入信噪比和输出信噪比的比值,通常以分贝(dB)表示。通过噪声系数分析可以计算出电路在某个频点的噪声系数,分析噪声对电路的影响。

(8) 失真分析(Distortion analysis)

信号经过电路后可能会出现程度不等的失真,包括谐波失真和互调失真。失真分析可以分析单一交流信号激励条件下的谐波失真,也可以分析多个交流激励条件下的互调失真。失真分析通常用来分析瞬态仿真不容易察觉的微小失真。

(9) 直流扫描分析(DC sweep)

直流扫描分析可以分析电路中某个节点电压或支路电流随一个或者两个直流源的变化情况。相对于直流工作点分析,直流扫描分析能更直观地看出某个节点电压或支路电流随输入直流源的变化趋势,而不局限于单个数值。

(10) 参数扫描分析(Parameter sweep)

参数扫描分析可以分析电路中某些参数变化对电路的影响,可以选择对某个参数的变化进行分析,也可以进行多个参数的嵌套扫描分析,分析方法可以选择直流工作点分析、瞬态分析和交流分析。

此外,从 Simulate 菜单栏可以看到,Multisim 12 还提供温度扫描分析(Temperature sweep)、极零点分析(Pole zero)、传输函数分析(Transfer function)、最差情况分析(Worst case)、蒙特卡洛分析(Monte carlo)、线宽分析(Trace width analysis)、批处理分析(Batched analysis)、用户自定义分析(User defined analysis),在此不再赘述。本实验指导书中常用的几种分析方法包括直流工作点分析、交流分析、瞬态分析、直流扫描分析、温度扫描分析和参数扫描分析等。

2) 元器件工具栏

元器件工具栏中可以调用多种元器件,主要包括源、基本无源器件、二极管、三极管和 MOS 管、集成模拟器件、射频元件等模拟器件,TTL 逻辑门、CMOS 逻辑门、MCU、FPGA、DSP、PLD、CPLD 等数字器件,混合器件,电机类器件以及总线等。本节主要介绍模拟器件。

(1) 源

鼠标点中元器件工具栏中的 Place Source 后,在弹出窗口中可以看到,Multisim 12 提供的源包括电源、信号电压源、信号电流源、受控电压源、受控电流源、函数发生器、数字信号源,可以根据需要直接点中这些类别中的一项,进入下一层选择具体的源。

(2) 基本无源器件

鼠标点中元器件工具栏中的 Place Basic 后,在弹出窗口中可以看到,Multisim 12 提供的基本无源器件包括电阻、电感、电容、可变电阻(电位器)、可变电感、可变电容、开关、排阻(电阻阵列)、变压器、继电器等。

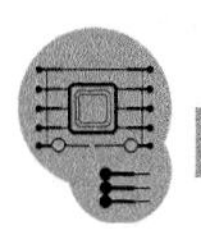

(3) 二极管

从 Place Diode 中可以看到,Multisim 12 提供的二极管主要包括不同厂家生产的各种型号的普通二极管、稳压二极管、开关二极管、发光二极管、肖特基二极管、PIN 二极管、双向触发二极管、双向晶闸管、保护二极管等。

(4) 晶体管

从 Place Transistor 中可以看到,Multisim 12 的晶体管库中包含双极型管、NPN 和 PNP 对管、达林顿管复合管、IGBT 功率管、增强型 MOS 管、耗尽型 MOS 管、结型场效应管、功率 MOS 单管及对管等。

(5) 集成模拟器件

从 Place Analog 中可以看到,Multisim 12 提供的集成模拟器件主要包括运放、比较器、差分运放、宽带运放、音频运放、电流检测放大器、仪器放大器等。

3) 仿真工具栏

主界面中的仿真工具栏中有运行(run)、暂停(pause)、停止(stop)等功能。直接点击运行,也能实现电路的仿真,电路会根据所加激励实时运行,若采用示波器观测,可以看到测量节点上的连续波形,不点击停止,电路就一直处于运行状态。仿真工具栏中的这 3 种仿真功能在菜单栏中的 Simulate 中也有,放在主界面中使用起来比较方便。仿真工具栏中的其余功能在菜单栏中的 MCU 中也有,主要用于数字电路仿真。与 Simulate 菜单栏中的 Analyses 仿真方法相比较,此处的仿真是一种虚拟现实的仿真,尤其是与后面介绍的虚拟仪器结合起来进行仿真和测量,电路更加接近实际状态,环境更加接近实际现场。

4) 虚拟仪器栏

在主界面的最右侧是虚拟仪器栏,可以点击图标直接调用各种测量仪器,将这些仪器连接在电路中,双击仪器图标进入仪器界面进行设置,点击仿真工具栏中的 run 就可以直接仿真、测量和分析电路性能,实现虚拟现实的仿真和测量。这些虚拟仪器包括万用表(Multimeter)、函数发生器(Function generator)、功率表(Wattmeter)、示波器(Oscilloscope)、四通道示波器(Four channel oscilloscope)、波特图示仪(Bode plotter)、频率计(Frequency counter)、码字发生器(Word generator)、逻辑转换仪(Logic converter)、逻辑分析仪(Logic analyzer)、IV 分析仪(IV analyzer)、失真分析仪(Distortion analyzer)、频谱分析仪(Spectrum analyzer)、网络分析仪(Network analyzer)、安捷伦函数发生器(Agilent function generator)、安捷伦万用表(Agilent multimeter)、安捷伦示波器(Agilent oscilloscope)、泰克示波器(Tektronix oscilloscope)等。这些虚拟仪器也可以在菜单

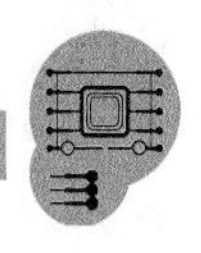

栏→Simulate→Instruments 中进行选择。

2.1.2　使用实例

本节以无源带通滤波器为例，介绍如何在 Multisim 12 中创建电路，并进行仿真和测量。

1) 创建电路

打开 Multisim 12 软件，在主界面中的电路设计区中设计电路。

(1) 点击元器件工具栏中的 Place Basic，进入基本无源器件库，选择所需的电阻或电容，再点击电路设计区，所选器件就出现在电路设计区中，一次只能选择一种器件，多次点选完成所有器件选择。

(2) 进入 Place Source，在 POWER_SOURCES 中选择地线 GROUND，在 SIGNAL_VOLTAGE_ SOURCES 中选择 AC_VOLTAGE，均放置在电路设计区中。

(3) 通过鼠标直接连线，将各个器件连接起来，完成电路创建，如图 2-3 所示。

(4) 可以双击器件，在弹出的器件属性窗口中改变器件参数。

(5) 在设计区空白处点击右键，在 properties 中可以改变节点名称和连线颜色，还可以设置显示或者不显示节点名称。

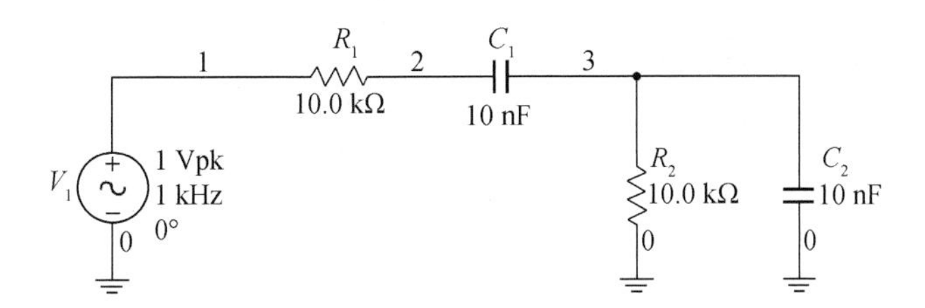

图 2-3　在 Multisim 12 中创建的无源带通滤波器

2) 电路仿真

模拟电路设计中，最常用的仿真分析方法是直流工作点分析、交流分析和瞬态分析。

(1) 直流工作点分析

在菜单栏中的 Analyses 中选择直流工作点分析(DC operating point)，弹出的设置界面如图 2-4 所示，选择需要输出的节点电压或者器件电流，点击 Add。如图 2-3 所示，电路主要关心节点电压，所以图 2-4 中只选择了电压输出。然后点击界面下方的 Simulate 按键，得到各节点的直流工作点电压，如图 2-5 所示。

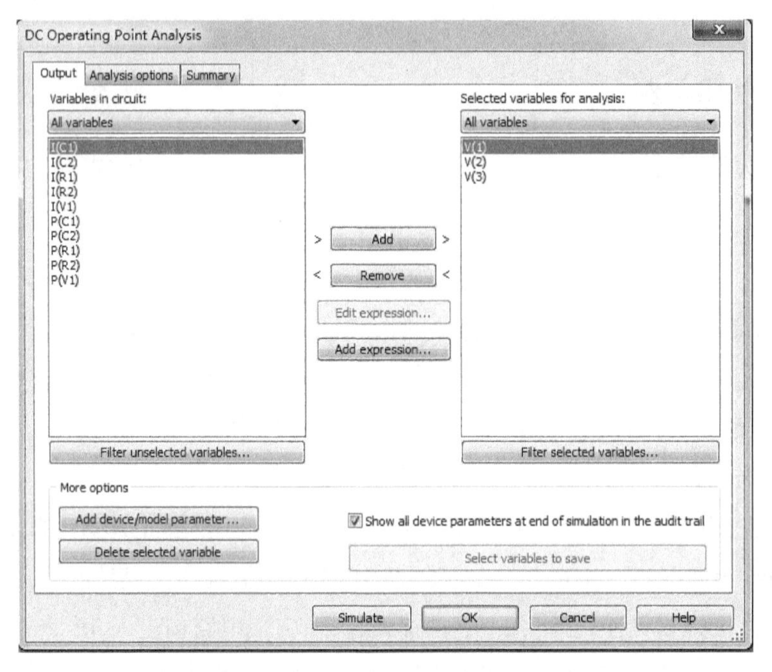

图 2-4　直流工作点分析设置界面

Design1
DC Operating Point

	DC Operating Point	
1	V(3)	0.00000
2	V(2)	1.00000
3	V(1)	1.00000

图 2-5　直流工作点分析结果

(2) 交流分析

在菜单栏中的 Analyses 中选择交流分析(AC analysis)，弹出的设置界面如图 2-6 所示。在 Frequency parameters 栏中，FSTART 和 FSTOP 分别代表频域分析的起始频率和终止频率。Sweep type 表示频率扫描类型，较宽的频率范围通常选择 Decade，即横轴采用十倍频刻度。Number of points per decade 表示每十倍频中需要仿真的频率点数量，数值越大，仿真越精细，一般 10 就够用了。在比较窄的频率范围内，为了更加精确的分析此段频率范围电路的频率响应，可以采用 linear 扫描分析方式，相应的仿真频率点数

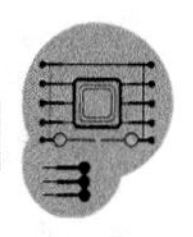

是此频率段的总数。Vertical scale 指定纵轴的表示方式，一般可以选择 linear 和 Decibel，前者可以直接测量幅度值，后者为其分贝（dB）值。然后在 Output 栏中设置输出变量，点击界面下方的 Simulate 按键进行仿真，得到的幅频特性曲线和相频特性曲线如图 2－7 所示。可以在结果中采用标尺准确测量各频率点的幅度和相位。

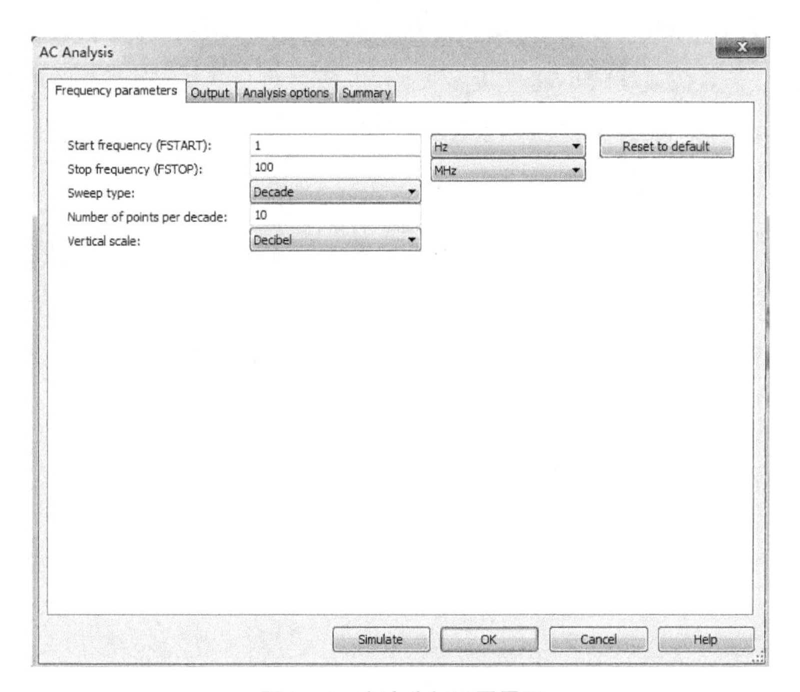

图 2－6　交流分析设置界面

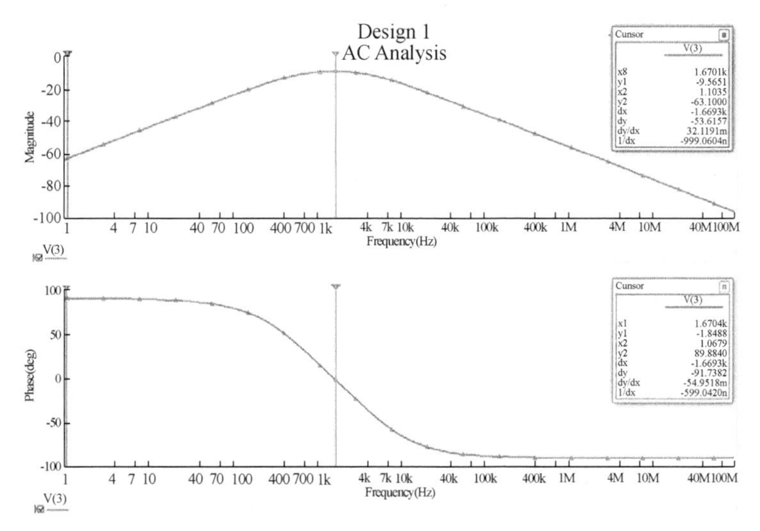

图 2－7　交流分析结果

(3) 瞬态分析

在菜单栏中的 Analyses 中选择瞬态分析(Transient analysis),弹出的设置界面如图 2-8 所示。在 Analysis parameters 栏中,TSTART 和 TSTOP 分别代表时域仿真分析的起始时间和结束时间,还可以设置仿真分析的最少点数或者限制最大分析步长,也可以由软件自动选择分析步长。一般地,为了得到较为精确的结果,可以根据电路特性,选择较多的分析点数或者较小的分析步长,但仿真时间会变长,需要在时间和精度之间进行折中。完成基本设置和输出设置后,点击界面下方的 Simulate 按键进行仿真,得到的输入和输出时域波形如图 2-9 所示。

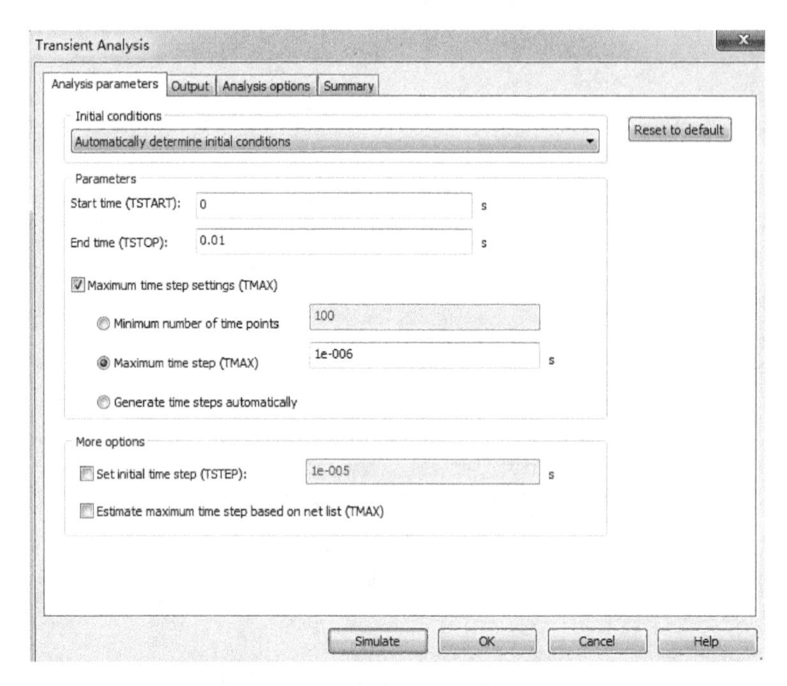

图 2-8　瞬态分析设置界面

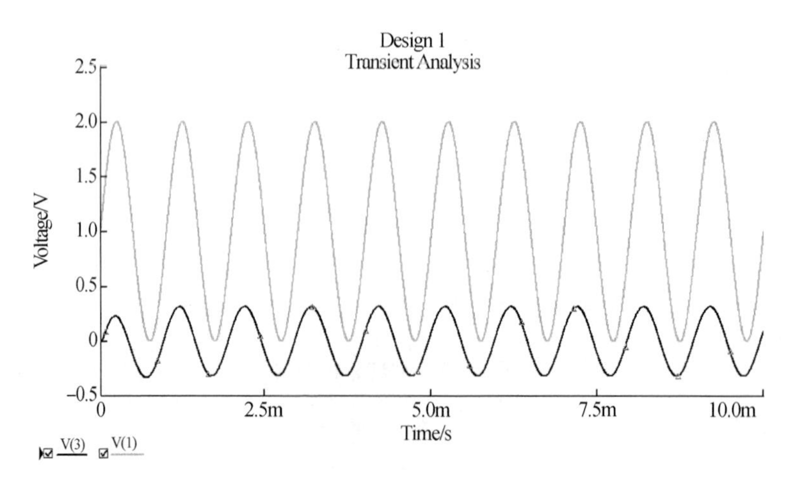

图 2-9　瞬态分析结果

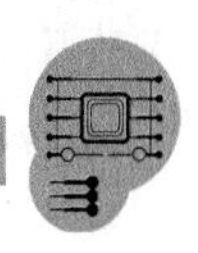

3) 虚拟仪器测量

除了上述仿真分析方法外，还可以调用虚拟仪器直接进行测量，直接观测各点波形。例如，在图 2－3 所示电路的基础上，可以点选虚拟仪器栏中的示波器（oscilloscope）直接观测各点波形。该示波器有 A 和 B 两路输入，每路输入有＋/－两个端口，可以将两端口分别接在某器件两端，测试该器件两端的电压，也可以将一端接地，直接测量某节点相对于地的波形。如果要同时测量输入和输出波形，可以按照图 2－10 所示电路进行连接。然后点击仿真工具栏中的运行（run），电路就一直处于工作状态，双击示波器就可以看到两路波形，如图 2－11 所示。在波形显示窗口中可以根据信号周期调节横轴每格的时间（s/Div），根据信号幅度调节纵轴每格的幅度（V/Div），使得波形显示达到合理的状态。其他虚拟仪器的使用方法类似，只是各种仪器的设置不同。

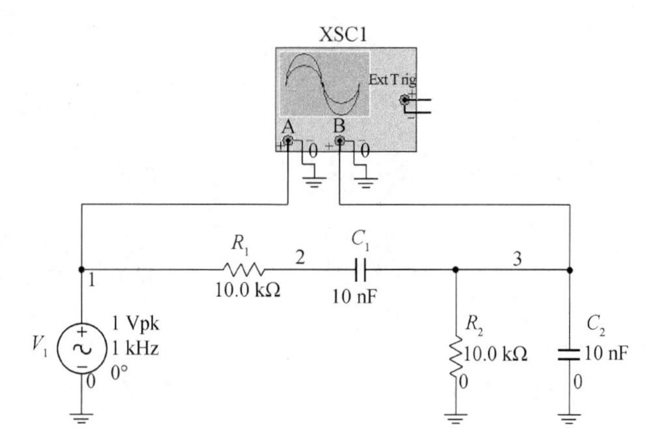

图 2－10　采用虚拟仪器测量的电路图

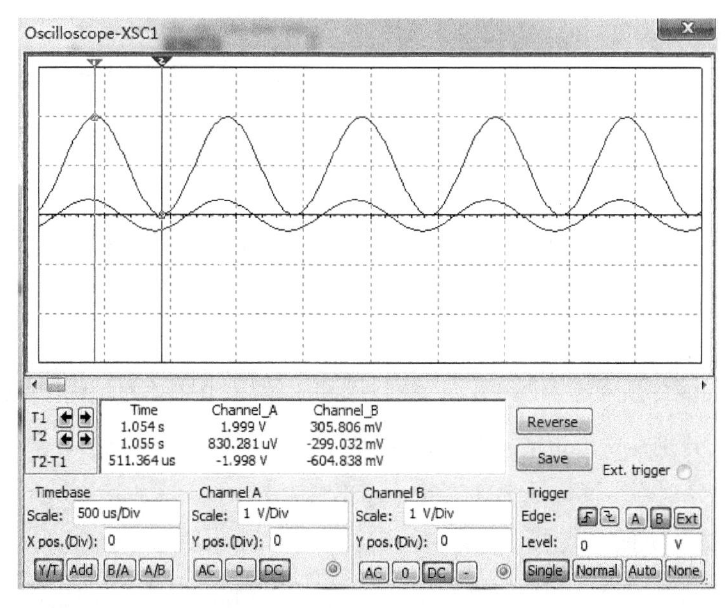

图 2－11　虚拟示波器波形

2.2 Pocket Lab 虚拟仪器

Pocket Lab 是一个可以用于“电路”“电子线路”“数字与逻辑电路”等课程的虚拟实验室，其具有价格低、体积小、精度高等特点。同时，它也可以用于一些实际系统的数据采集、模拟与数字控制。

2.2.1 核心硬件

图 2－12 为 Pocket Lab 俯视图，各部分主要功能如下：

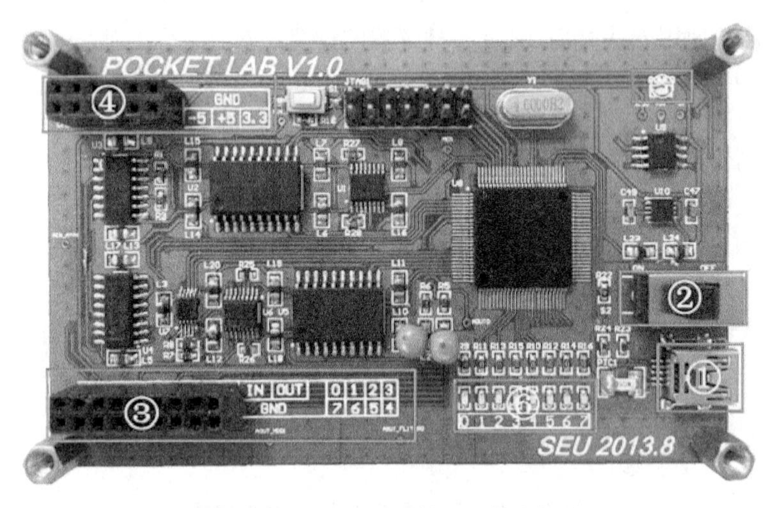

图 2－12 Pocket Lab 核心硬件俯视图

(1) USB MINI 接口

将 MINI USB 线的 MINI 端与 USB MINI 接口(图 2－12 中的①)相连接，USB 端与 PC 端 USB 接口连接，为 Pocket Lab 设备提供电源的同时作为数据通信接口。

(2) 电源开关

当 MINI USB 线将 Pocket Lab 硬件与 PC 相连接后，请将电源开关(图 2－12 中的②)拨至 ON，设备启动；当关闭设备时，请将电源开关拨至 OFF。

(3) 功能引脚区

Pocket Lab 有 2×9 个引脚(图 2－12 中的③)，相关引脚功能见图 2－13，其中：

① C1、C2 分别是一通道输入和二通道输入；

② S1、S2 分别是一通道输出和二通道输出；

③ GND 全部接地；

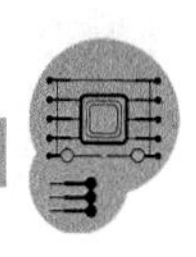

④ 0～7 号是逻辑分析引脚。

C2	C1	S2	S1		0	1	2	3
GND					7	6	5	4

图 2－13　功能引脚区示意图

(4) 电源引脚区

电源引脚区(图 2－12 中的④)可以提供 3.3 V、5 V、－5 V 三种电压，详见图 2－14。

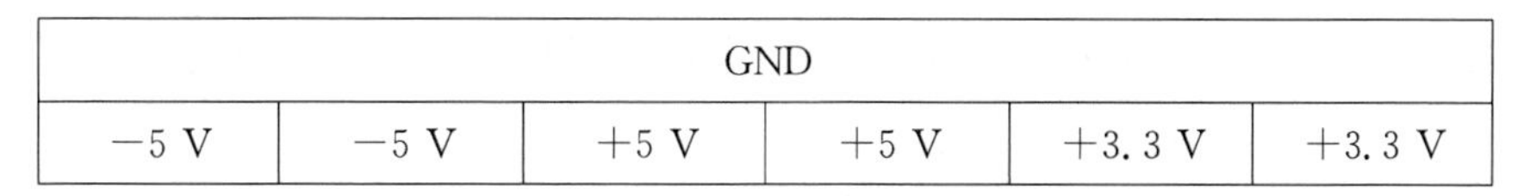

GND					
－5 V	－5 V	＋5 V	＋5 V	＋3.3 V	＋3.3 V

图 2－14　电源引脚区示意图

(5) 电源指示灯

显示设备工作状态，当指示灯亮，表明设备处于工作状态，反之设备关闭。

(6) 引脚指示灯

显示对应逻辑分析引脚的电平状态，灯亮表示高电平，反之为低电平。

2.2.2　功能说明与参数

本节将介绍 Pocket Lab 信号发生器、示波器、逻辑分析仪等的主要功能，并给出相关参数指标。

1) 信号发生器

信号发生器可以产生波形可设置(正弦波、方波、三角波)，频率、幅度、直流偏置可调的单通道信号，也可以产生直流偏置相等、互为差分信号(相位差 180°)的双通道信号。它的相关参数如下：

① 输出电压范围：－4～4 V；

② 最大输出电流：10 mA；

③ 输出频率：

a. 正弦波：0 Hz～10 kHz，频率步进 1 Hz；

b. 方　波：10 Hz～1 kHz，频率步进小于 20 Hz；

c. 三角波：0 Hz～1 kHz，频率步进小于 2 Hz。

④ 衰减步进值：0.5 dB。

2）示波器

Pocket Lab 提供两通道同步采样示波器，显示 C1、C2 的信号波形。它的相关参数如下：

① 输入电压测量范围：−5～5 V[①]。

② 输入通道数：两通道。

③ 输入信号频率范围：0 Hz～10 kHz。

ⅰ. 差分输出：两通道输出相位差 180°，其余各参数相同的信号。

a. 正弦波：0 Hz～10 kHz，频率步进 1 Hz(0 Hz 对应只输出直流电平)；

b. 方波：0 Hz～1 kHz，频率步进小于 10 Hz(整数分频原理实现)；

c. 三角波：0 Hz～1 kHz，频率步进小于 2 Hz(0 Hz 对应只输出直流电平)。

ⅱ. 独立输出：两通道输出参数互相独立的信号。

a. 正弦波：0 Hz～5 kHz，频率步进 0.5 Hz(0 Hz 对应只输出直流电平)；

b. 方波：0 Hz～1 kHz，频率步进小于 20 Hz(整数分频原理实现)；

c. 三角波：0 Hz～1 kHz，频率步进小于 1 Hz(0 Hz 对应只输出直流电平)。

④ 输入阻抗：约 1 MΩ。

⑤ 衰减步进值：0.5 dB。

3）逻辑分析仪

简易逻辑分析仪提供 4 种基本功能：

① 逻辑电平输入：读取指定引脚输入电平；

② 逻辑电平输出：使指定引脚输出指定的高低电平；

③ 时钟输出：使指定引脚输出指定频率的数字时钟；

④ 获取引脚 I/O 状态：获取当前所有引脚(0～7)的输入/输出状态，同时用 LED 显示各个引脚电平高低。相关参数如下：

a. 逻辑电平：3.3 V(兼容 TTL，CMOS 等电平)；

b. 时钟：有单步运行和连续运行两种方式；

c. 逻辑 I/O 驱动能力：最大 15 mA(V_{CC}−0.6 V/V_{SS}+0.6 V)。

4）电源

Pocket Lab 提供实验中所需的几种常用电源，包括+5 V、−5 V 和 3.3 V，板上电源最大输出电流为：

① +5 V 电源：350 mA；

① 输入电压范围等于 USB 供电电压。

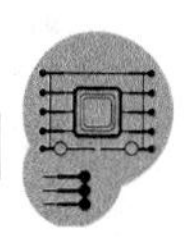

② −5 V 电源：80 mA；

③ 3.3 V 电源：350 mA。

请了解每种电源最大输出电流，并注意在将来测试时的工作电流应小于该最大电流，以保证仪器正常工作。

2.2.3 软件的运行

如图 2-15(a)所示，双击“虚拟实验室”软件桌面快捷方式，启动程序；或者点击开始菜单(图 2-15(b))→虚拟实验室，同样可以启动程序，出现程序界面，如图 2-16 所示。

(a) 桌面图标

(b) 开始菜单

图 2-15　程序启动图标

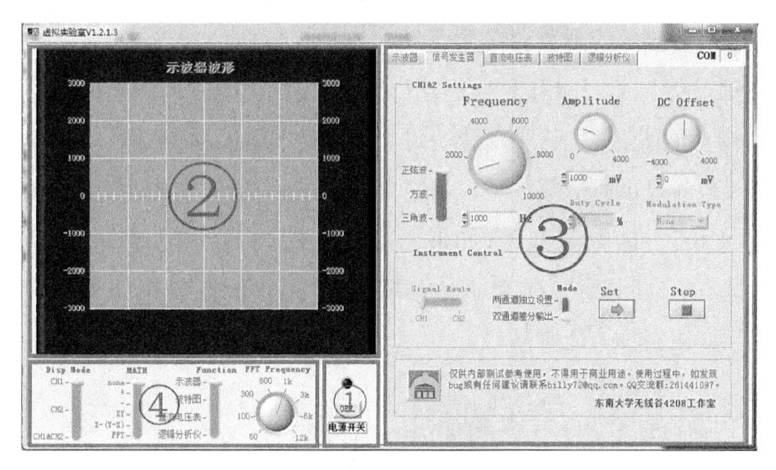

图 2-16　程序界面

程序界面由 4 部分组成：① 开关区；② 屏幕显示区；③ 功能设置区；④ 辅助选择区。各部分主要功能如下：

① 开关区：由电源开关和一个指示灯组成。

- 当开关处于开启状态时，led 灯亮，显示红色；
- 当开关处于关闭状态时，led 灯灭。

② 屏幕显示区：根据用户所选择功能，自动切换不同的显示界面。

a. 当选择示波器功能时，屏幕显示示波器波形界面；

b. 当选择波特图功能时，屏幕显示波特图界面；

c. 当选择逻辑分析仪时，屏幕显示逻辑分析波形界面；

d. 当选择直流电压表功能时，为示波器波形界面（注：此时显示屏幕不可用）。

③ 功能设置区：主要包括信号发生器、示波器、直流电压表、波特图和逻辑分析仪 5 个功能设置界面。

④ 辅助选择区：主要由 Disp Mode、Math、Function 以及 FFT Frequency 这 4 个选择开关组成。

a. Disp Mode：示波器显示通道选择开关。CH1 显示 C1 通道波形，CH2 显示 C2 通道波形，CH1&CH2 同时显示 C1、C2 两通道波形；（注：C1、C2 通道详见图 2－13）

b. Math：计算选择开关。在示波器功能下，对 C1、C2 两通道信号波形进行计算，详细功能介绍见下一节。

c. Function：功能选择开关。主要有示波器（默认）、波特图、直流电压表、逻辑分析仪 4 个选项，可让用户快速选择所需要的功能。

d. FFT Frequency：FFT 频率范围选择旋钮。当对 C 通道信号进行 FFT 频谱分析时，该旋钮可以调节显示信号频谱的最大频率。

用 MINI USB 线将 Pocket Lab 设备与 PC 端连接，打开 Pocket Lab 硬件开关，点击主面板电源开关。弹出如图 2－17(a)所示提示框，表示成功连接，点击 OK 关掉窗口即可，此时主面板右上角 COM 显示通信端口号。若连接失败，则弹出失败提示窗口，如图 2－17(b)，请仔细检查后重接，点击电源开关（如果一直连接失败，可以尝试更换 USB 线、更换电脑，如果确认是非硬件问题，一般为驱动安装失败，可按照安装文件夹内的说明文档“驱动安装失败指南”根据具体故障解决）。

(a) 连接成功

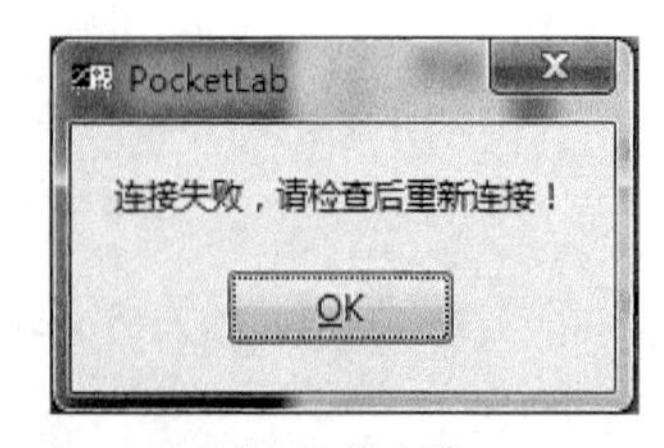

(b) 连接失败

图 2－17　Pocket Lab 连接提示

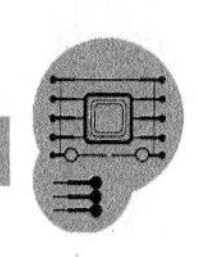

当连接成功后，出现主界面，如图 2 - 18 所示。

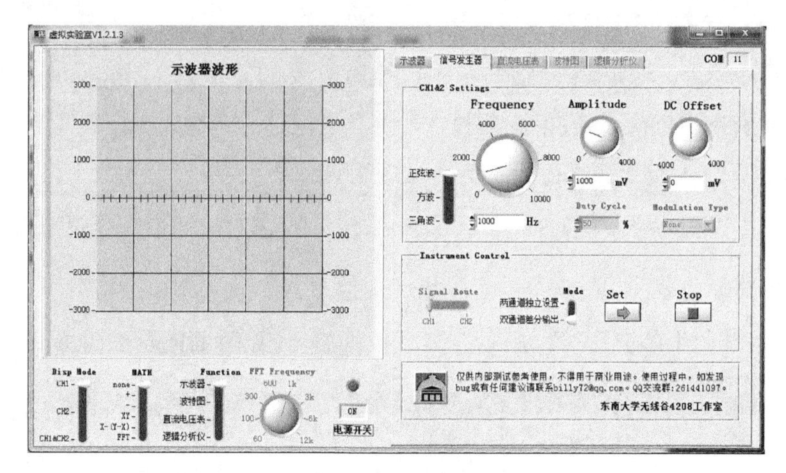

图 2 - 18　主界面

2.2.4　虚拟实验室功能使用

Pocket Lab 虚拟实验室可以实现示波器、逻辑分析仪、波特图、直流电压表等多种功能。功能的选择可在主面板 Function 功能中选定。在这一节中我们将重点介绍这几种功能的操作说明，同时在介绍每个功能时都会通过一个实验案例来具体说明 Pocket Lab 硬件与软件之间的联系。

1) 信号发生器

信号发生器可以使 Pocket Lab 输出用户设定的信号，可以产生波形可设置(正弦波、方波、三角波)，频率、幅度、直流偏置可调的独立通道信号；也可以产生直流偏置相等、互为差分信号(幅度相同，相位差 180°)的双通道信号。

在使用时需要注意以下两点：

① 信号发生器的 CH1、CH2 通道分别对应 S1、S2 通道(S1、S2 通道见图 2 - 13)，这两通道为 Pocket Lab 的输出信号通道；

② 该功能在信号发生器功能下有效，当虚拟实验室工作在其他方式下时，自动被关闭。

操作说明

① 打开信号发生器界面，如图 2 - 19 所示，根据所需信号在 Mode 中选择两通道独立设置或双通道差分输入。

❖ 选择双通道差分输入，在 CH1、CH2 处产生直流偏置相等、互为差分信号(幅度相同，相位差 180°)的输出信号；

❖ 选择两通道独立设置时，可以单独设置 CH1 或者 CH2 的参数。此时 Signal Route 处于可选状态，可选择被设置参数的通道。

② 在 Waveform Setting 设置框左侧选择所需要的波形，在 Frequency、Amplitude、DC Offset 设置条中依次设定频率、幅度、直流偏置值；在 Duty Cycle 设置条中调节方波占空比，仅在 Waveform Setting 设定为方波时可调。

③ 完成以上设定后，点击 Set [⇨]，Pocket Lab 在对应通道产生设定的信号；

④ 点击 Stop [■]，Pocket Lab 停止产生信号。

信号发生器产生的波形可以用示波器直接观察，详见后面的示波器部分。

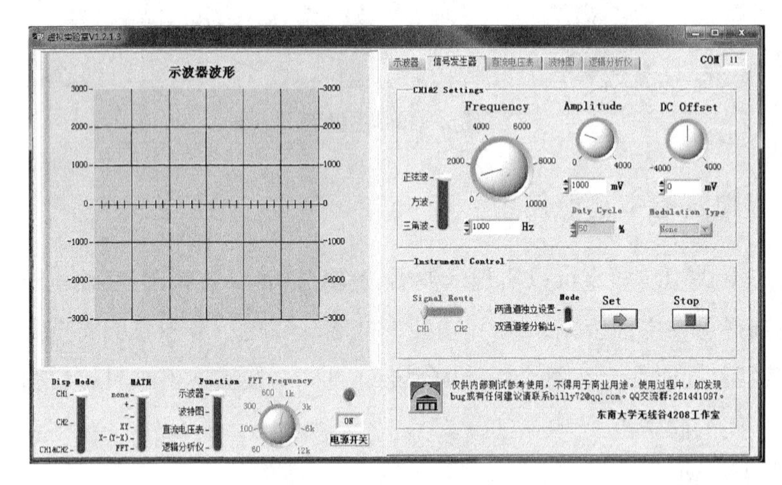

图 2-19　信号发生器界面

（1）熟悉 Pocket Lab 信号发生器的使用方法，包括面板上每一个旋钮或按键的功能。

（2）熟悉 Pocket Lab 信号发生器的主要性能，如频率范围、频率步进等。

（3）如何用 Pocket Lab 信号发生器产生任意值直流信号？并亲自操作试一试。

（4）如何用 Pocket Lab 信号发生器输出一个只有正极性的正弦波？并亲自操作试一试。

（5）需要给一个差分放大器施加输入信号，使用 Pocket Lab 应该怎样做？并亲自操作试一试。

2）示波器

示波器用于分析通道信号的电压数据。该仪器提供了实验室中示波器的典型功能。

在使用时需要注意以下两点：

(1) 示波器的CH1、CH2通道分别对应C1、C2通道(C1、C2通道见图2-13)，这两通道为Pocket Lab的输入信号通道；

(2) 当用户选择示波器功能时，信号发生器功能有效，主界面辅助选择区Disp Mode和Math功能自动变为可用。

操作说明

① 在主面板Function功能中选择示波器，此时屏幕显示区显示示波器波形；

② 如图2-20所示，在示波器界面下点击Run按键，示波器开始工作；

③ 点击Stop按键，示波器工作结束。

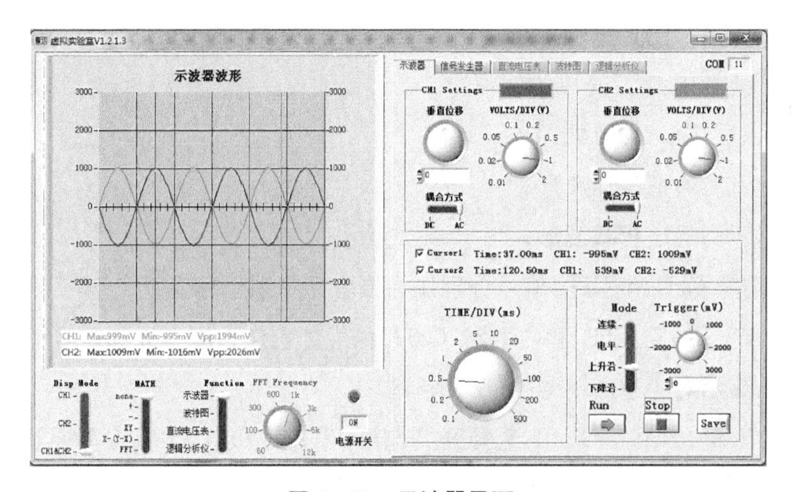

图2-20　示波器界面

界面按钮功能键

① 垂直位移：调节垂直偏转灵敏度，根据输入信号的幅度调节旋钮的位置。

② 耦合方式：选择交流(AC)、直流(DC)。

- 直流耦合(DC)用于测定信号直流绝对值和观测极低频信号；
- 交流耦合(AC)用于观测交流和含有直流成分的交流信号。

③ VOLTS/DIV：调节Y轴增益，波段开关的指示值代表对应通道Y轴方向一格的电压值。

④ TIME/DIV：调节X轴增益，波段开关的指示值代表光点在水平方向移动一格的时间值。

⑤ Mode：选择触发类型，共有4种方式可供选择。

- 连续：直接显示信号；
- 电平：只要检测到达某一个电平，就从这一点开始显示；

- 上升沿：检测到信号以上升沿的方式穿过给定的电平的时间点，开始显示波形；
- 下降沿：检测到信号以下降沿的方式穿过给定的电平的时间点，开始显示波形。

⑥ Trigger：在 Mode 选定“电平”“上升沿”“下降沿”时可用，设置触发电平。

⑦ Cursor 1，Cursor 2：在示波器波形上显示一个光标，当选定后，会显示当前波形在光标所处位置的时间和幅值，如图 2-20 所示。

⑧ Save：保存波形数据。当示波器处于 Stop 状态时，可以保存示波器的波形。

⑨ Disp Mode：选择需要显示波形的通道：

- CH1：只显示 CH1 通道，即 C1 通道的信号波形；
- CH2：只显示 CH2 通道，即 C2 通道的信号波形；
- CH1&CH2：同时显示 CH1、CH2 两个通道的信号波形。

⑩ Math：对波形进行简单的处理：

- none：（默认）不进行处理；
- ＋：显示两通道相加波形；
- －：显示两通道相减波形；
- X－Y：将 CH1 和 CH2 信号分别作为横坐标和纵坐标变量；
- X－(Y－X)：将 CH1 和(CH2－CH1)信号分别作为横坐标和纵坐标变量；
- FFT：显示对应通道信号的 FFT 频谱。

⑪ FFT Frequency：当 Math 选择开关选择 FFT 时开启，对所选择通道的信号进行 FFT 频谱分析，FFT Frequency 可以调节频谱分析的最大频率。

实验举例

本实验介绍 Pocket Lab 信号发生器与示波器的配合使用。

① 用连接线将 S1 与 C1 相连，S2 与 C2 相连，即将信号发生器的信号直接接入示波器通道。

② 用 USB MINI 线将 Pocket Lab 与装好软件程序与驱动的 PC 端连接，并启动电源，确认成功连接。

③ 用信号发生器设置任意的信号，点击 Set 按钮，然后切换到示波器界面，点击 Run 按钮显示波形，检查是否与设置信号一致。

Ⅰ. 设置 1000 Hz，1 V 的双通道差分输出正弦波，显示 CH1&CH2 双通道波形，结果见图 2-21。

Ⅱ. 选择两通道独立设置，给定 CH1 通道 2000 Hz，2 V，占空比为 50%的方波信号，显示 CH1 通道信号波形，结果见图 2-22。

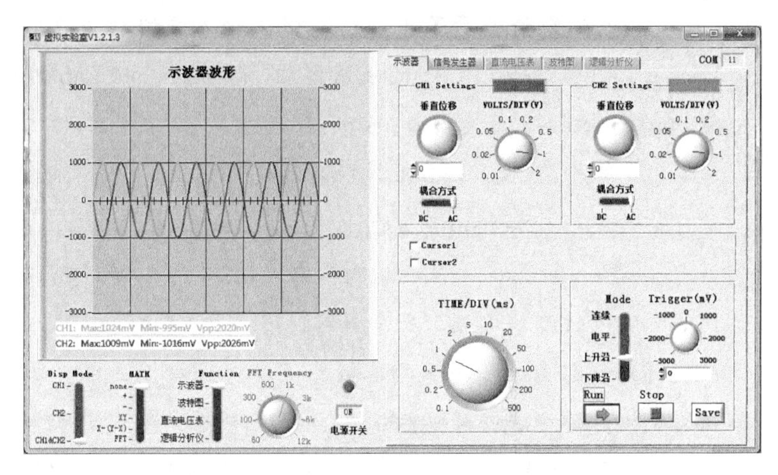

图 2-21　双通道差分正弦波

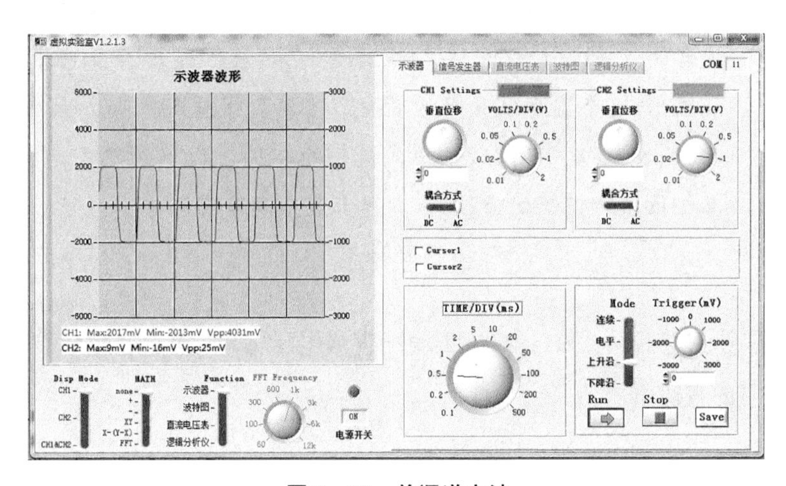

图 2-22　单通道方波

Ⅲ. 选择两通道独立设置，给定 CH2 通道 500 Hz，0.5 V 的三角波信号，显示 CH2 通道信号波形，结果见图 2-23。

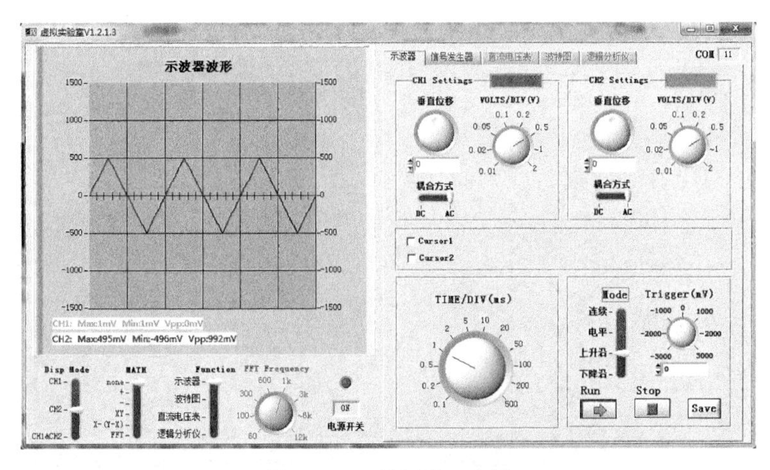

图 2-23　单通道三角波

(1) 2.2.4 节展示了 1 kHz 正弦波和方波的频域波形。请熟悉 Pocket Lab 频谱仪(FFT)的使用方法,采用 Pocket Lab 的频谱仪功能,查看 1 kHz 三角波频谱。

(2) 熟悉 Pocket Lab 数学功能的使用方法,产生两路正弦波,尝试它们的波形相加和相减功能。

(3) Pocket Lab 无法测试输出电流,但是可以通过测试电阻上电压的方法等效测试电流。思考如何利用“X—Y”功能或“X—(Y—X)”功能得到如图 1-13 所示的二极管伏安特性扫描曲线?拿起一个二极管试试你的方法正确吗?

(4) 还记得第一章中图 1-14 的李沙育图形吗?了解李沙育图形产生的基本原理:将被测正弦信号和频率已知的标准信号分别加至示波器的 Y 轴输入端和 X 轴输入端,在示波器显示屏上将出现一个合成图形,这个图形就是李沙育图形。李沙育图形随两个输入信号的频率、相位、幅度不同,所呈现的波形也不同。尝试两路不同频率、幅度和相位差的正弦信号,在示波器上显示李沙育图形。

3) 直流电压表

系统从信号发生器的 CH1 和 CH2 输出直流电压信号,同时通过示波器的 CH1 和 CH2 检测信号的直流电压值。

操作说明

① 在主面板 Function 功能中选择直流电压表;

② 如图 2-24 所示,在直流电压表界面下,设定 CH1、CH2 的直流偏置,点击 Set 键完成设置;

③ 点击 ON/OFF 开关,使电压表处于 ON 状态,上方将实时显示 CH1、CH2 信号的直流电压。

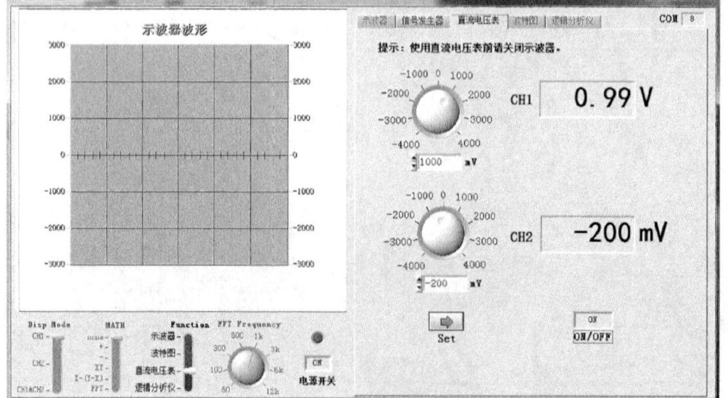

图 2-24　直流电压表

熟悉 Pocket Lab 直流电压表的使用方法，并用该功能测试 Pocket Lab 三路直流电源的电压值，填入表 2-1 中。

表 2-1

电源电压	+5 V	−5 V	3.3 V
直流电压表测得电压			

4) 波特分析仪

分析仪生成用于分析系统的频率特性曲线(Bode 图)。

操作说明

在软件操作前，使用者必须准备好待测电路。电路的输入信号由 S1 通道(或 S2 通道)产生，同时接入 Pocket Lab 的 C1 通道，将经过系统电路之后的响应输出信号接入 C2 通道，见图 2-25。

图 2-25　波特分析电路连接示意图

当完成所有的硬件准备后，进行以下软件操作：

① 在主面板 Function 功能中选择波特图，此时主界面屏幕显示波特图，如图 2-26；

② 在波特图界面下，设定起始频率(Start Frequency)、截止频率(Stop Frequency)、步进(Steps)以及正弦信号幅值(Amplitude)，同时根据需要可以调节幅频坐标最大值、幅频坐标最小值、相频坐标最大值、相频坐标最小值来控制波特图的纵坐标范围；

③ 设置完毕后，点击 Scan，系统开始工作，按点画出波特图，运行时 led 指示灯为绿色，结束运行时变为红色。

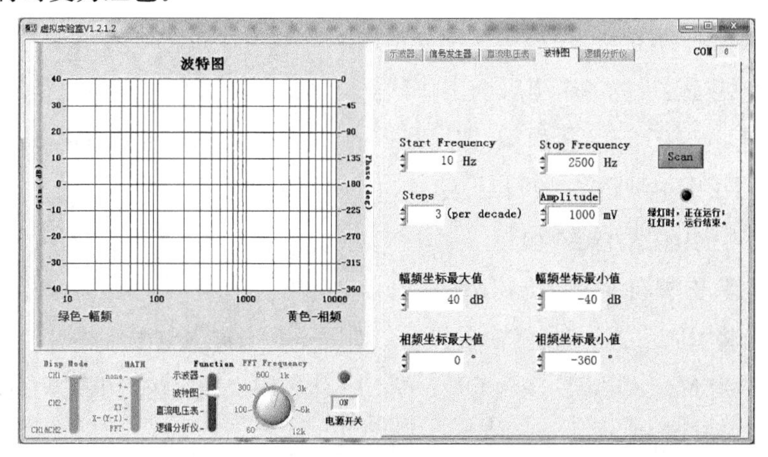

图 2-26　波特分析仪界面

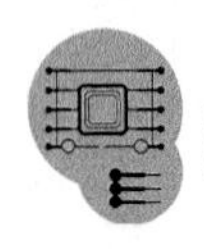

实验举例

这里采用一个一阶 RC 实验电路进行演示。这是一个标准的一阶极点电路。

如图 2－27(a)所示，将输入信号从 S1 通道(或 S2 通道)引出，并接到 C1 通道，输出信号接到 C2 通道。最终波特分析结果见图 2－27(b)，曲线①为幅频特性，曲线②为相频特性。

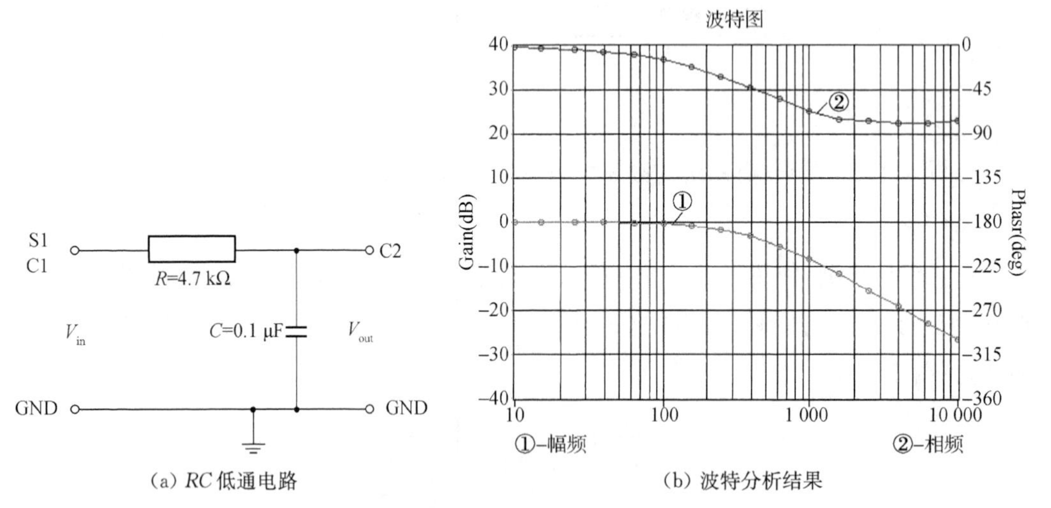

(a) RC 低通电路　　(b) 波特分析结果

图 2－27　波特分析实验

熟悉 Pocket Lab 波特图仪的使用方法，并用该功能测试图 2－27(a)的电路，得到你的第一张波特图吧。

5) 逻辑分析仪

逻辑分析仪可以控制引脚的输入/输出状态，读取引脚的高低电平。在主面板 Function 功能中选择逻辑分析仪，此时主界面屏幕显示逻辑分析波形，如图 2－28 所示。

逻辑分析仪的功能界面主要由两部分组成：

① 引脚设置区：设置各个引脚的工作状态。该区域有 P0～P7 共 8 个设置区，分别对应 Pocket Lab 设备 0～7 号引脚，详见图 2－13。每个引脚设置区里由 3 部分组成：

- Mode：设定引脚状态。可以设置成 3 种不同的状态：

  IN：将引脚设置为输入状态；

  OUT：将引脚设置为输出状态；

  CLK：将引脚设置为时钟(输出状态)，即下一状态输出电平反相。

- OUT：当 Mode 设定状态为 OUT 或 CLK 时，用来设定输出电平的高低。

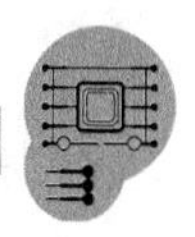

• State：当逻辑分析仪运行时，用来判断引脚的电平高低，高电平时 led 灯亮，低电平时 led 灯灭。

② 系统控制区：控制逻辑分析仪的工作方式。主要有 3 个控制按钮：

• Step：每次执行一个周期，按各引脚设置要求设定所有引脚工作状态，然后读取各个引脚电平高低，在屏幕上显示波形；

• Run：系统以大约 1 s 为周期自动连续工作，同 Step 工作。

• Reset：重置系统，波形清零。

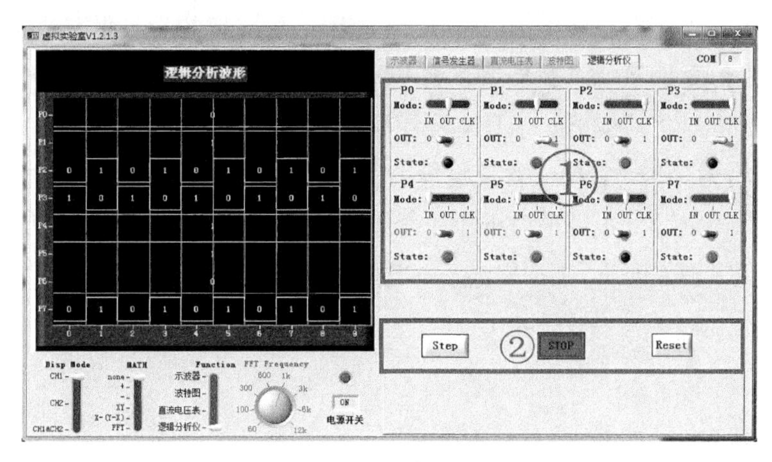

图 2－28　逻辑分析仪

操作说明

① 在逻辑分析仪界面下，设置各引脚的输入/输出状态（Mode）以及电平高低（OUT，在 OUT/CLK 输出模式下可用）；

② 点击 Step，每次执行一个周期，按各引脚设置要求设定所有引脚工作状态，然后读取各个引脚电平高低，在屏幕上显示波形；

③ 点击 Run，此时系统以大约 1 s 为周期自动连续工作，同 Step 工作，此时按钮变为 Stop，按下 Stop 后，系统停止工作；

④ 点击 Reset，重置系统，波形清零。

经过本章的学习，读者对构成便携式实验室的两大利器——NI 公司的 Multisim 仿真工具和东南大学的 Pocket Lab 虚拟仪器的功能和使用方法应该有了初步的了解和认知，并能简单地使用这两种工具。下一章，我们将在两大利器构成的便携式实验平台上，开启自己的专属实验室之旅。

第三章 玩转电子电路

终于来到了第三章“玩转电子电路”。通过第一、第二章的学习我们已经建立起了自己专属的口袋实验室，这一章我们将正式开始电子电路实践之旅。这一章，我们不仅能通过仿真和口袋实验室的测试，亲身体验各种器件性能，如二极管的整流和稳压，三极管的输入/输出特性，MOS 管的偏置设定等，我们还会学习到电子电路的分析方法和设计流程，你将初步成为电子电路的分析师和设计师。更重要的是，要开动脑筋，在每个实验的背后，沿着思考题的导向，去探索电子电路的本质。

Are you ready? Let's Go!

3.1 晶体二极管

【实验教会我】

1. 晶体二极管的伏安特性；
2. 晶体二极管的非线性；
3. 晶体二极管的应用：整流和稳压；
4. 晶体二极管的温度特性；
5. Multisim 的直流扫描、温度扫描和瞬态仿真；
6. Multisim 的频谱仪使用；
7. Pocket Lab 的任意直流信号产生方法；
8. Pocket Lab 的直流电压表使用。

【实验器材表】

实验用器件	型号	数量
晶体二极管	1N3064	1个
稳压二极管	RD2.0S(2 V 稳压二极管)	1个

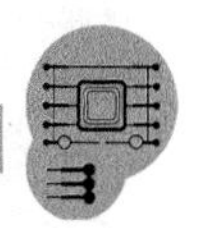

续表

实验用器件	型号	数量
电阻	不同阻值(含滑动变阻器)	若干
电容	不同容值	若干
面包板	任意	1块
数字万用表	任意	1台
口袋虚拟实验室	Pocket Lab	1台

【背景知识回顾】

本实验涉及的理论知识包括PN结的伏安特性、PN结的击穿特性、晶体二极管模型、晶体二极管电路的分析方法、晶体二极管整流和稳压电路等。

背景知识的回顾部分仅仅是提炼了教科书相关章节的重点和难点,如果想深入仔细研究理论知识和推导过程,可参阅任何一本教科书的相关章节和知识点。

1) PN结的伏安特性

PN结的伏安特性是指通过PN结的电流与加在其上电压之间的依存关系。PN结的正向特性和反向特性可统一由下列指数函数表示:

$$I=I_S(e^{\frac{V}{V_T}}-1) \tag{3-1-1}$$

若$V \gg V_T$(或$V>100$ mV),则上式可简化为

$$I=I_S e^{\frac{V}{V_T}} \tag{3-1-2}$$

而当V为负值,且$|V| \gg V_T$时,$I \approx -I_S$,即为反向饱和电流。PN结掺杂浓度越大,I_S越小;I_S随温度升高而增大;I_S值还与PN结的结面积成正比。实验结果表明:温度每升高10 ℃,I_S约增加一倍。

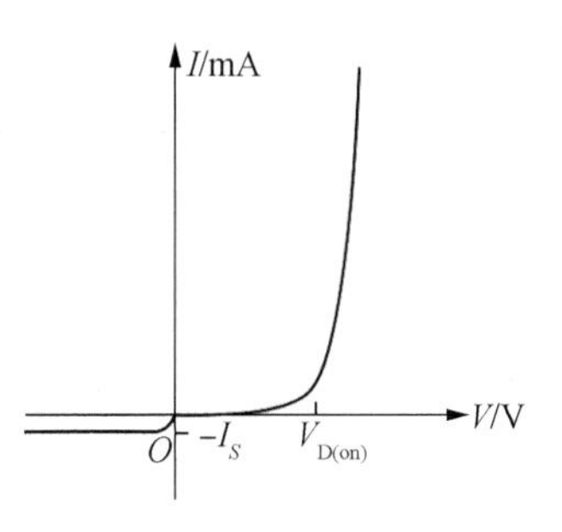

图3-1-1　PN结伏安特性

根据式(3-1-1)可以得到PN结的伏安特性曲线,如图3-1-1所示。工程上将二极管电流出现明显变化时对应的两端电压称为导通电压,用V_{on}表示,一般取

硅PN结:$V_{on}=0.6 \sim 0.8$ V

锗PN结:$V_{on}=0.2 \sim 0.3$ V

实验结果表明:温度每升高1 ℃,V_{on}约减小2.5 mV。

2) PN结的击穿特性

当PN结上的反向电压增大到一定值时,PN结的反向电流将随反向电压的增加而

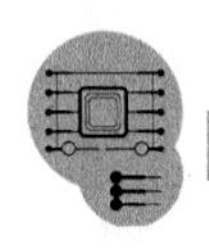

急剧增大，此时 PN 结被击穿，如图 3-1-2 所示。反向电流开始剧增时所对应的反向电压称为击穿电压，用 $V_{(BR)}$ 表示。PN 结的击穿有雪崩击穿和齐纳击穿两种。雪崩击穿发生在掺杂浓度较低的 PN 结中，击穿电压较高。齐纳击穿发生在高掺杂的 PN 结中，相应的击穿电压较低。一般而言，击穿电压在 6 V 以下的属于齐纳击穿，6 V 以上的主要是雪崩击穿。

PN 结一旦击穿后，PN 结两端的电压几乎维持不变，利用这种特性制成的二极管称为稳压二极管，简称稳压管。它的电路符号和相应的伏安特性如图 3-1-3 所示。其主要参数有：稳定电压 V_Z，最小稳定电流 I_{Zmin}，最大稳定电流 I_{Zmax}。

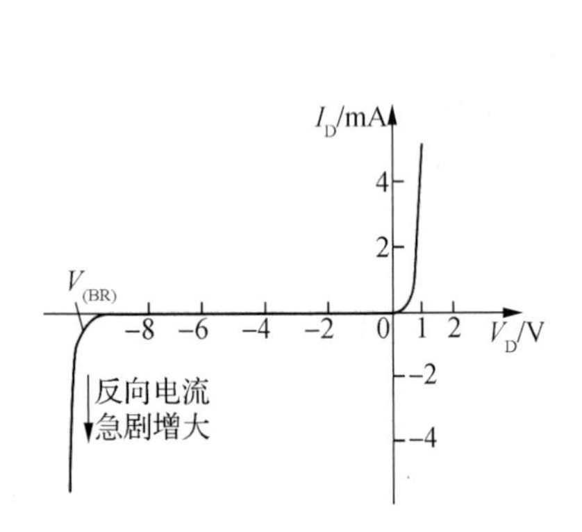

图 3-1-2 PN 结的击穿特性

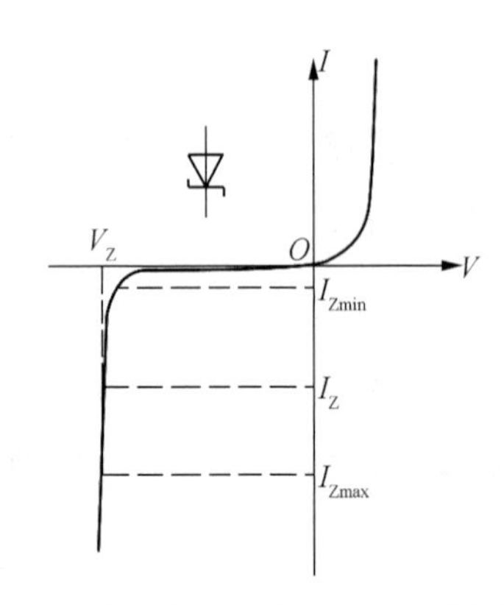

图 3-1-3 稳压管的电路符号和相应的伏安特性

3) 晶体二极管模型

二极管模型包含数学模型、伏安特性曲线模型、等效电路模型等。工程分析中更加常用的是等效电路模型，包含大信号模型和小信号模型。

(1) 大信号电路模型

晶体二极管的非线性主要表现在单向导电性上，而导通后伏安特性的非线性则是第二位的。因此，晶体二极管的伏安特性曲线可以合理地用两段直线逼近，如图 3-1-4 所示。这两段直线在导通电压 $V_{D(on)}$ 上转折，其中导通后一段直线的斜率为 $1/R_D$，R_D 称为二极管的导通电阻，其值约为几十欧。图 3-1-4 所示特性可用图 3-1-5 所示等效电路模型表示，其中 D 为理想二极管，若 V 为加在理想二极管上的正向电压，则二极管在 $V<0$ 时开路，$V>0$ 时短路，具有理想的开关特性。

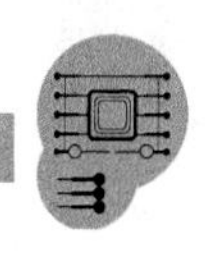

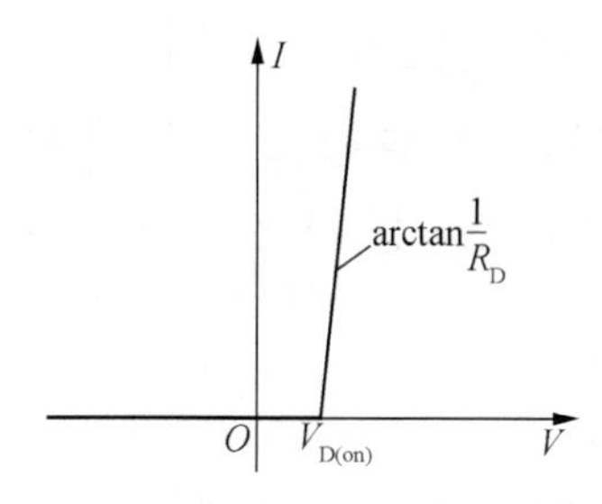

图 3-1-4　用两段折线逼近伏安特性曲线

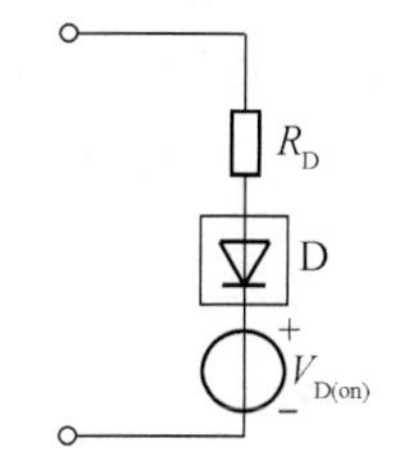

图 3-1-5　晶体二极管的大信号电路模型

(2) 小信号电路模型

如果加到二极管上的电压 $V=V_Q+\Delta V$，则相应的电流为 $I=I_Q+\Delta I$，如图 3-1-6 所示，图中 Q 点为静态工作点。若 ΔV 足够小，二极管伏安特性曲线近似为一段直线，此时二极管对叠加在 Q 点上的微小增量而言，等效为一电阻 r_j，其值即为该直线段斜率的倒数。当二极管伏安特性用理想指数模型表示时，r_j 可按下式求得

$$\frac{1}{r_j}=\frac{\partial I}{\partial V}\bigg|_Q=\frac{\partial}{\partial V}\left[I_S(e^{\frac{V}{V_T}}-1)\right]\bigg|_{V=V_Q} \quad (3-1-3)$$
$$=\frac{I_Q+I_S}{V_T}\approx\frac{I_Q}{V_T}$$

图 3-1-6　增量电阻的示意图

或

$$r_j=\frac{V_T}{I_Q} \quad (3-1-4)$$

式中，$I_Q=I_S(e^{\frac{V}{V_T}}-1)$为 Q 点上的电流。通常将 r_j 称为二极管的增量结电阻或称为肖特基电阻(Schottky Resistance)。

考虑到 PN 结存在串联电阻 r_S，则晶体二极管的小信号电路模型如图 3-1-7(a)所示。它是一个线性电路。若 ΔV 的工作频率较高，则还需计入 PN 结的结电容 C_j，如图 3-1-7(b)所示。

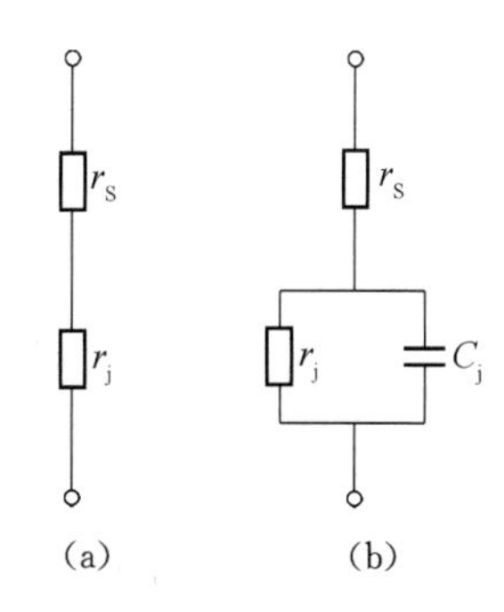

图 3-1-7　晶体二极管小信号电路模型

小信号电路模型受到 ΔV 足够小的限制。工程上，限定 $|\Delta V|<5.2\ \mathrm{mV}$，由此产生的误差是可容许的。反之，$\Delta V$ 幅度越大，ΔV 和 ΔI 之间的非线性越重。在这种状态下，若加在二极管两端的电压信号是单一频率信号，则在输出电流中会产生高次谐波，产生非线性失真。

4) 二极管电路的分析方法

本节主要介绍工程中常用的等效电路分析法。等效电路分析法就是将电路中的二极管用大信号模型或者小信号模型替代，在得到的等效电路中采用线性电路的分析方法进行分析。

图 3-1-8(a)中，二极管已用大信号电路模型替代。由图可见，当 $V_{DD}>V_{D(on)}$ 时，理想二极管导通，图 3-1-8(a)便简化为图 3-1-8(b)所示线性电路。由此求得

$$I_Q=\frac{V_{DD}-V_{D(on)}}{R+R_D}$$

$$V_Q=V_{D(on)}+I_QR_D$$

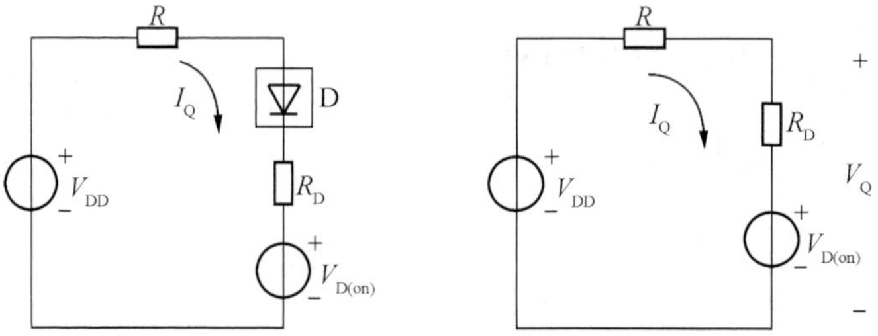

(a)　　(b)

图 3-1-8　等效电路分析法(直流分析)

当输入信号中存在交流分量 ΔV_{DD} 时，如图 3-1-9(a)所示，对电路进行交流分析，令 $V_{DD}=0$，将二极管用小信号电路模型替代，得到小信号等效电路，如图 3-1-9(b)所示。在等效电路中采用线性电路分析方法可以得到二极管中的交流电压 ΔV 和交流电流 ΔI。

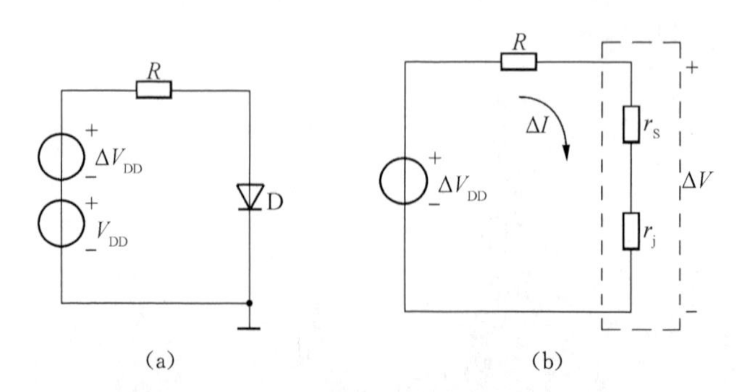

图 3-1-9　等效电路分析法(交流分析)

5) 二极管整流与稳压电路

利用二极管的单向导电性可以构成整流电路，利用二极管的击穿特性可以构成稳压电路，这是最常见的两类二极管应用电路。

图 3-1-10(a)为最简单的整流电路，称为半波整流电路。当输入为正弦波 $v_i = V_m \sin\omega t$，且 $V_{D(on)}$ 可忽略时，输出为半周的正弦脉冲电压，如图 3-1-10(b)所示，其平均值为

$$V_O = \frac{1}{\pi}\left(\frac{R}{R_D + R}V_m\right) \tag{3-1-5}$$

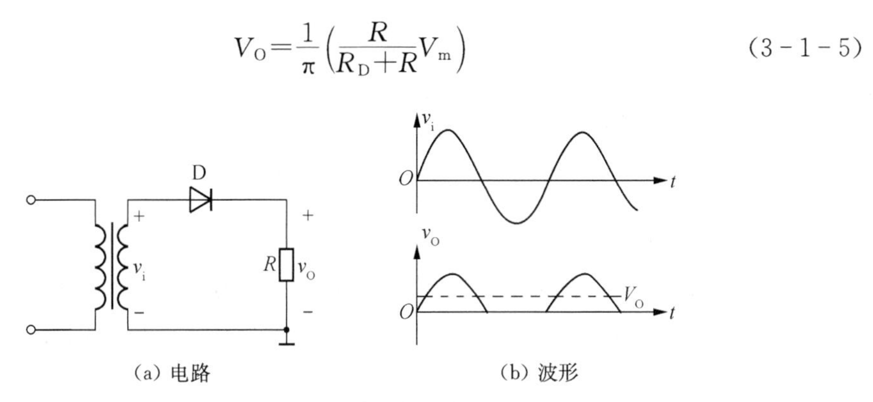

(a) 电路　　(b) 波形

图 3-1-10　半波整流电路

图 3-1-11 为采用稳压二极管构成的稳压电路，其中 R 为限流电阻，用来限制稳压管中的最大电流，R_L 为负载电阻。根据稳压管的特性，当输入电压 V_I 或负载 R_L 发生变化而引起稳压管电流 I_Z 变化时，输出电压 V_O 即稳压管两端电压几乎为一恒定值。限流电阻 R 要合理选择，其最小值和最大值分别由下列关系式决定。

$$\frac{V_{Imax} - V_Z}{R_{min}} - I_{Lmin} \leqslant I_{Zmax}, \quad \frac{V_{Imin} - V_Z}{R_{max}} - I_{Lmax} \geqslant I_{Zmin} \tag{3-1-6}$$

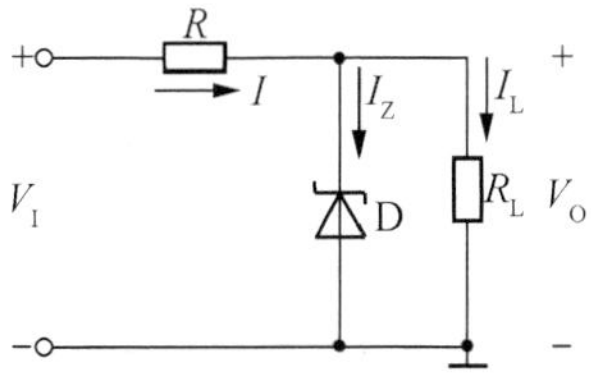

图 3-1-11　稳压电路

【背景知识小考查】

考查知识点：稳压电路计算

在图 3-1-11 所示二极管稳压电路中，稳压二极管 $V_Z = 5$ V，$R_Z = 0$ Ω，$r_Z = 10$ Ω，限流电阻 $R = 90$ Ω，负载 $R_L = 1$ kΩ，若输入电压范围为 14 V±4 V，则：

(1) 求输出电压 V_O 的变化范围；

(2) 求电路的最大短路电流。

【一起做仿真】

1) 二极管的伏安特性

根据图 3-1-12 所示电路，在 Multisim 中进行仿真分析，得到二极管的伏安特性。

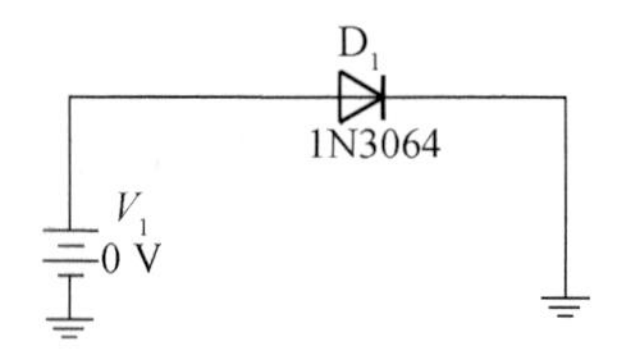

图 3-1-12　二极管伏安特性实验电路

仿真任务：二极管选取型号 1N3064，对直流电压源 V_1 进行 DC 扫描，扫描范围为 0～1 V，步长为 0.01 V，测量二极管中的电流，得到二极管伏安特性曲线。

仿真设置：依次点击 Simulate→Analyses→DC Sweep，设置电压扫描范围和输出变量。

实验中采用图 3-1-12 所示电路仿真二极管的 $I-V$ 特性，实际测试中也可以这么操作吗？为什么？为了保证器件的安全，你能想到哪些保护措施呢？

2) 二极管整流电路

根据图 3-1-13 所示的二极管半波整流电路，在 Multisim 中进行仿真分析，得到输出电压随不同参数的变化情况。

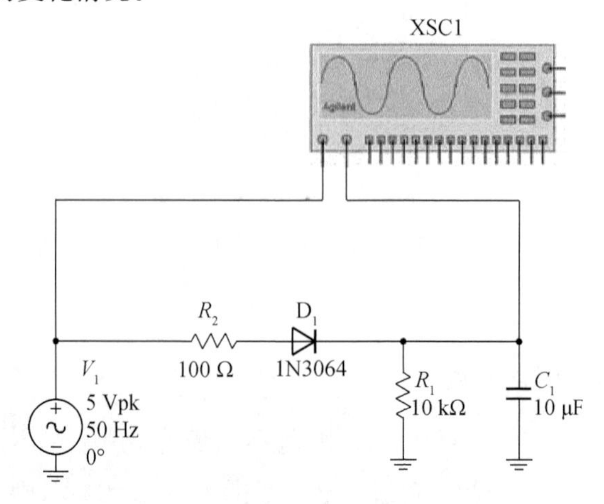

图 3-1-13　二极管半波整流电路

仿真任务：

（1）固定输入信号频率为 50 Hz，振幅为 5 V，直流电压为 0 V，负载电容 $C_1=10\ \mu F$，改变负载电阻，采用示波器观察输入/输出波形，测量输出电压的平均值和纹波电压，并完成表 3-1-1。

表 3-1-1

负载电阻(kΩ)	1	10	100
输出电压(V)			
输出纹波峰峰值(V)			

（2）固定输入信号频率为 50 Hz，振幅为 5 V，直流电压为 0 V，负载电阻 $R_1=10\ k\Omega$，采用示波器观察输入/输出波形，测量输出电压的平均值和纹波电压，并完成表 3-1-2。

表 3-1-2

负载电容(μF)	10	47	220
输出电压(V)			
输出纹波峰峰值(V)			

（3）根据仿真实验数据，给出输出电压的平均值和纹波电压与负载电阻和负载电容的相互关系。

仿真设置：直接双击输入信号源设置输入信号，直接双击示波器图标观测输入和输出波形，示波器的常用设置见图 3-1-14；通过选择 Simulate→run 进行仿真，也可以直接在 Multisim 控制界面上选择运行；还可以选择 Simulate→Analyses→Transient Analysis 进行设置和仿真，并观测输出波形（这种分析方式不能在示波器中观测）。

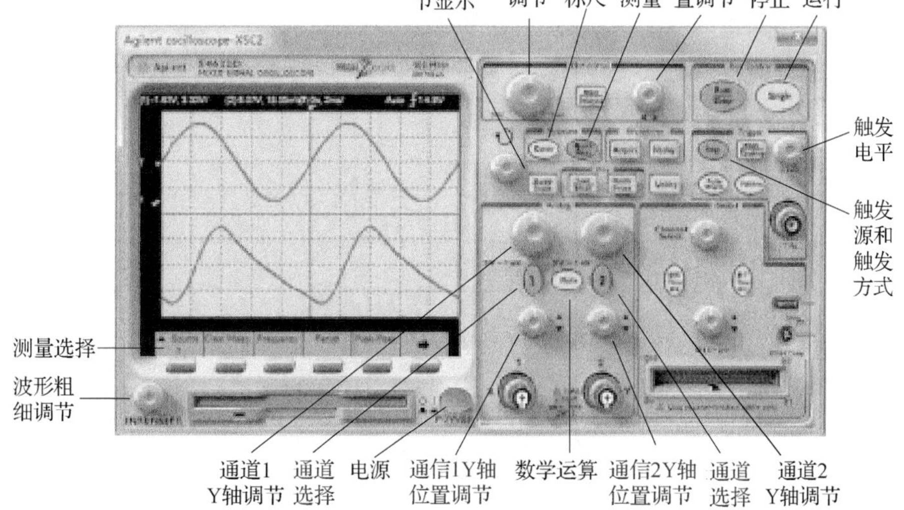

图 3-1-14　Agilent 示波器的常用设置

(1) 在二极管构成的整流电路中，当负载电阻和负载电容都一定的条件下，你还能想到什么办法降低输出纹波？

(2) 如图 3-1-13 所示的二极管整流电路适合小信号整流吗？如果要用于小信号整流，应用中需要注意什么问题？

3) 二极管的非线性

根据如图 3-1-15 所示的二极管交流特性实验电路，在 Multisim 中进行仿真分析，得到二极管电路在不同输入信号幅度情况下的失真情况，认识二极管的非线性特性。

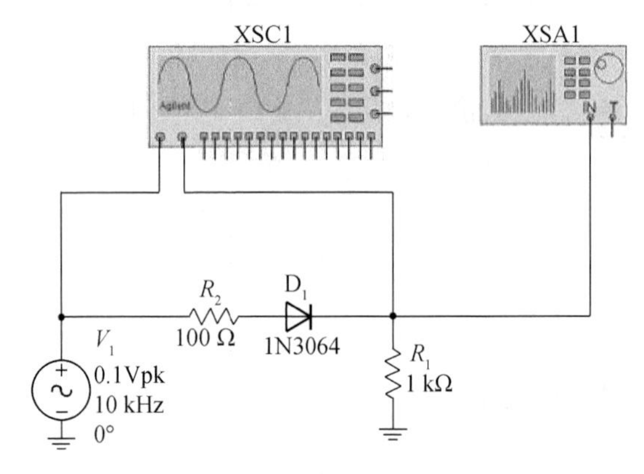

图 3-1-15 二极管交流特性实验电路

仿真任务：输入信号信号源频率为 10 kHz，直流电压为 2 V，负载电阻为 1 kΩ，限流电阻为 100 Ω，改变输入信号幅度，观察和测量在不同输入信号幅度情况下的输出信号失真情况。采用示波器观察输入/输出瞬态波形，采用频谱分析仪(Spectrum Analyzer)测量基波和谐波幅度，并完成表 3-1-3，根据测试结果给出二极管电路输出信号失真度与输入信号幅度的定性关系。

表 3-1-3

输入信号幅度(V)(半波峰值)	0.05	0.1	0.2
基波 P_1(dBm)			
二次谐波 P_2(dBm)			
P_1-P_2(dBm)			

仿真设置：仿真设置及示波器设置同上，频谱仪设置见图 3-1-16。

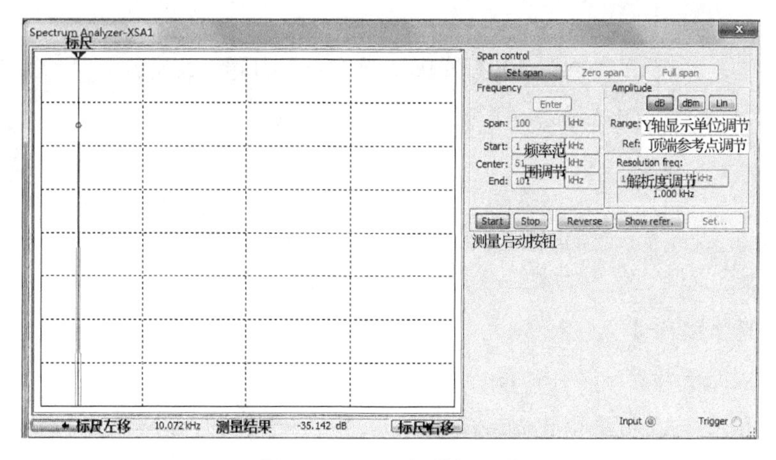

图 3－1－16　频谱仪设置

若改变二极管的直流电压，输出信号的失真情况会有什么变化？

【动手搭硬件】

二极管伏安特性曲线实验

根据图 3－1－17 在面包板上设计电路，直流电压源采用信号源替代，交流幅度设置为 0，改变信号源的直流电压获得不同的直流电压输入，测量二极管两端电压，计算二极管中电流，完成表格 3－1－4，并通过描点的方式绘制实际的二极管伏安特性曲线（可采用软件处理数据）。

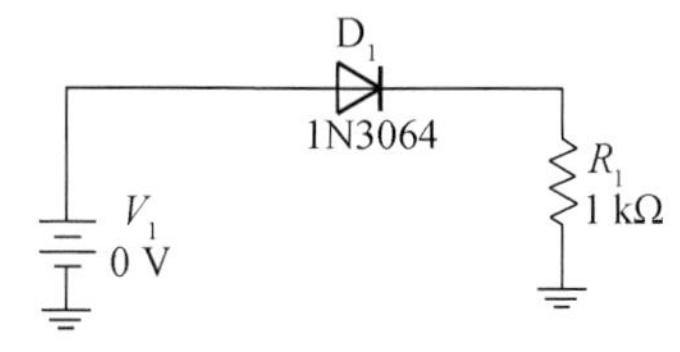

图 3－1－17　二极管伏安特性实验电路

表 3－1－4　二极管伏安特性测试结果

输入电压(V)	0.1	0.2	0.3	0.4	0.5	0.6	0.7	0.8	0.9	1
V_{D+} (V)										
V_{D-} (V)										
ΔV_D (V)										
I_D (mA)										

除了描点法，还有其他运用 Pocket Lab 功能进行二极管伏安特性曲线的测试方法吗？试一试吧。

【设计大挑战】

采用稳压管 RD2.0S 设计稳压电路，具体要求如下：

a. 输入直流电压 5 V；

b. 负载短路电流小于 40 mA；

c. 输出电压 2 V，负载变化时输出电压波动小于±10%，确定负载电阻范围。

根据以上要求设计稳压电路，给出电路图和器件参数，并在面包板上设计电路，采用 Pocket Lab 实验系统对电路进行测量，完成表 3-1-5。

表 3-1-5　稳压电路测试结果

负载电阻 (kΩ)	0.1	0.15	0.2	0.3	0.4	0.5	1	10
输出电压(V)								
符合要求的负载电阻范围为								

提示：负载电阻可以采用可变电阻，便于测试；为了得到准确的负载电阻范围，负载电阻的取值不仅仅局限于上表。

【研究与发现】

二极管温度系数的研究

按照图 3-1-18 所示电路在 Multisim 中进行温度扫描仿真(Temperature Sweep)，直流电流源 I_1 为 1 mA，温度扫描范围为−40 ℃～125 ℃，步长为 5 ℃，线性扫描，进行直流工作点仿真，得到图中节点 1 的电压随温度的变化波形。

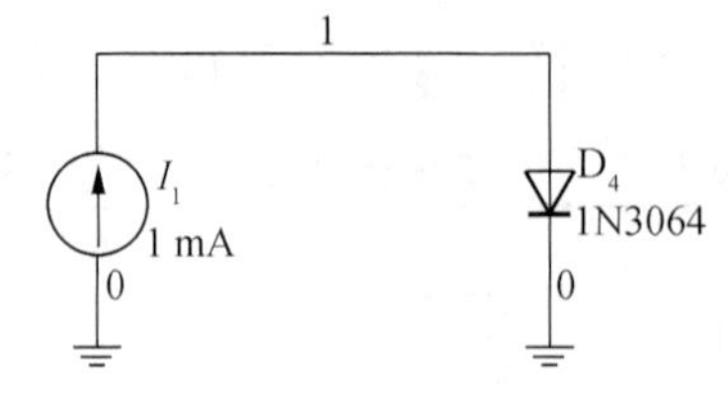

图 3-1-18　温度扫描仿真电路

仿真设置：依次点击 Simulate→Analyses→Temperature Sweep，在 Analysis to sweep 中选择 DC Operating Point。

通过节点 1 的电压波形得到二极管电压的温度系数(mV/℃)，可通过标尺直接得到电压随温度变化的斜率，即为温度系数。通过仿真和测量认识二极管导通电压的温度系数，并观察其线性度，若利用这种特性进行温度检测，需要注意哪些方面的问题？

【研究与发现】

串联型二极管稳压电路研究

若稳压二极管的稳压电压低于实际需求，可以采用多个稳压二极管串联的方式获得较高的稳压电压。按照图 3-1-19 所示电路在 Multisim 中进行 DC Sweep 仿真，在 0～20 mA 范围内扫描负载电流 I_1，得到输出端(节点 3)电压，并通过输出电压的变化求出二极管稳压电源的等效内阻。通过仿真结果总结串联型二极管稳压电路在应用中的优缺点。

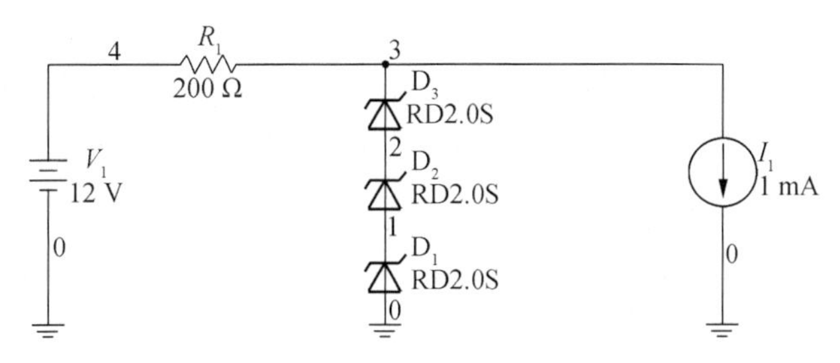

图 3-1-19 二极管稳压特性仿真电路

3.2 晶体三极管

【实验教会我】

1. 晶体三极管的伏安特性；
2. 晶体三极管 β 与工作点和温度的关系；
3. 晶体三极管的频率特性；
4. 晶体三极管静态工作点分析和设计方法；
5. Multisim 的参数扫描、温度扫描、频率扫描和工作点仿真；
6. Multisim 中如何定义输出函数和修改仿真温度；
7. Pocket Lab 的直流电压表使用。

【实验器材表】

实验用器件	型号	数量
晶体三极管 NPN	2N3904	1个
晶体三极管 PNP	2N3906	1个
电阻	不同阻值	若干
面包板	任意	1块
数字万用表	任意	1台
口袋虚拟实验室	Pocket Lab	1台

【背景知识回顾】

本实验涉及的理论知识包括晶体三极管特性、晶体三极管直流工作点设置。

1）晶体三极管的伏安特性曲线

晶体三极管的各端电流与两个结电压之间的关系可采用曲线形式描述，被称为晶体三极管的伏安特性曲线。

晶体三极管作为四端网络，每对端口均有两个变量（端电压和电流），因此需采用两组曲线族在平面坐标上表示它的伏安特性。其中采用最多的两组曲线族分别是输入特性曲线族和输出特性曲线族。前者是以输出电压为参变量，描述输入电流与输入电压之间关系的曲线族；后者是以输入电流（或电压）为参变量，描述输出电流与输出电压之间关系的曲线族。

将晶体三极管接成共发射极连接，如图3-2-1所示。相应的输入特性曲线族和输出特性曲线族分别为

$$i_B = f_{1E}(v_{BE})\big|_{v_{CE}=常数}$$

$$i_C = f_{2E}(v_{CE})\big|_{i_B=常数}$$

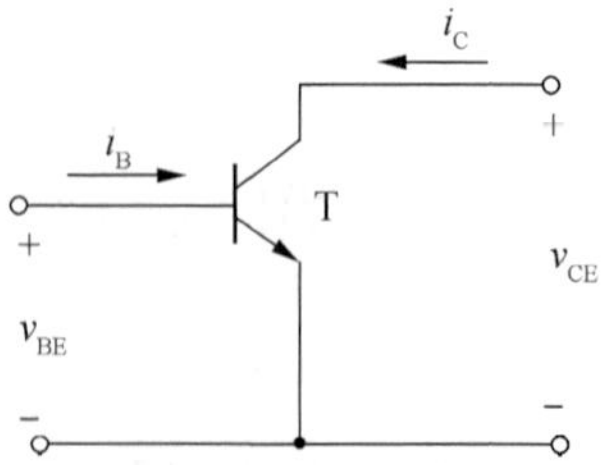

图3-2-1　共发射极连接时端电流和端电压

(1) 输入特性曲线族

实测的输入特性曲线族如图3-2-2所示。由图可见，曲线形状与v_{CE}有关。当参变量v_{CE}增大时，曲线将向右移动，v_{CE}在0～0.3 V之间变化时曲线移动较大，v_{CE}>0.3 V

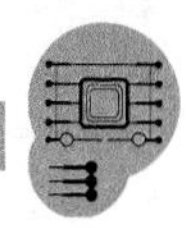

以后曲线变化很小。在 v_{BE} 一定时，v_{CE} 在 0～0.3 V 时晶体三极管工作在饱和模式，v_{CE} 越小饱和越深，i_B 就越大，导致曲线移动增大。当 v_{CE} 大于 0.3 V 时，晶体三极管工作在放大模式，v_{CE} 增大时，i_B 略有减小。因为共发射极连接时，$v_{CE}=v_{CB}+v_{BE}$，其中发射结正偏，v_{BE} 约在 0.7 V 附近变化，因此 v_{CE} 中的大部分电压都加在集电结上，当 v_{CE} 增大时，集电结上反偏电压 v_{CB} 增大，导致集电结阻挡层宽度增大，基区的实际宽度减小，因而，由发射区注入的非平衡少子电子在向集电结扩散过程中与基区中多子空穴复合的机会减小，从而使 i_B 减小。通常将 v_{CE} 引起基区实际宽度变化而导致 i_B 变化的效应称为基区宽度调制效应。当发射结为反偏时，基极反向饱和电流很小。但当 v_{BE} 向负值方向增大到 $V_{(BR)BEO}$ 时，发射结击穿，基极反向电流迅速增大。$V_{(BR)BEO}$ 称为发射结反向击穿电压。

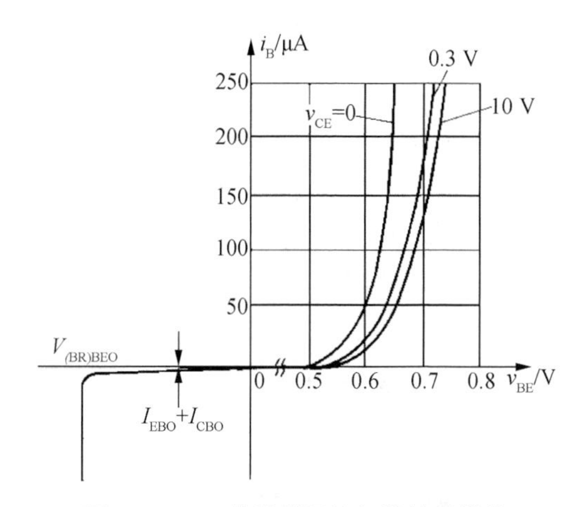

图 3-2-2　共发射极输入特性曲线族

(2) 输出特性曲线族

实测的输出特性曲线族如图 3-2-3 所示。根据外加电压的不同，整个曲线族可划分为 4 个区，即放大区、截止区、饱和区和击穿区。

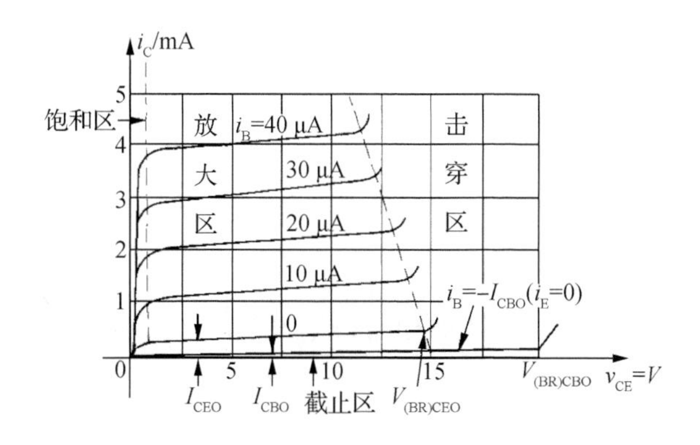

图 3-2-3　共发射极输出特性曲线族

a. 放大区

在这个区域内，晶体三极管的发射结加正偏，集电结加反偏，工作在放大模式。i_C 与 i_B 之间满足传输方程

$$i_C=\beta i_B+I_{CEO}$$

由于基区宽度调制效应，当 v_{CE}增大时，基区复合减小，导致 α 和 β 相应略有增大，因而每条以 i_B 为参变量的曲线都随 v_{CE}增大而略有上翘。若参变量 i_B 变为 v_{BE}，将不同 v_{BE} 的各条输出特性曲线向负轴方向延伸，它们将近似相交于公共点 A 上，如图 3－2－4 所示。对应的电压用 V_A 表示，称为厄尔利电压。$|V_A|$越大，上翘程度就越小。

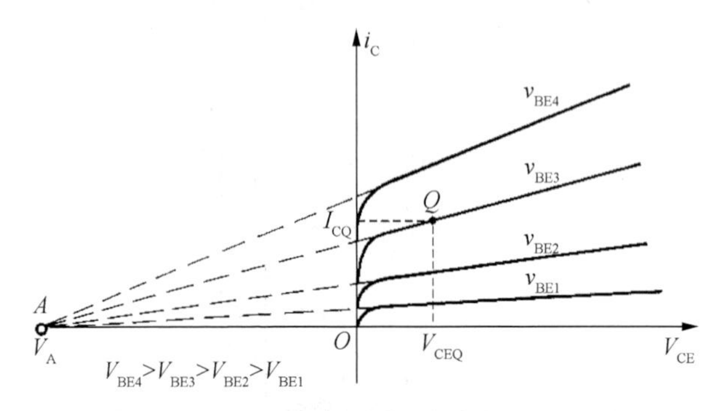

图 3－2－4　厄尔利电压

b. 截止区

当晶体三极管的发射结和集电结均加反偏，管子工作在截止模式。截止区应是 $i_E=0$ 以下的区域，在图 3－2－3 中即为 $i_C=I_{CEO}$，$i_B=-I_{CEO}$以下的部分。但工程上一般规定 $i_B=0$，相应地在图 3－2－3 中 $i_C=I_{CEO}$以下的区域称为截止区。

c. 饱和区

当晶体三极管的发射结和集电结均正偏，晶体三极管工作在饱和模式。在这个区域内，随着 v_{CE}减小，i_C 将迅速减小，且 i_C 与 i_B 之间已不再满足电流传输方程。由图 3－2－3 可见，输出特性曲线由放大区开始进入饱和区所对应的 v_{CE}将随 i_B 减小而略有减小。工程上，为了简化起见，一般均忽略 i_B 的影响，以 $v_{CE}=0.3$ V 作为放大区和饱和区的分界线。

d. 击穿区

随着 v_{CE}增大，加在集电结上的反偏电压 v_{CB}相应增大。当 v_{CE}增大到一定值时，集电结发生反向击穿，造成电流 i_C 剧增。

2）变化的 β

β 不是一个与 i_C 无关的恒定值，它仅在 i_C 的一定范围内，随 i_C 的变化很小，可近似

认为是常数。如图 3-2-5(a)所示，超出这个范围，β 将下降。因此，在输出特性曲线族上，当 i_B 等量增加时，输出特性曲线不是等间隔地平行上移，特别是在 i_C 值过大和过小的区域内，输出特性曲线显得比较密集，如图 3-2-5(b)所示。实测输出特性曲线的疏密程度反映了晶体三极管 β 的变化。同时 β 是温度敏感参数。工程分析时，可近似认为，每升高 1 ℃，$\Delta\bar{\beta}/\bar{\beta}$ 增大 0.5%～1%。

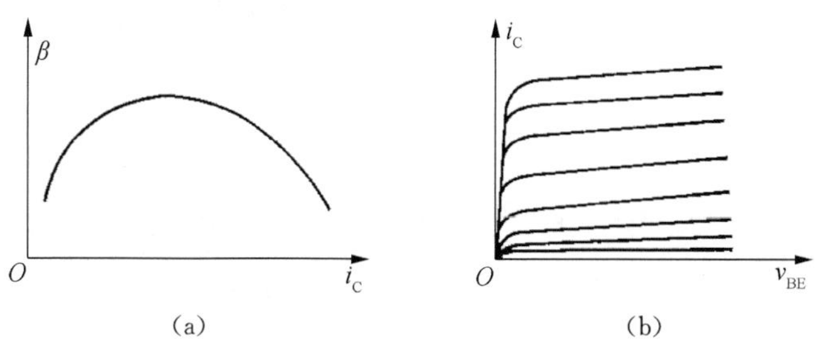

图 3-2-5　β 与 i_C 的关系

3) 晶体三极管的频率参数

在信号频率较低时，可以不考虑三极管的寄生电容，三极管各端口之间的电量关系与频率无关。但是随着信号频率的提高，寄生电容的引入会导致这些电量关系随频率而发生变化。三极管的频率参数就是评价晶体三极管高频性能的特征参数。

高频时，三极管的共发射极电流放大系数的幅值 $\beta(\omega)$ 是与角频率有关的。当 $\omega \ll \omega_\beta$ 时，$\beta(\omega) \approx \beta$，即为低频(不考虑寄生电容)时的电流传输系数；当 $\omega = \omega_\beta$ 时，$\beta(\omega)$ 下降到 β 的0.707 倍(−3 dB)，因此 ω_β 称为 $\beta(\omega)$ 的转折点角频率，此后随着角频率的增加 $\beta(\omega)$ 下降；当 $\beta(\omega)$ 下降到 1 时所对应的角频率用 ω_T 表示，称为特征角频率，其值为 ω_β 的 β 倍。在这个频率上，晶体三极管开始丧失电流放大能力。

4) 晶体三极管直流工作点的等效电路分析法

等效电路分析法指在进行三极管直流工作点工程近似分析时，普遍采用晶体三极管的大信号电路模型进行直流分析的方法。但三极管有放大、饱和、截止三种工作模式，不同的工作模式对应了不同的大信号模型。在分析前，必须首先确定晶体三极管的工作模式，才能采用相应工作模式下的电路模型。而管子的工作模式需要通过分析来确定。因此，一般都是先假定工作在放大模式，再由分析结果进行验证或确定实际的工作模式。

(1) 放大模式大信号模型

放大模式下，晶体三极管实质为输出电流受输入发射结电压控制的非线性器件。为分析方便，晶体三极管在共发射极连接时的线性化模型如图 3-2-6(a)所示。基极和发射极之间等效为一只独立的二极管，在进行工程分析时，该二极管采用大信号电路模型表示，并忽略二极管的正向导通电阻，而集电极电流 I_C 仅受控于基极电流 I_B。从而得到图 3－2－6(b)所示的晶体三极管大信号电路模型。图中，$V_{BE(on)}$ 为发射结的正向导通电压。

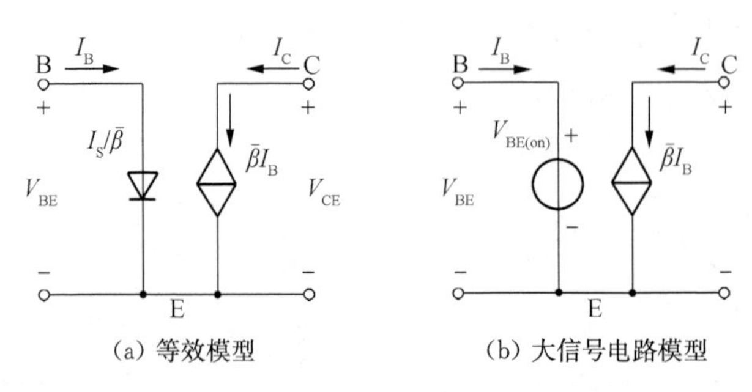

图 3－2－6　晶体三极管共发射极连接模型

(2) 饱和模式大信号模型

晶体三极管工作在饱和模式时，两个结均为正偏，且已失去正向受控作用，因而在饱和模式下，它们可近似用两个导通电压表示，分别为 $V_{BE(sat)}$ 和 $V_{BC(sat)}$，称为饱和导通电压。晶体三极管的集电结是低掺杂的，它的导通电压显然比发射结低。对于硅管，一般取

$$\left.\begin{array}{l} V_{BE(sat)} \approx V_{BE(on)} = 0.7\ \text{V} \\ V_{BC(sat)} \approx V_{BC(on)} = 0.4\ \text{V} \end{array}\right\}$$

因此 $V_{CE(sat)} = V_{BE(sat)} - V_{BC(sat)} = 0.3$ V，相应的大信号电路模型如图 3－2－7 所示。

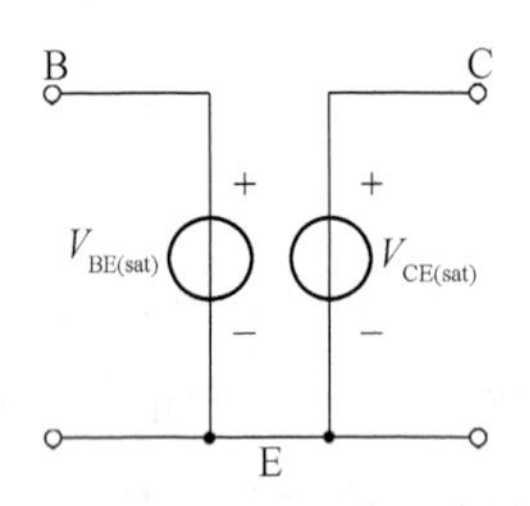

图 3－2－7　饱和模式下共发射极连接时的大信号电路模型

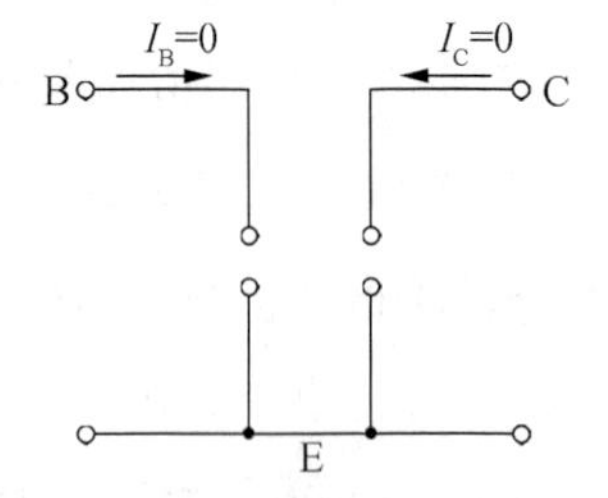

图 3－2－8　截止模式下共发射极连接时的大信号电路模型

(3) 截止模式大信号模型

晶体三极管工作在截止模式时，两个结均为反偏。若忽略它们的反向饱和电流，则可近似认为晶体三极管的各极电流均为零。因此，共发射极连接时，它的大信号电路模型可以用两段开路线来表示，如图 3－2－8 所示。

5）静态工作点 Q 的合理设置

放大器静态工作点的合理设置是实现其交流性能的前提。设置静态工作点的电路称为放大器的偏置电路。对偏置电路的要求：一是提供放大管所需的静态工作点 Q；二是所提供的静态工作点在环境温度、电源电压等外界环境因素变化或更换管子时力求维持不变，其中尤以环境温度变化对 Q 的影响最大。

如图 3－2－9(a)所示的放大器基本电路，要实现不失真放大，必须选取 V_{IQ} 使静态工作点设置在放大区，且远离截止区和饱和区，如图 3－2－9(b)中的 Q 点。若 Q 点设置靠近截止区(Q')，则输入电压负峰值的一部分进入截止区而使输出信号电压的正峰值附近被削平。若移向饱和区(Q'')，则输出信号电压负峰值的一部分进入饱和区而被削平。这种被削平的截止失真和饱和失真，统称为平顶失真。

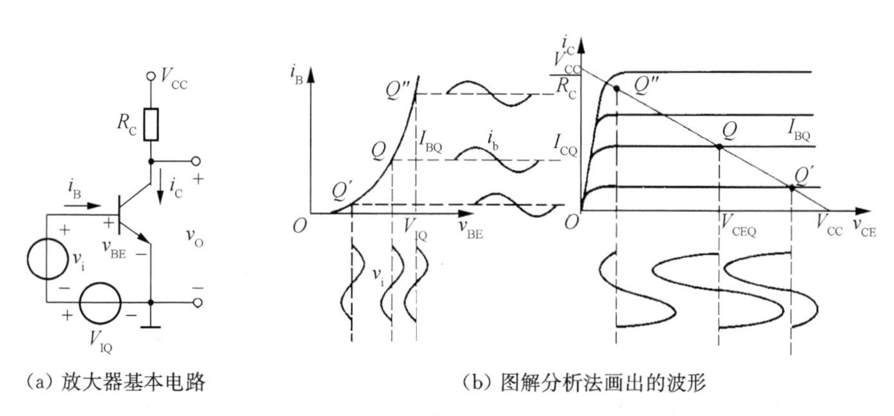

(a) 放大器基本电路　　(b) 图解分析法画出的波形

图 3－2－9　静态工作点的设置

为了提高偏置电路的稳定性，实际电路中常采用分压式偏置电路，如图 3－2－10 所示。为了减小 R_E 对交流信号的影响，往往在 R_E 上并接大电容 C_E，要求它在信号频率上的容抗很小，近似短路。分压式偏置电路之所以能够有效地稳定静态工作点，就在于 R_E 对 I_{CQ} 的自动调节作用。

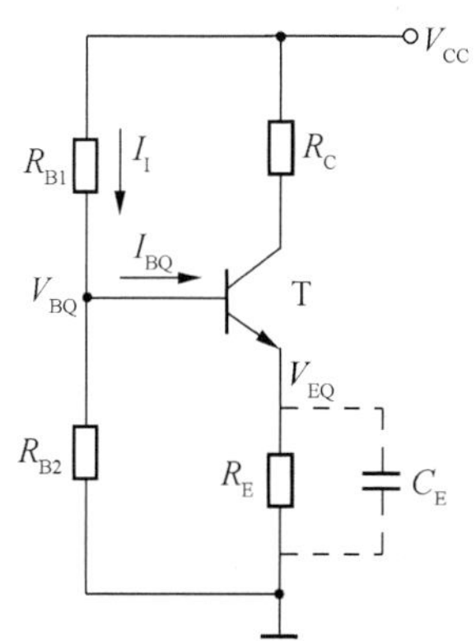

图 3－2－10　分压式偏置电路

【背景知识小考查】

考查知识点:直流工作点计算

在图 3－2－11 所示电路中,双极型晶体管 2N3904 的 $\beta \approx 120$,$V_{BE(on)}=0.7$ V。计算 T_1 的各极电流和电压,并填入表 3－2－3 的计算值一栏。

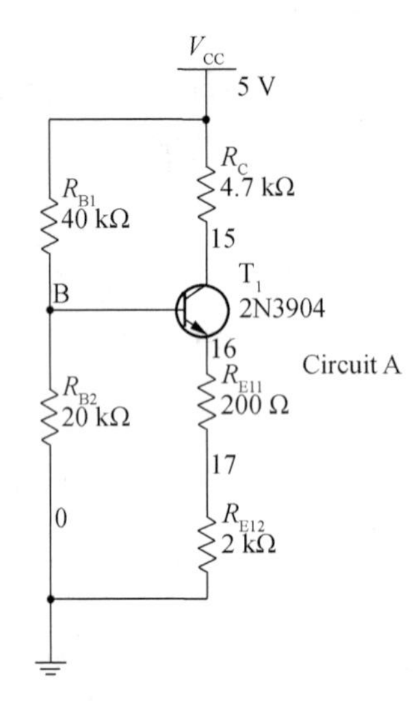

图 3－2－11　晶体三极管静态工作点分析电路

【一起做仿真】

1) 晶体管输入特性曲线

在 Multisim 中搭建图 3－2－12 所示电路,仿真双极型晶体管 2N3904 的输入特性曲线。

仿真设置:依次选择 Simulate→Analyses→Parameter sweep…,在弹出窗口中(如图 3－2－13 所示)选择扫描参数的 Device type 为接在 CE 间的电源 V_2,这是两个参数扫描中的参变量;在 Points to sweep 中选择扫描种类为 List(列表离散值),并在 Value list 中给定 0,0.3 和 10 三个值;在 More Options 的 Analysis to sweep 中选择 Nested sweep,点击 Edit analysis 按钮,弹出如图 3－2－14 所示窗口,选择 Device type 为接在 BE 间的电源 V_1,这是两个参数扫描中的主变量;在 Points to sweep 中选择扫描种类为 Linear(线性扫描),给定 Start(起始值)、Stop(终止值)和 Increment(步进值);在 More Options

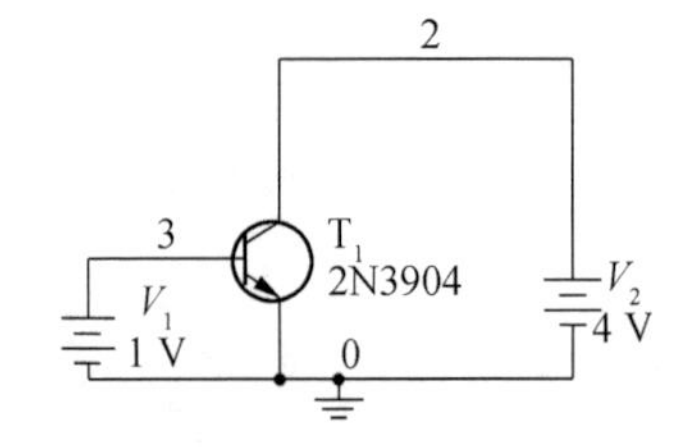

图 3－2－12　输入/输出特性曲线仿真图

的Analysis to sweep 中选择 DC Operating Point，点击 OK 按钮，返回到图 3－2－13。并在 Output 中选择 i_B 作为输出，如图 3－2－15 所示，点击 Simulate，进行参数扫描，获得如图 3－2－16 所示的输入特性曲线族。

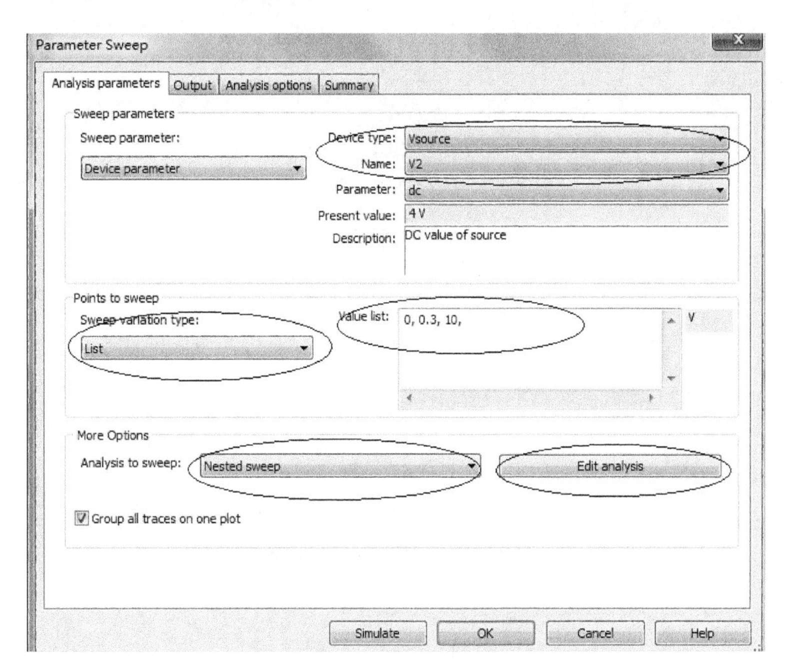

图 3－2－13　参数扫描窗口

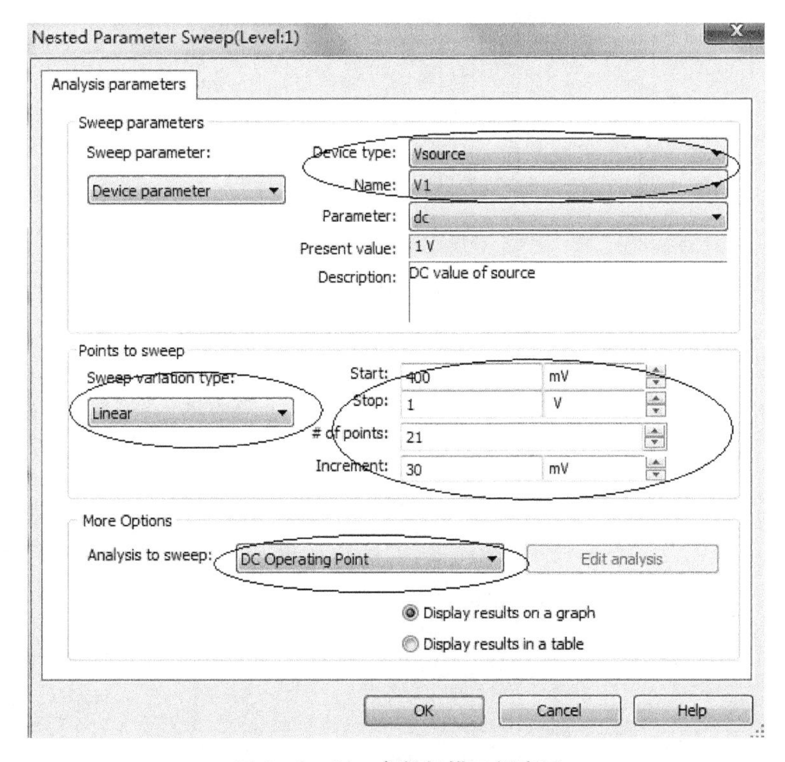

图 3－2－14　参数扫描二级窗口

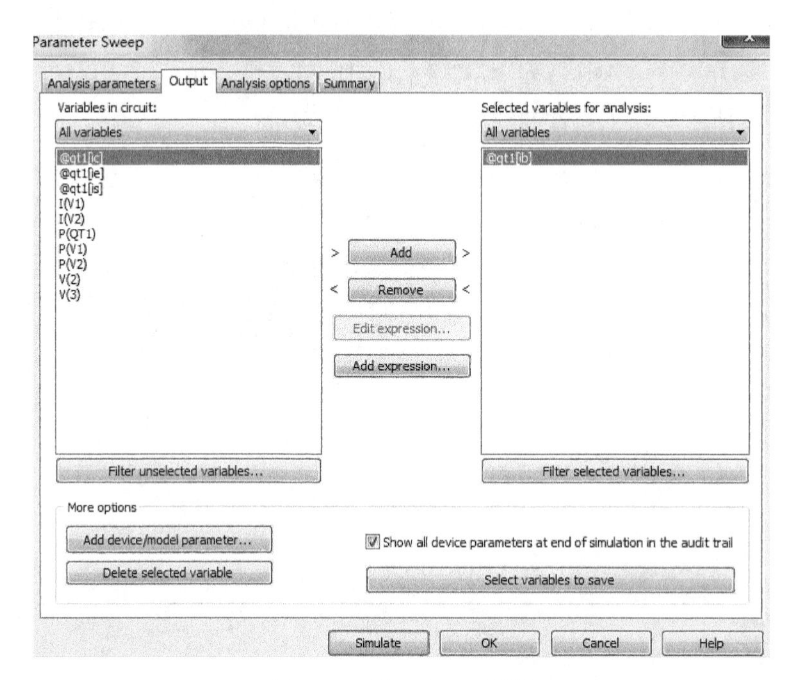

图 3-2-15 Output 表格

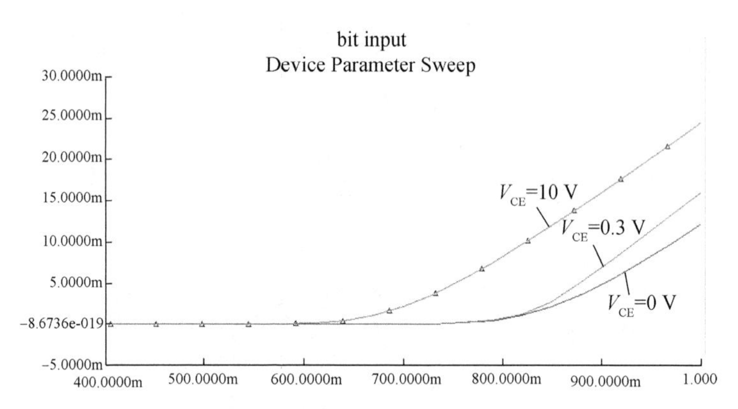

图 3-2-16 输入特性曲线族

2）晶体管输出特性曲线

仿真设置：依然采用图 3-2-12 所示电路，设定正确的仿真参数，仿真双极型晶体管 2N3904 的输出特性曲线。

从输出特性曲线族上，大致估算出双极型晶体管进入放大区时的 v_{CE} 电压，它是一个固定的值吗？为什么？

3) 变化的 β

仿真设置：依然采用图 3－2－12 所示电路，依次选择 Simulate→Analyses→DC Sweep…，在弹出窗口中选择扫描 Source 为 V_1，给定 Start(0.5)、Stop(0.9)和 Increment(步进值)；在 Output 中点击 Add expression…按钮，弹出如图 3－2－17 所示窗口，在该窗口中的变量选择栏和函数选择栏中正确选择，获得 β 表达式，仿真双极型晶体管 β 与 V_{BE} 的关系。

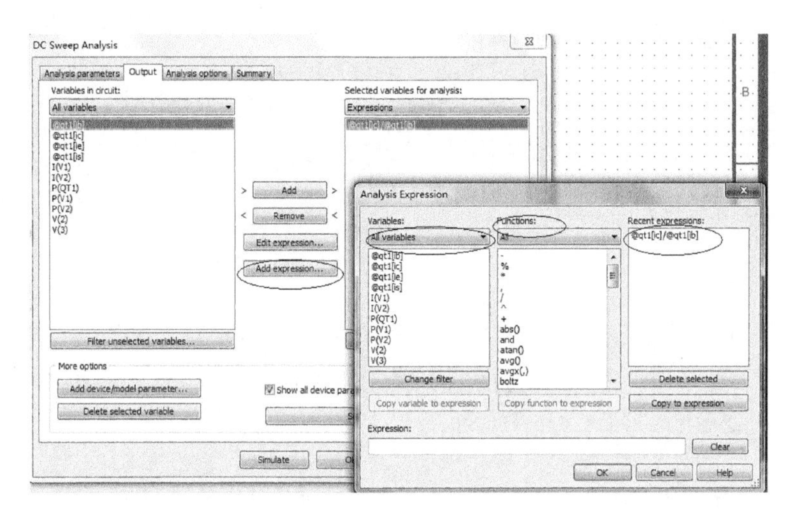

图 3－2－17 Output 设置

请阐述 β 与 v_{BE} 的关系，说明直流工作点设置时的注意事项。

4) 温度扫描

仿真设置：采用如图 3－2－18 所示电路，依次选择 Simulate→Analyses→Temperature sweep…，在弹出窗口的 Points to sweep 中选择 Linear，给定 Start(－40)、Stop(125)和 Increment(步进值)；在Analysis to sweep 中选择 DC Operating Point，如图 3－2－19 所示；在 Output 中点击 Add expression…按钮，依然选择 β 表达式作为输出，仿真双极型晶体管 β 与温度的关系。

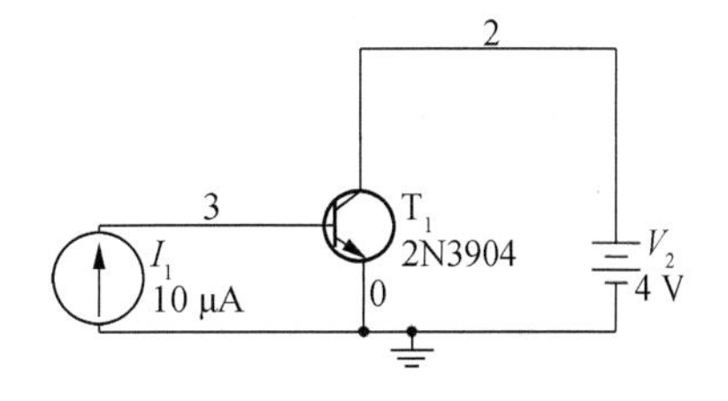

图 3－2－18 温度扫描电路

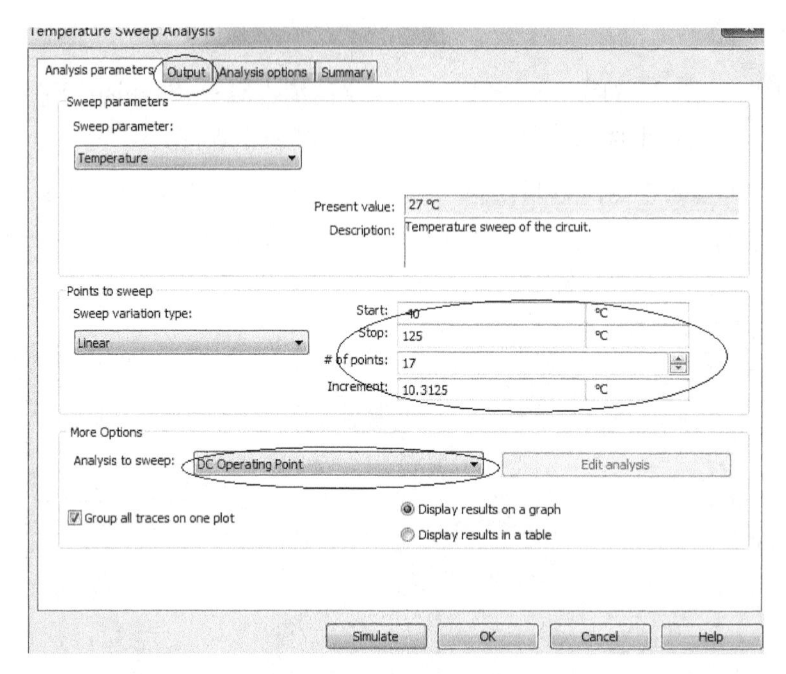

图 3-2-19 温度扫描

请阐述 β 与温度的关系，读出不同温度时的 β 值，记录于表 3-2-1 中。

表 3-2-1 不同温度时的 β 值

温度	−40 ℃	27 ℃	125 ℃
β值			

5) 晶体管 f_T 仿真

仿真设置：在图 3-2-12 中，双击 V_1 信号源，设定 V_1=0.7 V，AC analysis magnitude=1，依次点击 Simulate→Analyses→AC analysis…，在图 3-2-20 的弹出窗口中设置起始频率、终止频率、扫描种类(Sweep type 为 Decade)和垂直显示的 Scale，并将 Output 设置为 β，仿真双极型晶体管 f_T。

请阐述 β 与频率的关系，并读出 f_β 和 f_T，记录于表 3-2-2 中。

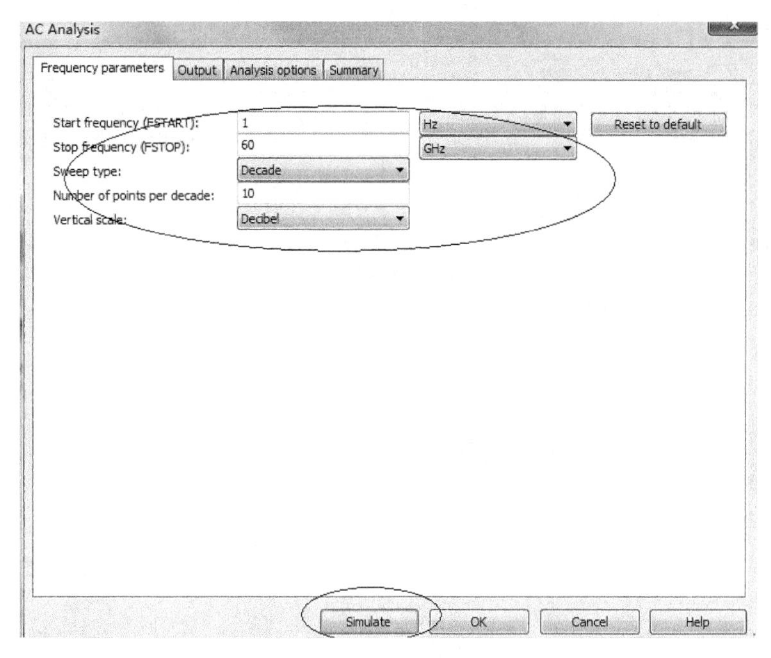

图 3-2-20　交流仿真

表 3-2-2　f_β 和 f_T 的读数

f_β	f_T

6) 晶体管直流偏置电路

(1) 根据图 3-2-11 所示电路，在 Multisim 中搭建晶体三极管 2N3904 的直流偏置电路。

仿真设置：依次点击 Simulate→Analyses→DC Operating Point…，在弹出窗口中(如图 3-2-21 所示)选择需要列出的静态工作各节点电压和各支路电流，然后点击 Simulate，进行直流工作点分析。在弹出的直流工作点窗口中选取 Export to Excel 的图标，如图 3-2-22 所示，可将输出结果转入到 Excel 中，并填入表 3-2-3 中的仿真值一栏。

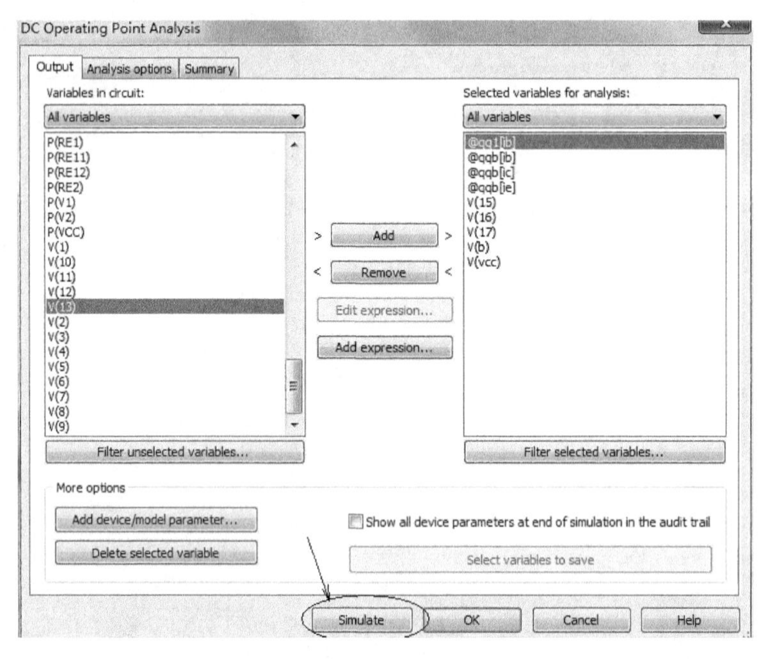

图 3-2-21　选取直流工作点

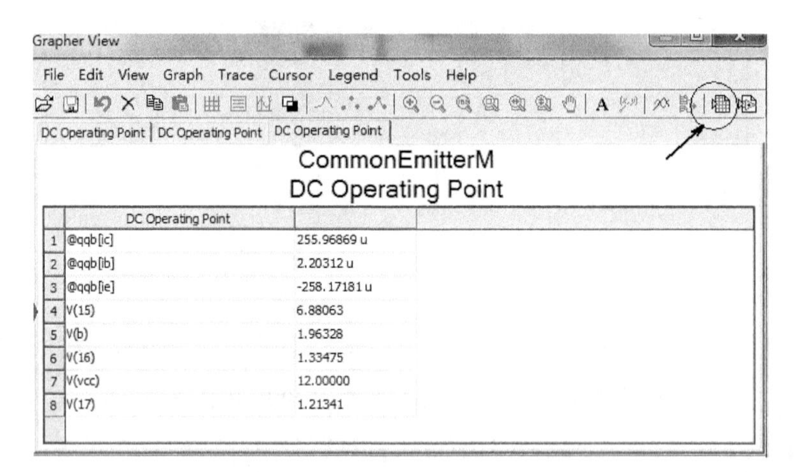

图 3-2-22　保存直流工作点

表 3-2-3　晶体三极管 2N3904 的静态工作点(R_{B2}=20 kΩ)

待测参量	计算值	仿真值	实测值
基极电流 I_B(μA)			NULL[1]
集电极电流 I_C(mA)			
集电极电压 V_C(V)			
发射极电压 V_E(V)			

注 1:由于量程问题,基极电流无需实测。

注 2:由于暂无法测试直流电流,请采用电压/电阻的方法得到实测电流。

(2) 将图 3-2-11 中的 R_{B2} 改为 2 kΩ，重新进行直流工作点仿真，完成表 3-2-4。

表 3-2-4　晶体三极管 2N3904 静态工作点(R_{B2}=2 kΩ)

待测参量	仿真值
基极电流 I_B(μA)	
集电极电流 I_C(mA)	
集电极电压 V_C(V)	
发射极电压 V_E(V)	

(3) 将图 3-2-11 中的 R_{B2} 改为 80 kΩ，重新进行直流工作点仿真，完成表 3-2-5。

表 3-2-5　晶体三极管 2N3904 静态工作点(R_{B2}=80 kΩ)

待测参量	仿真值
基极电流 I_B(μA)	
集电极电流 I_C(mA)	
集电极电压 V_C(V)	
发射极电压 V_E(V)	
β	

对比表 3-2-3、3-2-4 和 3-2-5，说明在 3 种不同偏置情况下，晶体管处于何种工作区，填入表格 3-2-6。体会偏置设置对三极管工作状态的影响及在不同工作区，晶体管各极电压和电流的变化情况。

表 3-2-6　工作区

R_{B2}	20 kΩ	2 kΩ	80 kΩ
工作区			

【动手搭硬件】

晶体三极管偏置电路实验

(1) 电路搭建

首先根据图 3-2-11 在面包板上搭试电路，并将 Pocket Lab 的直流输出端+5 V 和 GND 与电路的电源、地节点连接，其中 2N3904 的 B,C,E 极请参照图 3-2-23 的引脚说明。

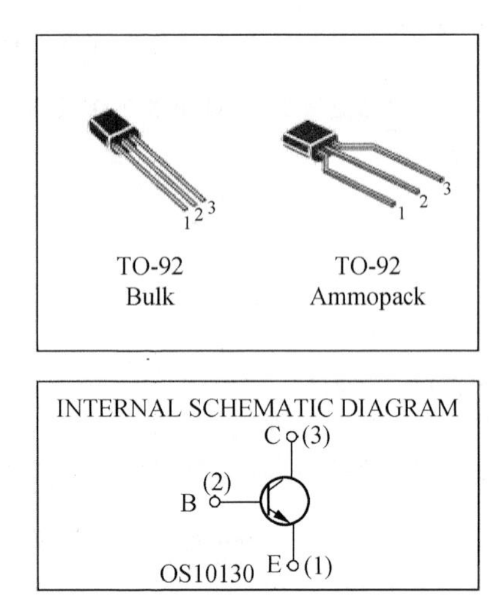

图 3-2-23　2N3904 引脚图

(2)节点电压测量

将 Pocket Lab 的一路输入端接到电路中的待测点。在电脑中打开 Pocket Lab 的直流电压表，如图 3-2-24 所示。点击 ON/OFF 开关，直接读出各节点电压。

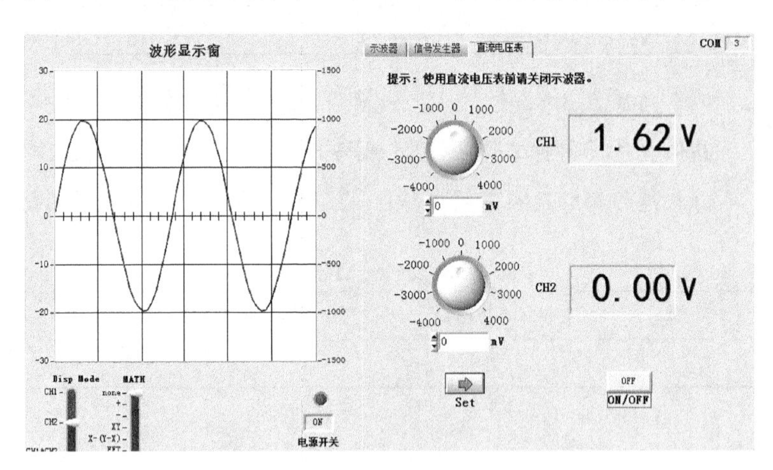

图 3-2-24　直流电压测试窗口

(3) 数据记录

将测得的电流、电压数据填入表 3-2-3，完成计算值、仿真值和测试值的对比。

【设计大挑战】

将图 3-2-11 所示电路中的 NPN 2N3904 改为 PNP 2N3906。已知 2N3906 的 $\beta\approx 230$，$|V_{BE(on)}|=0.7$ V。设计、计算和仿真 2N3906 的偏置电路，在表 3-2-7 中填入计算值和仿真值。

将设计好的电路在面包板上搭试完成，并将 Pocket Lab 的直流输出电源和 GND 与电路的电源、地节点连接；用 Pocket Lab 的直流电压表测试各节点电压和支路电流。将测试结果填入表 3-2-7。2N3906 引脚定义见图 3-2-25。

提示：根据 PNP 和 NPN 管不同的偏压方法，可尽量保持所有电路元件和连接方式不变，仅采用 −5 V 电源实现 PNP 管偏置。

2N3906

TO-92

EBC

图 3-2-25　2N3906 引脚图

表 3-2-7　晶体三极管 2N3906 静态工作点

待测参量	计算值	仿真值	实测值
基极电流 I_B(μA)			NULL[1]
集电极电流 I_C(mA)			
集电极电压 V_C(V)			
发射极电压 V_E(V)			
工作区域			

注 1：由于量程问题，基极电流无需实测。
注 2：由于暂无法测试直流电流，请采用电压/电阻的方法得到实测电流。

请简单记录设计过程和计算过程。

【研究与发现】

简单偏置电路与分压式偏置电路稳定性对比

（1）在 Multisim 中搭建如图 3-2-26 所示的晶体管简单偏置电路，取 R_C=4.7 kΩ，R_B=1.2 MΩ，仿真该简单偏置电路的基极电流、集电极电流和集电极电压，与图 3-2-10 分压式偏置电路仿真结果相比较，并将两种电路的仿真结果分别填入表 3-2-8 和表 3-2-9 中的 27 ℃栏。

（2）对两个电路分别进行高低温度的工作点仿真，仿真温度为工业界的标准低温——

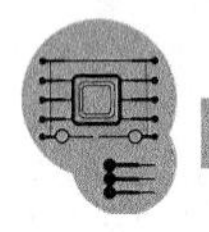

－40 ℃和标准高温 125 ℃，观察并记录此时的工作点变化，填入表 3－2－8 和表 3－2－9 中相应的温度栏。

仿真设置：依次点击 Simulate→Analyses→DC Operating Point…，在弹出窗口中（如图 3－2－27）点击 Analysis options，在 SPICE options 中选中 Use custom settings，再点击 Customize…，弹出窗口 Custom Analysis Options，如图 3－2－28 所示。该窗口中是用户可修改的仿真选项。将 Operating temperature[TEMP]勾选后，可在后面的空格内键入仿真温度，如 27 ℃。然后再点击 OK 键，此时的仿真结果即为用户指定温度下的工作点仿真结果。

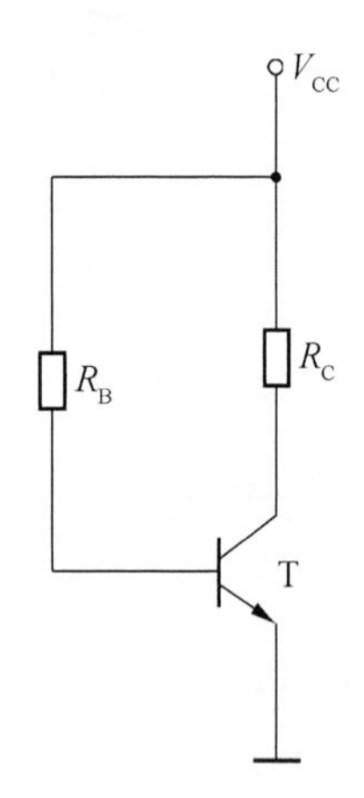

图 3－2－26　简单偏置电路

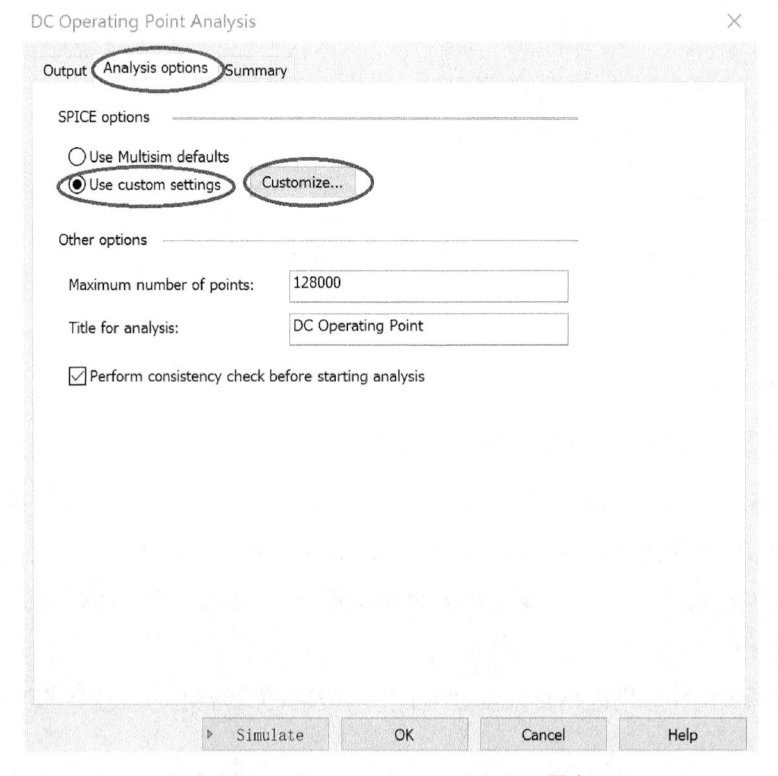

图 3－2－27　DC Operating Point…设置窗口

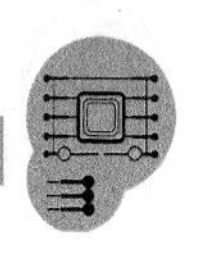

（3）对比分析两种电路的温度仿真结果，你发现了什么？请思考原因和体会。

Custom Analysis Options

Global　DC　Transient　Device　Advanced

	ON		
Absolute current error tolerance [ABSTOL]	☐	1e-012	Amperes
Absolute voltage error tolerance [VNTOL]	☐	1e-006	Volts
Absolute charge error tolerance [CHGTOL]	☐	1e-014	Coulombs
Relative error tolerance [RELTOL]	☐	0.001	
Minimum conductance [GMIN]	☐	1e-012	Mho
Minimum acceptable ratio of pivot [PIVREL]	☐	0.001	
Minimum acceptable pivot [PIVTOL]	☐	1e-013	
Operating temperature [TEMP]	☑	27	°C
Shunt resistance from analog nodes to ground [RSHUNT]	☑	1e+012	Ω
Transient analysis supply ramping time [RAMPTIME]	☐	0	Seconds
Fractional step allowed by code model inputs between iterations [CONVSTEP]	☐	0.25	
Absolute step allowed by code model inputs between iterations [CONVABSSTEP]	☐	0.1	
Enable convergence assistance for code models [CONVLIMIT]	☑		
Print simulation statistics [ACCT]	☐		

Restore to recommended settings

OK　Cancel　Help

图 3-2-28　Custom Analysis Options 窗口

表 3-2-8　简单偏置电路不同温度的工作点仿真结果

待测参量	27 ℃	125 ℃	−40 ℃
基极电流 I_B(μA)			
集电极电流 I_C(μA)			
集电极电压 V_C(V)			
β			

表 3-2-9　分压式偏置电路不同温度的工作点仿真结果

待测参量	27 ℃	125 ℃	−40 ℃
基极电流 I_B(μA)			
集电极电流 I_C(μA)			
集电极电压 V_C(V)			
β			

3.3　单管晶体管放大器分析与设计

【实验教会我】

1. 场效应管伏安特性；

2. 放大器的基本概念和性能参数；

3. 晶体三极管三种组态放大器的分析和设计方法；

4. 场效应管三种组态放大器的分析和设计方法；

5. Multisim 的参数扫描、瞬态仿真方法和数据测量方法；

6. Pocket Lab 的信号源设置方法和示波器瞬态波形测试。

【实验器材表】

实验用器件	型号	数量
晶体三极管 NPN	2N3904	1 个
晶体三极管 PNP	2N3906	1 个
NMOS 场效应管	IRF510	1 个
电阻	不同阻值	若干
电容	不同容值	若干
面包板	任意	1 块
数字万用表	任意	1 台
口袋虚拟实验室	Pocket Lab	1 台

【背景知识回顾】

本实验涉及的理论知识包括场效应管的伏安特性曲线、场效应管的直流工作点设置，放大器中的性能指标以及三种组态放大器知识。

1）场效应管的伏安特性曲线

与晶体三极管类似，场效应管可看作由漏、源、栅构成的三端口器件（假设衬底与源极短接），它也可以看做一个四端口网络。它的伏安特性用两组曲线族来表示。但在 MOS 管中，输入的栅极电流是平板电容器的充放电电流，静态时其值近似为零，因此，在共源极连接时，一般不考虑 MOS 管的输入特性而研究其转移特性，因此其伏安特性表达式为

$$i_D = f_{1S}(v_{GS})\big|_{v_{DS}=\text{常数}}$$

$$i_D = f_{2S}(v_{DS})\big|_{v_{GS}=\text{常数}}$$

图 3-3-1 是 N 沟道增强型 MOS 管的输出特性曲线族和转移曲线族，分为 4 个工作区，分别称为非饱和区、饱和区、截止区和击穿区。图中虚线左侧为非饱和区，右侧是饱和区，曲线下方 $i_D=0$ 区域对应于截止区。当 v_{DS}增大到足以使漏区与衬底间的 PN 结引发雪崩击穿时，i_D 迅速增大，管子进入击穿区，该区域未显示于图上。

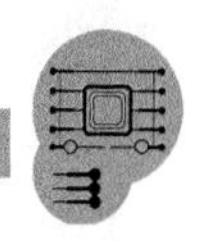

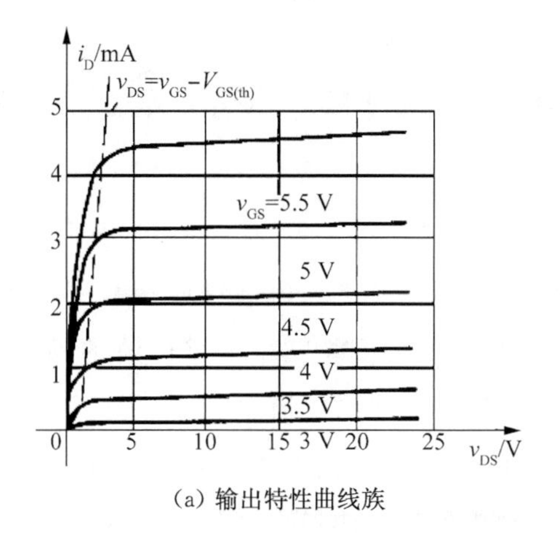

(a) 输出特性曲线族

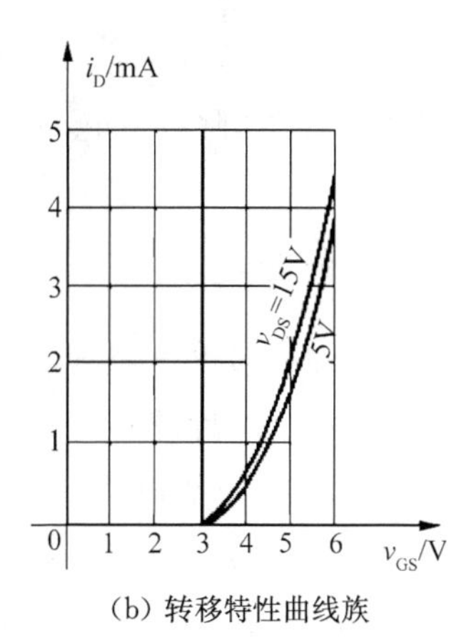

(b) 转移特性曲线族

图 3－3－1　N 沟道 EMOS 管的伏安特性

2）场效应管直流工作点的分析方法

在进行场效应管直流工作点工程分析时，普遍采用场效应管的大信号电路模型。但场效应管有多种工作模式，不同的工作模式对应了不同的大信号模型。与晶体三极管的分析方法类似，一般都是先假定场效应管工作在饱和模式，再由分析结果进行验证或确定实际的工作模式，然后再进行分析。

工作于非饱和区的场效应管 i_D 同时受 v_{GS} 和 v_{DS} 控制，它们之间的关系式为

$$i_D=\frac{\mu_n C_{ox}W}{2l}[2(v_{GS}-V_{GS(th)})v_{DS}-v_{DS}^2]$$

式中，μ_n 为自由电子迁移率，l 为沟道长度，W 为沟道宽度。

当 v_{DS} 很小、v_{DS} 的二次方项可忽略时，上式简化为

$$i_D=\frac{\mu_n C_{ox}W}{l}(v_{GS}-V_{GS(th)})v_{DS}$$

表明 i_D 与 v_{DS} 之间呈线性关系。

工作于饱和区的场效应管，i_D 受 v_{GS} 控制，而几乎不受 v_{DS} 控制，起到类似晶体三极管的正向受控作用，构成受 v_{GS} 控制的压控电流源。得到的场效应管饱和区电流为

$$i_D=\frac{\mu_n C_{ox}W}{2l}(v_{GS}-V_{GS(th)})^2$$

MOS 管中 i_D 与 v_{GS} 之间的关系是平方律的，因此在实际应用时，主要利用数学表达式直接进行解析求解。

不论场效应管工作在非饱和区还是饱和区，当 v_{GS} 和 v_{DS} 一定时，i_D 均与沟道的宽长

比(W/l)成正比。在集成电路中,集成工艺一旦确定后,与工艺有关的参数 μ_n、C_{ox}、$V_{GS(th)}$ 均为定值。因此,除 v_{GS} 和 v_{DS} 外,电路设计者还可通过改变宽长比这个尺寸参数来控制 i_D。

3) 放大器的性能指标

小信号放大器均可统一表示为如图 3-3-2 所示的有源线性四端网络,并用小信号等效电路进行分析。各性能指标均可在此有源线性四端网络上进行描述、定义。图中,输入信号源用 v_s 和 R_s 串联的电压源或 i_s 和 R_s 并联的电流源表示,两者可以互相转换($v_s=i_sR_s$)。R_L 为输出负载电阻。v_i 和 i_i 是实际放大器的输入端口信号的电压和电流;v_o 和 i_o 是放大器的输出信号电压和电流,它们的正方向符合四端网络的一般约定,即端口电压上正、下负,端口电流以流入端口为正。

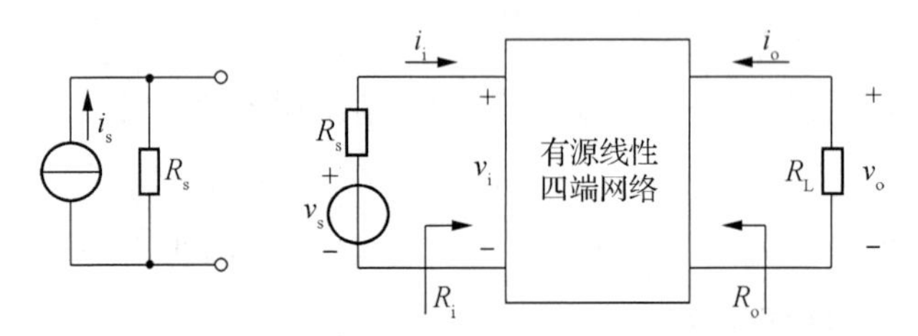

图 3-3-2　放大器表示为有源线性四端网络的框图

(1) 输入电阻 R_i

在图 3-3-2 所示的组成框图中,放大器的输入电阻被定义为 $R_i=v_i/i_i$。对于电压信号源,R_i 越大,放大器输入端口得到的实际电压信号越大;对于电流信号源,则 R_i 越小,放大器输入端口得到的实际电流信号越大。

(2) 输出电阻 R_o

在图 3-3-2 所示的组成框图中,输出电阻为从输出端向放大器看过去,呈现在输出端口的电阻,按电阻的定义,输出电阻等于端口电压除以端口电流,因此输出电阻的定义为,在独立电压源短路($v_s=0$)或独立电流源开路($i_s=0$)时,保留信号源内阻,由 R_L 两端向放大器看进去的等效电阻。操作时,在输出端加电压 v,除以由此产生的电流 i,即为输出电阻,定义为 $R_o=v/i$,如图 3-3-3 所示。根据上述定义可见,R_i 和 R_o 不是实际电阻,而是等效意义上的视在电阻。

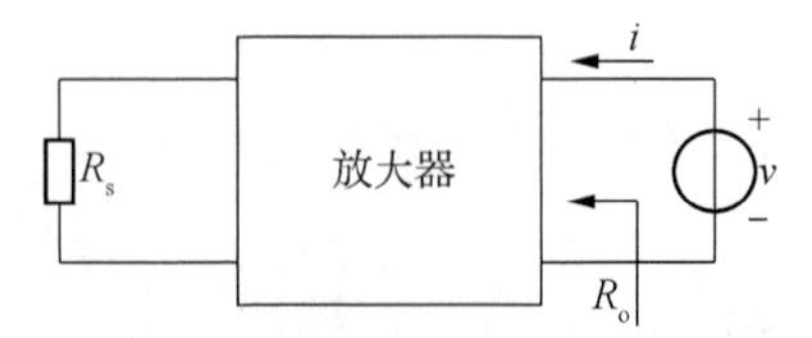

图 3-3-3　R_o 的定义

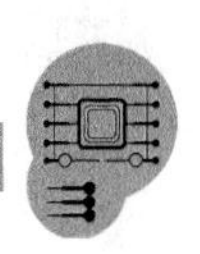

(3) 增益

增益，又称为放大倍数，用 A 表示，定义为放大器输出量与输入量的比值，用来衡量放大器放大电信号的能力。

根据需要处理的输入和输出量不同，增益有 4 种不同的定义，分别称为电压增益 A_v、电流增益 A_i、互导增益 A_g 和增益 A_r，即

$$A_v = v_o / v_i, \quad A_i = i_o / i_i, \quad A_g = i_o / v_i, \quad A_r = v_o / i_i$$

其中，A_v 和 A_i 为无量纲的数值，而 A_g 的单位为西门子(S)，A_r 的单位为欧姆(Ω)。

将 R_L 开路时的电压增益定义为开路增益 A_{vt}，当 $R_o \ll R_L$ 时，$A_v \approx A_{vt}$，其值达到最大，且与 R_L 大小几乎无关；将 R_L 短路时的电流增益定义为短路增益 A_{in}，当 $R_o \gg R_L$ 时，$A_i \approx A_{in}$，其值达到最大，且与 R_L 大小几乎无关。

为了进一步表明输入信号源对放大器激励的大小，还可引入源增益的概念。当输入电压源激励时，相应的源电压增益为 $A_{vs} = v_o / v_s$，当 $R_i \gg R_s$ 时，$A_{vs} \approx A_v$，其值达到最大，且与 R_s 大小几乎无关。当输入电流源激励时，$A_{is} = i_o / i_s$，当 $R_i \ll R_s$ 时，$A_{is} \approx A_i$，其值达到最大，且与 R_s 大小几乎无关。

4) 放大器的三种组态

在放大器基本组成电路中，晶体管可以采用不同的接法。以 N 沟道增强型场效应管为例，栅极作为放大电路的输入端，漏极作为放大电路的输出端，构成共源放大器；栅极作为放大电路的输入端，源极作为放大电路的输出端，构成共漏放大器；源极作为放大电路的输入端，漏极作为放大电路的输出端，构成共栅放大器，如图 3-3-4 所示。各种实际放大电路都是在三种基本组态电路的基础上演变而来的。因此，掌握三种组态放大器的性能特点是了解各种放大器性能的基础。

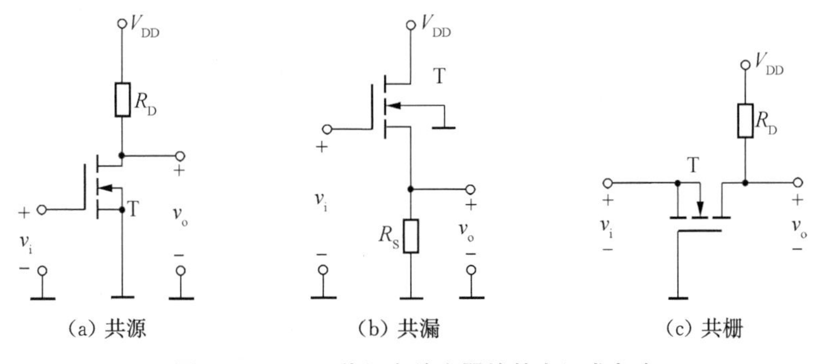

图 3-3-4　三种组态放大器的基本组成电路

三种组态放大器性能分析显示：

（1）场效应管的 $i_g=0$，所以共源和共漏放大器的输入电阻和电流增益均趋于无穷大，只有共栅放大器有较小的输入电阻和数值上不大于 1 的电流增益。

（2）对于输出电阻，共栅有最大的输出电阻，共漏最小，共源居中。

（3）共漏只有不大于 1 的电压增益，共源与共栅有相同的增益表示式，不同的只是共源是反相放大器，共栅是同相放大器。

（4）虽然共源与共栅有相同的增益表示式，但由于共栅的输入电阻小，所以增益一定小于共源放大器。

三种组态的场效应管放大器的输入、输出电阻和电压增益总结如表 3-3-1 所示。

表 3-3-1

性能 \ 组态	共源(CS)	共栅(CG)	共漏(CD)
R_i	$\to\infty$	$1/g_m$	$\to\infty$
R_o'	r_{ds}	$r_{ds}+R_s+g_mR_sr_{ds}$	$1/g_m$
R_o	$r_{ds}/\!/R_D\approx R_D$	$R_o'/\!/R_D\approx R_D$	$1/g_m$
A_v	$-g_m(r_{ds}/\!/R_o/\!/R_L)$	$g_m(r_{ds}/\!/R_D/\!/R_L)$	≈ 1

将电路中场效应管换成双极性晶体管，可有相对应的共发、共集和共基三种组态放大器，如图 3-3-5 所示。三种组态双极性晶体管放大器性能分析显示：晶体三极管放大器的性能特点与场效应管三种基本组态放大器类似。只不过 i_b 不为零，导致共发、共集呈现有限输入电阻，且因组态不同输入电阻还有所区别，共集输入电阻远大于共发。此外，在相同静态电流下，晶体三极管的 g_m 远比场效应管大，从而导致共发和共基放大器的电压增益远比相应共源和共栅放大器的大，共基放大器的输入电阻和共集放大器的输出电阻远比相应的共栅和共漏放大器小。三种组态的双极性晶体管放大器的输入/输出电阻、电流和电压增益总结如表 3-3-2 所示。

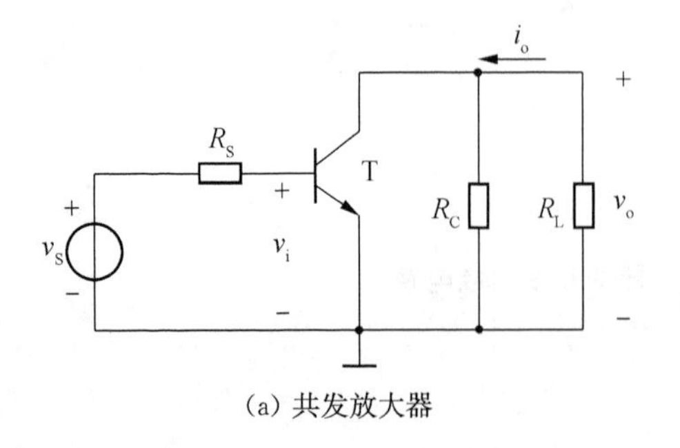

(a) 共发放大器

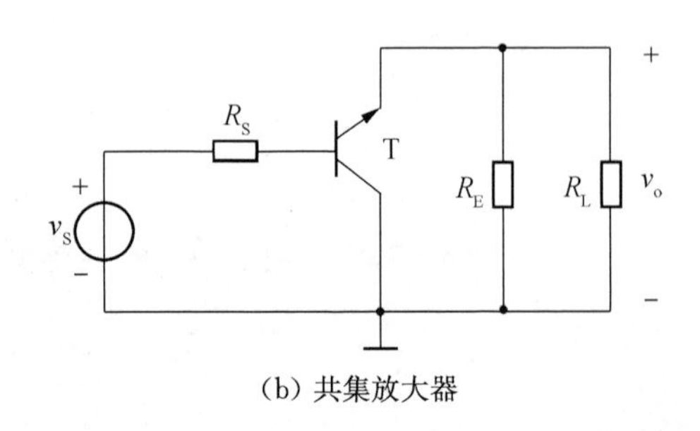

(b) 共集放大器

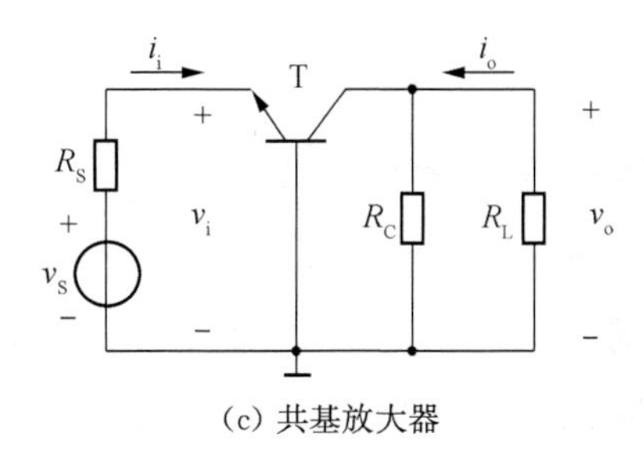

(c) 共基放大器

图 3-3-5　三种组态放大器的基本组成电路

表 3-3-2

性能＼组态	共发	共基	共集
R_i	$r_{bb'}+r_{b'e}$	$\dfrac{r_{bb'}+r_{b'e}}{1+\beta}$	$r_{bb'}+r_{b'e}+(1+\beta)R'_E$
R'_o	r_{ce}	$r_{ce}\left(1+\dfrac{\beta R_s}{R_s+r_{be}}\right)$	$\approx\dfrac{r_{bb'}+r_{b'e}+R_s}{1+\beta}$
A_{in}	β	$-\alpha$	$-(1+\beta)$
A_v	$-g_m$	g_m	≈ 1

【背景知识小考查】

考查知识点:放大器增益计算

在图 3-3-6 所示电路中,双极型晶体管 2N3904 的 $\beta\approx120$,$V_{BE(on)}=0.7$ V。根据实验二中的直流工作点,计算该单级放大器的电压增益 A_v,填入表 3-3-3(C_{C1},C_{C2} 和 C_{E1} 均可视为短路电容)。

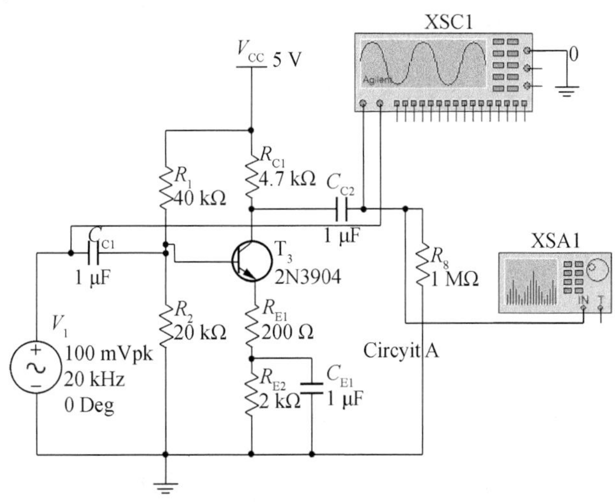

图 3-3-6　晶体三极管静态工作点分析电路

【一起做仿真】

1）场效应管的转移特性和输出特性曲线

仿真设置：根据 3.2 节中双极性晶体管的输入、输出特性曲线仿真方法，在 Multisim 中搭建电路，如图 3-3-7 所示，并进行合理的仿真设置和参数设置，仿真场效应管 IRF510 的转移特性曲线和输出特性曲线族，仿真结果如图 3-3-8 和图 3-3-9 所示。

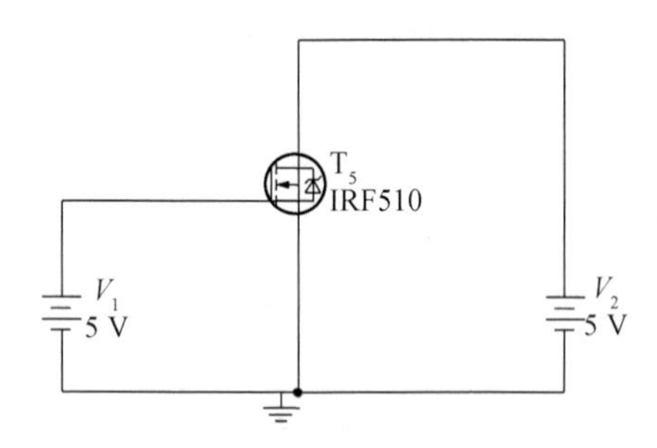

图 3-3-7　场效应管特性曲线仿真电路图

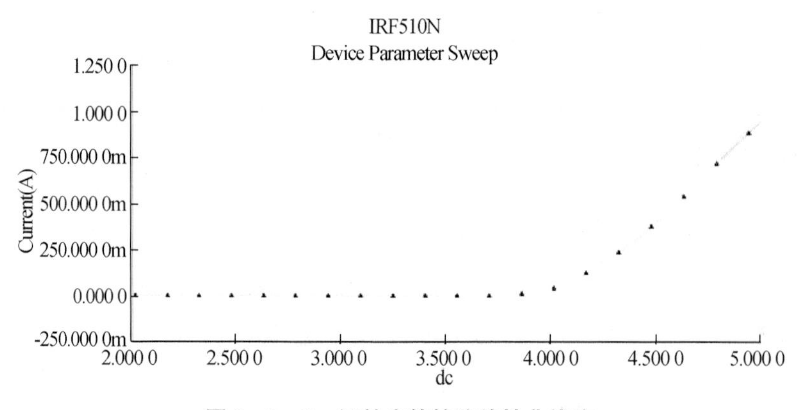

图 3-3-8　场效应管转移特性曲线族

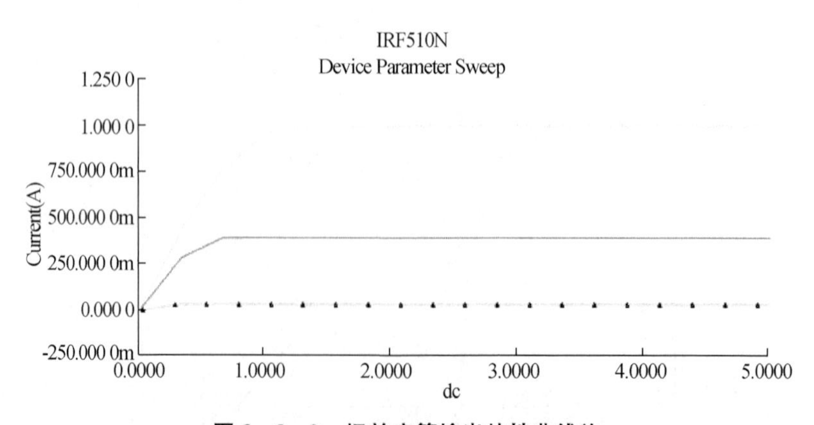

图 3-3-9　场效应管输出特性曲线族

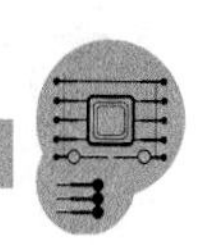

从转移特性曲线和输出特性曲线上，能否大致估算出该 MOS 管的开启电压？尝试仿真后估估看。

2）瞬态分析获得电压增益

在 Multisim 中搭建如图 3－3－6 所示晶体三极管 2N3904 单级放大电路。加入峰峰值为 50 mV，频率为 10 kHz 的正弦波。

仿真设置：点击 Simulate→Run。

结果查看：采用示波器 XSC1，查看输入、输出两路波形。双击该器件，出现如图 3－3－10 所示的示波器界面。调整两个通道的显示方式，将它们的波形显示出来，并采用如图中所示的测量工具，测试输入、输出波形的峰峰值，计算得到电压增益 A_v，填入表 3－3－3 中。

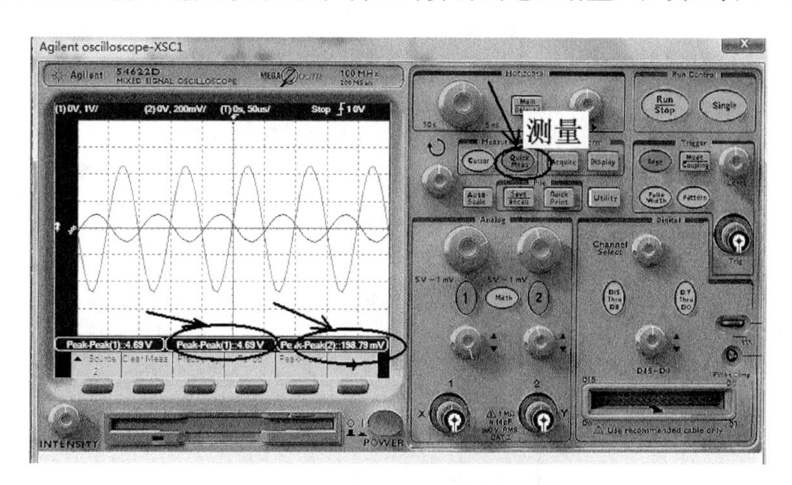

图 3－3－10　Multisim 安捷伦示波器

表 3－3－3　晶体三极管放大器增益

	计算值	仿真值	实测值
放大器增益 A_v			

3）发射级电阻对共射放大器的影响

改变旁路电容 C_{E1}，将其接在节点 2 和地之间，重新仿真图 3－3－6，观察到什么现象？为什么？改变输入信号幅度，重新获得不失真波形，并测得此时的电压增益，填入表 3－3－4 中。

表 3-3-4　C_{E1} 不同接法时的放大器增益

	C_{E1} 接于 3—0	C_{E1} 接于 2—0
电压增益 A_v		

与原电压增益比较，得到何种结果？请解释原因。

4）信号源内阻与源增益

取输入信号为 V_{inpp}=100 mV，在信号源上串联一个电阻表征信号源内阻，如图 3-3-11 中电阻 R_3 所示。取该电阻为 50 Ω、1 kΩ 和 10 kΩ 重新进行仿真，观察不同电阻情况下的输入、输出波形图，并估算源电压增益 A_{vs}，填入表 3-3-5 中。

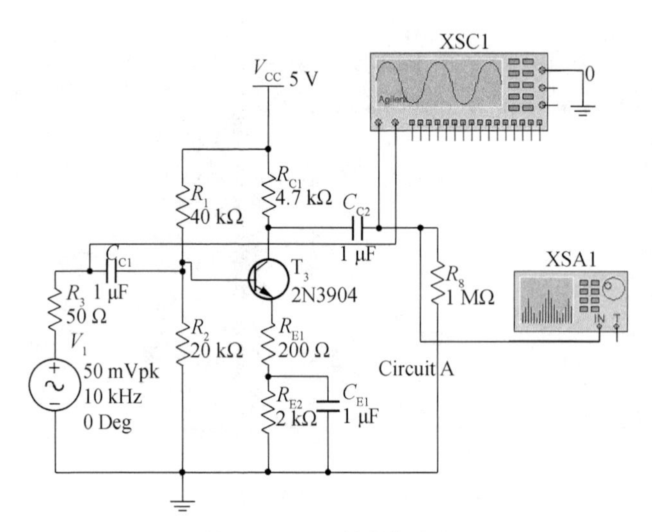

图 3-3-11　信号源内阻

表 3-3-5　不同信号源内阻的源电压增益

电阻 R	50 Ω	1 kΩ	10 kΩ
源电压增益 A_{vs}			

请说明不同源电阻情况下电压增益差异的原因，据此估算出晶体管放大器的内阻，并比较该估算值和前面的计算值、仿真值。

5）负载电阻与开路增益

将图 3-3-6 中 1 MΩ 的负载电阻改为 10 kΩ 和 1 kΩ 进行瞬态仿真，截取不同负载

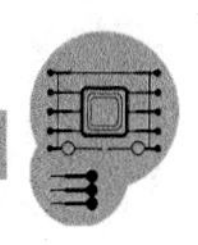

电阻情况下的输入、输出波形图，测得此时的电压增益，填入表 3-3-6 中。

表 3-3-6　不同负载电阻的电压增益

电阻 R	1 MΩ	10 kΩ	1 kΩ
电压增益 A_v			

与 1 MΩ 的负载电阻的电压增益比较，得到何种结果？请解释不同负载电阻情况下电压增益差异的原因。

【动手搭硬件】

晶体三极管放大器硬件实验

本实验采用 Pocket Lab 实验平台提供的直流+5 V 电源、信号发生器、直流电压表和示波器。

(1) 电路连接

首先根据图 3-3-6 在面包板上搭试电路，并将 Pocket Lab 的直流输出端+5 V 和 GND 与电路的电源、地节点连接；Pocket Lab 的一路输出端作为电路的输入信号；Pocket Lab 的一路输入端接电路输入信号端；另一路输入端接电路输出信号端，分别测试输入、输出两路信号。

(2) 直流测试

在进行波形测试之前，请采用 3.2 节中的直流测试方法，使用 Pocket Lab 直流电压表测试各点直流电压，以确保电路搭试正确。

(3) 输入信号

在电脑中打开 Pocket Lab 的信号发生器界面，选择输入信号波形为正弦波，频率为 10 kHz，信号幅度为 50 mV，DC Offset=0 V，双通道差分输入[①]。点击按钮 Set，正弦波信号将输出到电路输入端。

(4) 交流波形测试

在电脑中打开 Pocket Lab 的示波器界面，如图 3-3-12 所示，选择合适的时间和电压刻度，显示三极管单端放大器的输入、输出波形。并在窗口中直接读出其输入、输出波形的峰峰值，获得其电压增益，填入表格 3-3-3 中，比较计算值、仿真值和测试值是否一致。

---

① 双通道差分输入可获得比两通道单独设置更高的输入信号频率。

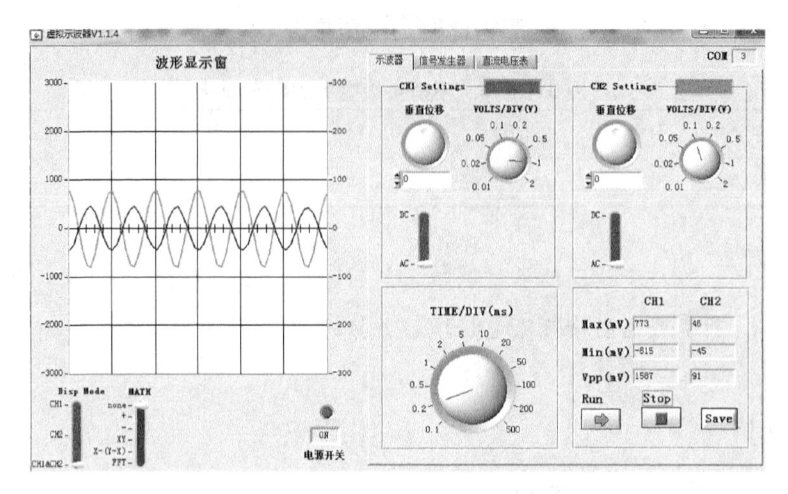

图 3-3-12　示波器界面

【设计大挑战】

根据场效应管 IRF510 的转移特性曲线和输出特性曲线，选择 MOS 管 IRF510 合适的工作点。在如图 3-3-13 所示的电路中设计合适的 R_1、R_2 和 R_3 值。利用 Multisim 仿真工具，通过直流分析和瞬态仿真，实现符合设计要求的 IRF510 单级放大电路。将设计值填入表 3-3-7 中。直流工作点分析结果填入表 3-3-8 中。瞬态仿真结果填入表 3-3-9 中。

将设计好的电路在面包板上搭试完成，并将 Pocket Lab 的直流输出端+5 V 和 GND 与电路的电源、地节点连接；Pocket Lab 的一路输出端作为电路的输入信号；Pocket Lab 的一路输入端接电路输入信号端；另一路输入端接电路输出信号端，分别测试输入、输出两路信号。将测试结果填入表 3-3-8 和表 3-3-9 中。图 3-3-14 为 IRF510 引脚图。

设计要求：工作电流小于 2 mA，电压增益大于 60。

注 1：学会用直流工作点分析、调整偏置电路，使放大器工作在饱和区。

注 2：硬件电路也建议首先进行直流测试，在直流测试正确的基础上再进行瞬态仿真。

表 3-3-7　IRF510 放大器设计值

	设计值
R_1	
R_2	
R_3	

表 3-3-8　场效应管放大器直流工作点分析结果

	仿真值	实测值
V_1(V)		
V_3(V)		
$I(R_3)$(μA)		

表 3-3-9　仿真与测试结果

仿真结果	实测结果
$A_v=$	$A_v=$

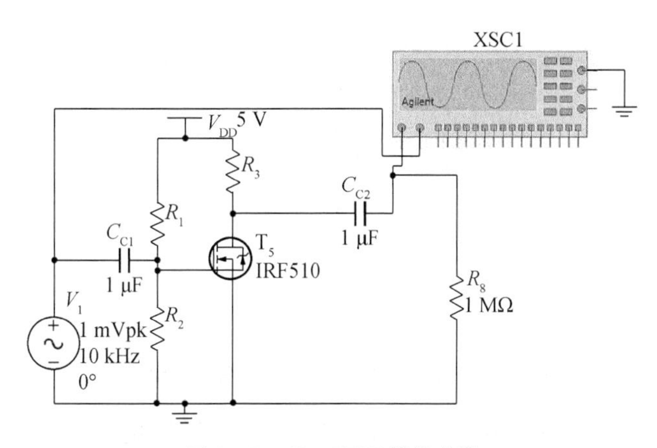

图 3-3-13　MOS 管放大器

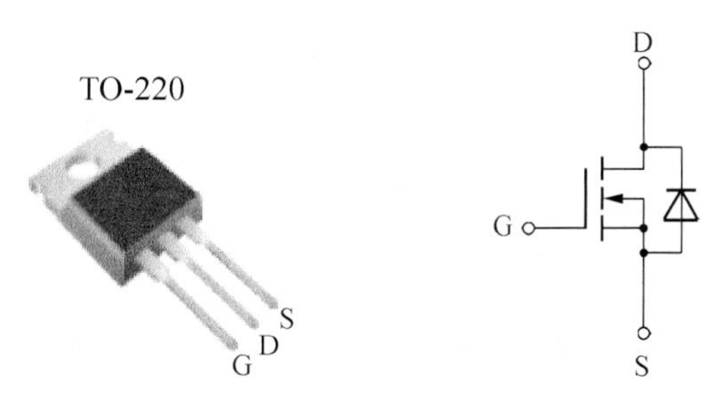

图 3-3-14　IRF510 的引脚图

请简要描述设计中的思路和设计心得，记录自己的设计过程。

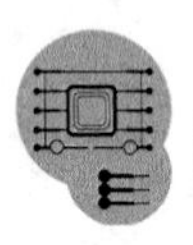

【研究与发现】

三种不同组态放大器的性能对比

如图 3－3－15 所示为晶体管 2N3904 的直流偏置电路。在该电路的合适位置加上输入交流信号，并在合适的输出端测量放大器输出信号，以使该电路分别构成共射、共集和共基放大器。

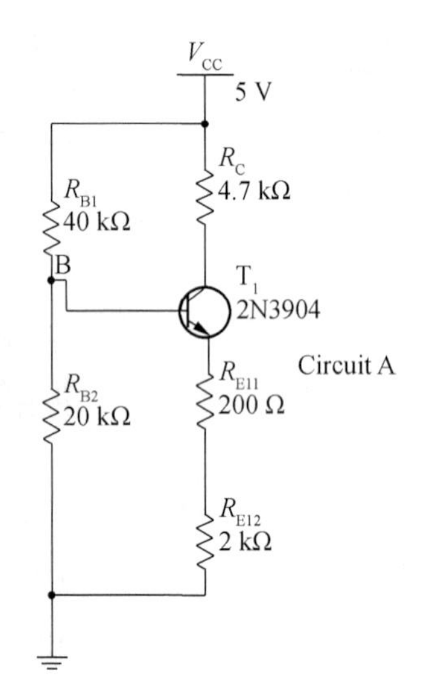

图 3－3－15　晶体三极管的直流偏置电路图

在 Multisim 中搭建三种组态放大器的设计图，测量得到三种基本放大器的电压增益，并记录于表 3－3－10 中。

表 3－3－10　三种组态放大器电压增益仿真结果

	共射放大器	共集放大器	共基放大器
电压增益 A_v			

注：在构建三种组态放大器时，注意加上合适的旁路电容。

（1）对比三组输入、输出波形的相位关系可知，共射放大器是____________放大器；而共集放大器是____________放大器，共基放大器是____________放大器。

（2）在搭建的共发和共基放大器电路的输入信号源上串联 100 Ω 电阻，重新对共发和共基电路进行瞬态仿真，并将此时各自源电压增益值记录在表 3－3－11 中。与未加 100 Ω 电阻时的增益相比较，解释两种组态放大器增益各自变化的原因。写下对这个研究结果的体会。

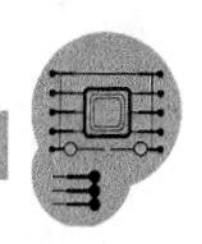

表 3-3-11　三种组态放大器电压增益的测试结果

	共射放大器	共集放大器	共基放大器
源电压增益 A_{vs}(R_s=100 Ω)			
源电压增益 A_{vs}(R_s=0 Ω)			

3.4　差分放大器

【实验教会我】

1. 差分放大器偏置电路的分析和设计方法；
2. 差分放大器差模增益和共模增益特性，共模抑制概念；
3. 差分放大器差模传输特性；
4. Multisim 中示波器的数学运算模式。

【实验器材表】

实验用器件	型号	数量
差分对管 MAT02EH	MAT02EH	1 个
电阻	不同阻值	若干
电容	不同容值	若干
面包板	任意	1 块
数字万用表	任意	1 台
口袋虚拟实验室	Pocket Lab	1 台

注：可以用两只普通 NPN 三极管(如 2N3904)替换差分对管 MAT02EH，实验内容和要求需做相应调整。

【背景知识回顾】

本实验涉及的理论知识为差分放大器相关知识点。

差分放大器比单端放大器具有更好的抗干扰性，更低的直流漂移，对器件的工艺偏差不敏感，在集成电路中得到了广泛的应用。

1) 差分放大器的直流分析

差分放大器的基本电路如图 3-4-1(a)所示，直流通路如图 3-4-1(b)所示。由于电路两边对称，因而两管的漏极静态电流 I_{DQ1}、I_{DQ2} 相等，静态工作点电压 V_{GSQ} 也相等，所以有

$$I_{SS}=2I_{DQ}=\frac{V_S-V_{SS}}{R_{SS}}=\frac{-V_{GSQ}-V_{SS}}{R_{SS}} \tag{3-4-1}$$

式中，$V_{GSQ}=V_{GS(th)}+\sqrt{\dfrac{2I_{DQ}l}{\mu_n C_{ox}W}}$，解方程可求得流过 R_{SS} 的电流 I_{SS}。

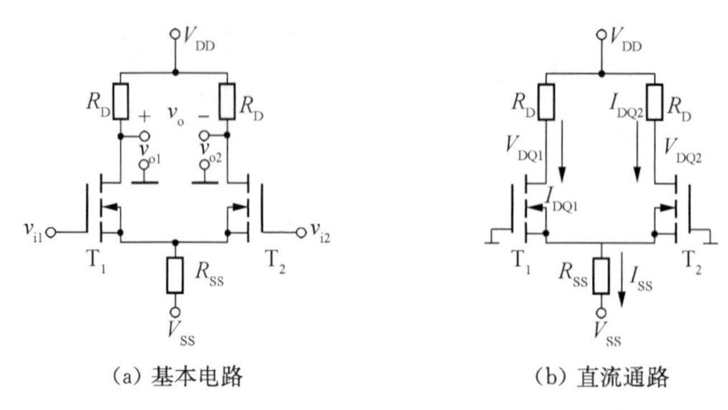

图 3-4-1　差分放大器的基本电路和直流通路

图 3-4-2 是由双极型晶体管构成的差分放大器，根据上述计算方法，可以得到其静态工作电流为

$$I_{CQ1}=I_{CQ2}=\frac{-V_{BE(on)}-V_{EE}}{2R_{EE}} \tag{3-4-2}$$

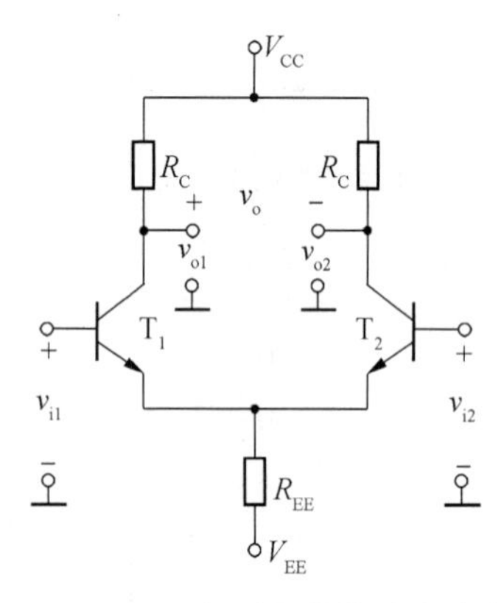

图 3-4-2　双极型晶体管差分放大器

2) 差分放大器的交流性能分析

(1) 差分放大器的差模性能

由于电路两边对称，因而在差模输入信号电压作用下，两管漏极产生等值反相的增量电流，流经 R_{SS} 的电流不变，不存在由输入差模信号产生的电流，因而对差模信号而言，R_{SS} 可视为短路。图 3-4-1(a)的差分放大器的差模交流通路如图 3-4-3 所示。

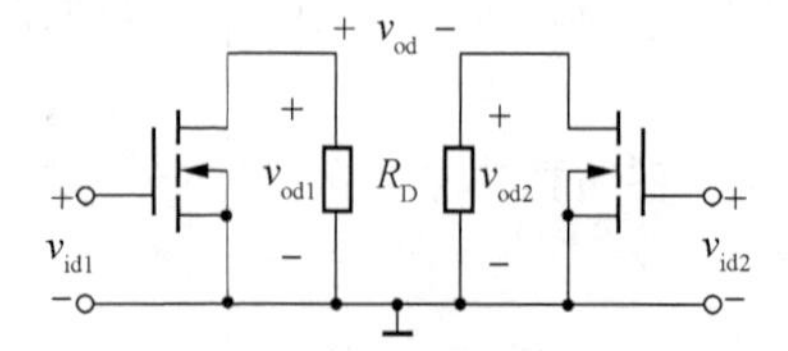

图 3-4-3　差模交流通路

差分放大器的差模增益与单级共源放大器一样，为

$$A_{vd}=\frac{v_{od}}{v_{id}}=-g_m R_D \tag{3-4-3}$$

对于输入、输出电阻，同样可利用共源放大器的分析结果得到

$$R_{id}\to\infty,\quad R'_{od}=2r_{ds} \tag{3-4-4}$$

(2) 差分放大器的共模性能

由于电路两边对称，因而在共模输入信号电压作用下，两管漏极产生相同的增量电流，R_{SS}上产生的共模信号电压为单管的两倍。从等效观点来看，对于共模信号，每管源极上相当于接入 $2R_{SS}$的电阻。则图 3-4-1(a)的差分放大器的共模交流通路如图 3-4-4 所示。由于电路完全对称，双端共模增益为零，因此只需考虑单端情况。以左边电路进行计算，小信号等效电路如图 3-4-5 所示，由图可见输入电阻

$$R_{ic}\to\infty \tag{3-4-5}$$

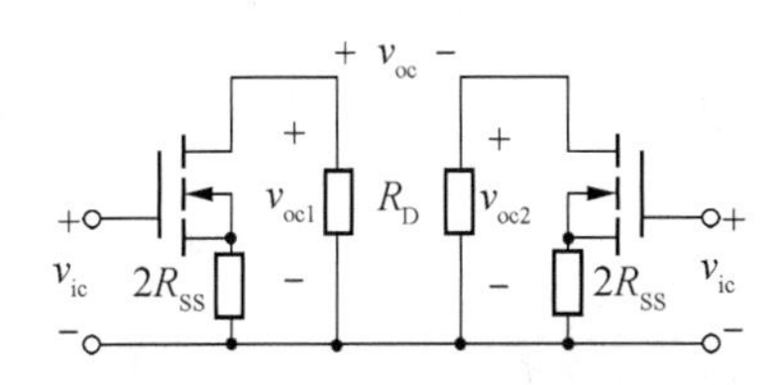

图 3-4-4　共模交流通路图

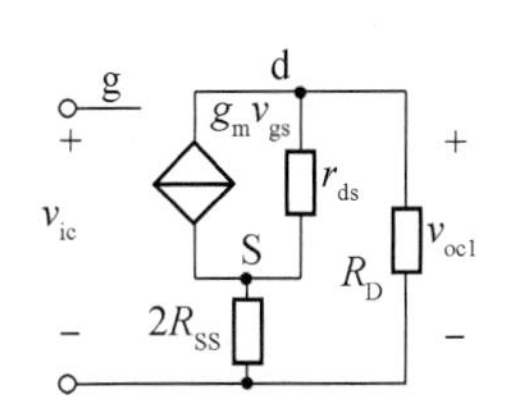

图 3-4-5　共模单边小信号等效电路

由图可知，$v_{gs}=-i2R_{SS}$，$v=(i-g_m v_{gs})r_{ds}+i2R_{SS}$，因此可得输出电阻为

$$R'_{oc}=r_{ds}+2R_{SS}+2g_m r_{ds}R_{SS} \tag{3-4-6}$$

若忽略 r_{ds}，增益为

$$A_{vc}=\frac{v_{oc1}}{v_{ic}}=\frac{-g_m R_D}{1+2g_m R_{SS}} \tag{3-4-7}$$

在实际电路中，一般满足 $2g_m R_{ss}\gg1$，故上式简化为

$$A_{vc}=\frac{-g_m R_D}{1+2g_m R_{SS}}\approx\frac{-R_D}{2R_{SS}} \tag{3-4-8}$$

(3) 差分放大器的共模抑制性能

差分放大器对共模信号具有抑制作用。这种抑制作用的强弱可用共模抑制比来评价。共模抑制比用 K_{CMR}表示，其定义为

$$K_{CMR}=\left|\frac{A_{vd}/2}{A_{vc}}\right| \tag{3-4-9}$$

显然，K_{CMR}越大，差分放大器对共模信号的抑制能力就越强。根据式(3－4－3)和(3－4－8)可知，K_{CMR}可近似表示为

$$K_{CMR}\approx g_m R_{SS}$$

(4) 双极型管差分放大器

上述差分放大器的交流性能都是基于场效应晶体管进行分析的，若采用图 3－4－2 所示的双极型晶体管差分电路，由上述分析可直接得出此电路的性能参数。

电路的差模等效半电路为共发放大器，因此

$$R_{id}=2(r_{bb'}+r_{b'e})$$

$$R'_{od}=2r_{ce}$$

$$A_{vd}=-\frac{\beta R_C}{r_{bb'}+r_{b'e}}\approx -g_m R_C \tag{3-4-10}$$

电路单端输出的共模等效电路为发射极接 $2R_{EE}$的共发放大器，单端输入、输出情况下

$$R_{ic}=r_{bb'}+r_{b'e}+(1+\beta)2R_{EE}$$

$$R_{oc}\approx R_C$$

$$A_{vc}=-\frac{\beta R_C}{r_{bb'}+r_{b'e}+(1+\beta)2R_{EE}}\approx -\frac{R_C}{2R_{EE}} \tag{3-4-11}$$

因此，单端输出的共模抑制比

$$K_{CMR}=\left|\frac{A_{vd}/2}{A_{vc}}\right|=g_m R_{EE} \tag{3-4-12}$$

3) 差分放大器的差模传输特性

差模传输特性是指差模输出电流(双端输出电流或单端输出电流)随差模输入电压变化的特性。

(1) 双极型差放的差模传输特性

为了简化起见，在分析差模传输特性时，将 R_{EE}用理想电流源 I_{EE}取代，如图 3－4－6 所示。当晶体三极管工作在放大区时，集电极输出电流为

$$i_{C1}=\frac{1}{2}I_{EE}+\frac{1}{2}I_{EE}\,\mathrm{th}\left(\frac{v_{ID}}{2V_T}\right) \tag{3-4-13}$$

$$i_{C2}=\frac{1}{2}I_{EE}-\frac{1}{2}I_{EE}\,\mathrm{th}\left(\frac{v_{ID}}{2V_T}\right) \tag{3-4-14}$$

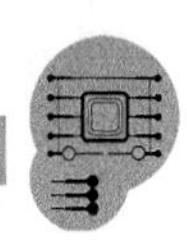

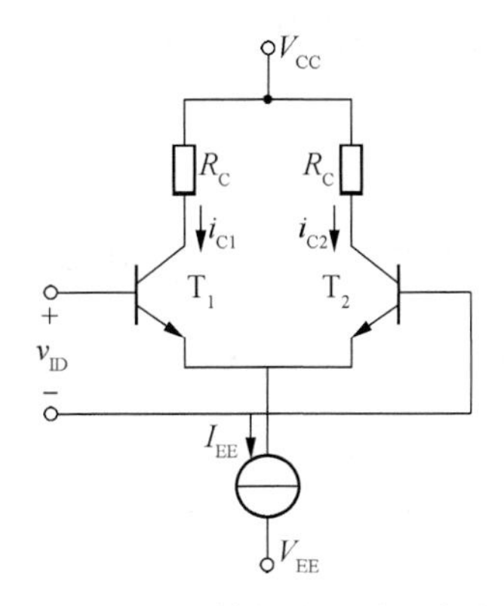

图 3-4-6　简化差分放大电路

双端输出时

$$i_{C1}-i_{C2}=I_{EE}\,\mathrm{th}\left(\frac{v_{ID}}{2V_T}\right) \tag{3-4-15}$$

式中，th(x)为双曲正切函数。根据上述电流传输方程画出的曲线如图 3-4-7(a)和(b)所示。由图 3-4-7 可见，差模传输特性曲线具有如下特性：

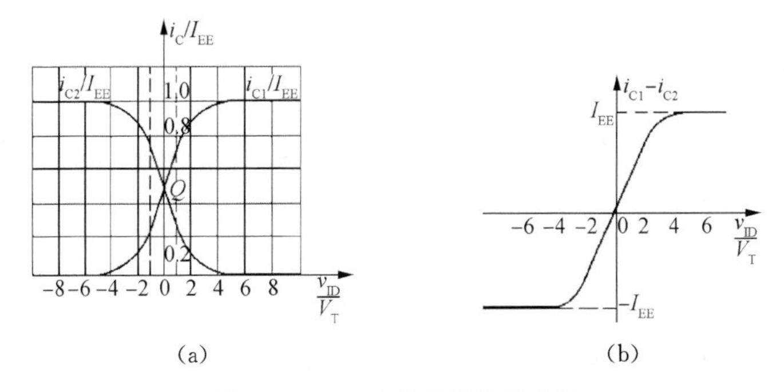

图 3-4-7　差模传输特性曲线

① 差模传输特性曲线均呈非线性，服从双曲正切函数的变化规律；

② $i_{C1}+i_{C2}\approx I_{EE}$，两管电流总是一增一减的；

③ 当 $v_{ID}=0$ 时，$i_{C1}=i_{C2}=I_{CQ}=I_{EE}/2$；

④ 当 v_{ID}足够小，即$|v_{ID}|\leqslant V_T=26\text{ mV}$时，$i_{C1}$、$i_{C2}$(或 $i_{C1}-i_{C2}$)与 v_{ID}之间呈线性关系；

⑤ 在小信号工作范围内，双端输出传输特性曲线的斜率即为差分放大器的跨导，其值约等于曲线在原点上的斜率，即

$$g_m=\left.\frac{\partial(i_{C1}-i_{C2})}{\partial v_{ID}}\right|_{v_{ID}=0}=\frac{I_{EE}}{2V_T}=\frac{I_{CQ}}{V_T} \tag{3-4-16}$$

相应的差模电压增益 $A_{vd}=-g_mR_C$；

⑥ 当$|v_{\text{ID}}| \geqslant 4V_{\text{T}}=104$ mV 时，一管将趋于截止，I_{EE}几乎全部流入另一管，差分对近似为高速开关。

(2) MOS 差放的差模传输特性

如图 3-4-8 所示为 MOS 差分放大器电路，当两管特性一致，且工作在饱和区时，两管的漏极电流为

$$i_{\text{D1}}=\frac{I_{\text{SS}}}{2}+\frac{I_{\text{SS}}}{2}\left(\frac{v_{\text{ID}}}{V_{\text{GSQ}}-V_{\text{GS(th)}}}\right)\sqrt{1-\frac{1}{4}\left(\frac{v_{\text{ID}}}{V_{\text{GSQ}}-V_{\text{GS(th)}}}\right)^2} \tag{3-4-17}$$

$$i_{\text{D2}}=\frac{I_{\text{SS}}}{2}-\frac{I_{\text{SS}}}{2}\left(\frac{v_{\text{ID}}}{V_{\text{GSQ}}-V_{\text{GS(th)}}}\right)\sqrt{1-\frac{1}{4}\left(\frac{v_{\text{ID}}}{V_{\text{GSQ}}-V_{\text{GS(th)}}}\right)^2}$$

$$i_{\text{D1}}-i_{\text{D2}}=I_{\text{SS}}\left(\frac{v_{\text{ID}}}{V_{\text{GSQ}}-V_{\text{GS(th)}}}\right)\sqrt{1-\frac{1}{4}\left(\frac{v_{\text{ID}}}{V_{\text{GSQ}}-V_{\text{GS(th)}}}\right)^2} \tag{3-4-18}$$

相应的差模传输特性曲线如图 3-4-9 所示。

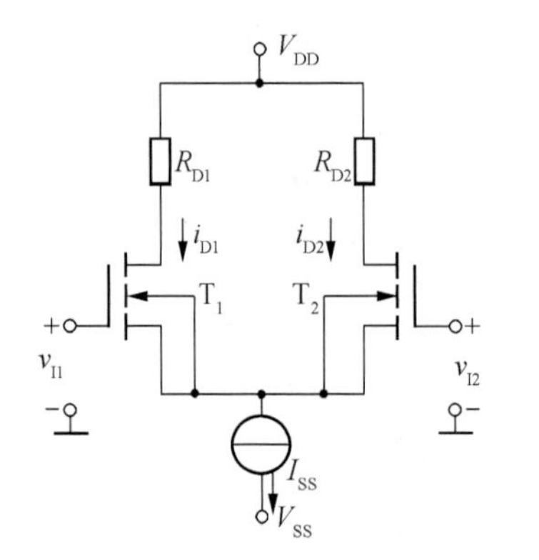

图 3-4-8 MOS 差分放大器电路

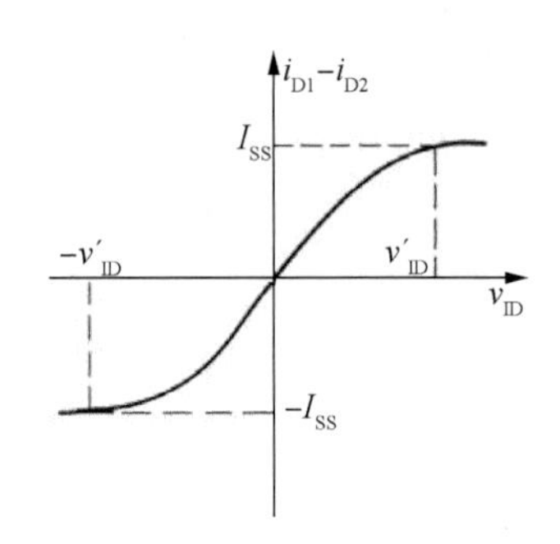

图 3-4-9 MOS 差放的差模传输特性曲线

当$|v_{\text{ID}}|$很小，满足$|v_{\text{ID}}| \ll 2(V_{\text{GSQ}}-V_{\text{GS(th)}})$时，差模输入电压和差模输出电流之间满足线性关系，差模传输特性为一段直线，其斜率即跨导为

$$g_{\text{m}}=\frac{i_{\text{D1}}-i_{\text{D2}}}{v_{\text{ID}}}=\frac{I_{\text{SS}}}{V_{\text{GSQ}}-V_{\text{GS(th)}}} \tag{3-4-19}$$

等于半电路单管小信号跨导，相应的双端输出时的差模电压增益 $A_{\text{vd}}=-g_{\text{m}}R_{\text{D}}$；增大 v_{ID}，差模传输特性进入非线性区，当 v_{ID}为下式所示数值时

$$|v_{\text{ID}}|=\sqrt{2}\,(V_{\text{GSQ}}-V_{\text{GS(th)}})$$

$i_{\text{D1}}=I_{\text{SS}}$，$i_{\text{D2}}=0$ 或 $i_{\text{D2}}=I_{\text{SS}}$，$i_{\text{D1}}=0$，特性曲线进入限幅区。

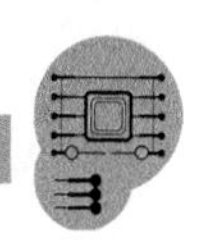

【背景知识小考查】

考查知识点:差分放大器

根据如图 3-4-10 所示电路,计算该电路的性能参数。已知晶体管的导通电压 $V_{BE(on)}=0.55$,$\beta=500$,$|V_A|=150$ V,试求该电路中晶体管的静态电流 I_{CQ},节点 1 和节点 2 的直流电压 V_1、V_2,晶体管跨导 g_m,差模输入阻抗 R_{id},差模电压增益 A_{vd},共模电压增益 A_{vc}和共模抑制比 K_{CMR},请写出详细的计算过程,并完成表 3-4-1。

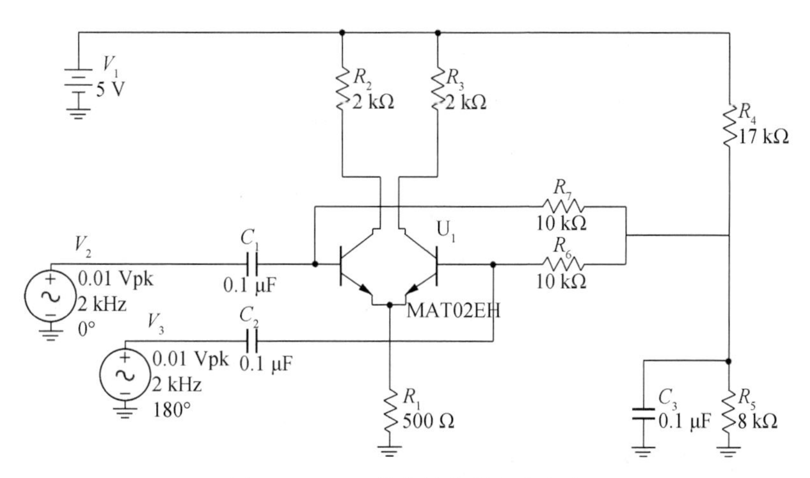

图 3-4-10　差分放大器实验电路

表 3-4-1

I_{CQ}(mA)	V_1(V)	V_2(V)	g_m(mS)	R_{id}(kΩ)	A_{vd}	A_{vc}	K_{CMR}

【一起做仿真】

差分放大器性能

(1) 在 Multisim 中设计差分放大器,电路结构和参数如图 3-4-10 所示,进行直流工作点分析(DC 分析),得到电路的工作点电流和电压,完成表 3-4-2,并与计算结果对照。

表 3-4-2

I_{CQ}(mA)	V_1(V)	V_2(V)	V_3(V)	V_5(V)	V_6(V)

仿真设置:依次点击 Simulate→Analyses→DC Operating Point,设置需要输出的电压或者电流。

(2) 在图 3-4-10 所示电路中,固定输入信号频率为 2 kHz,输入不同信号幅度时,测量电路的差模增益。采用示波器观察输出波形,测量输出电压的峰峰值(peak-peak),通过“差模输出电压峰峰值/差模输入电压峰峰值”计算差模增益 A_{vd},用频谱仪观测节点 1 的基波功率和谐波功率,并完成表 3-4-3(注意选择合适的解析频率)。

表 3-4-3

输入信号单端幅度(mV)	1	10	20
A_{vd}			
基波功率 P_1(dBm)			
二次谐波功率 P_2(dBm)			
三次谐波功率 P_3(dBm)			

仿真设置:点击 Simulate→Run,也可以直接在 Multisim 控制界面上选择运行。在示波器中观察差模输出电压可以采用数学运算方式显示,即用 1 通道信号减 2 通道信号,设置见图 3-4-11。显示设置按钮可以设置数学运算模式下的示波器显示参数,见图 3-4-12,采用图中所示显示调节按钮可以分别调节 Scale 和 Offset。

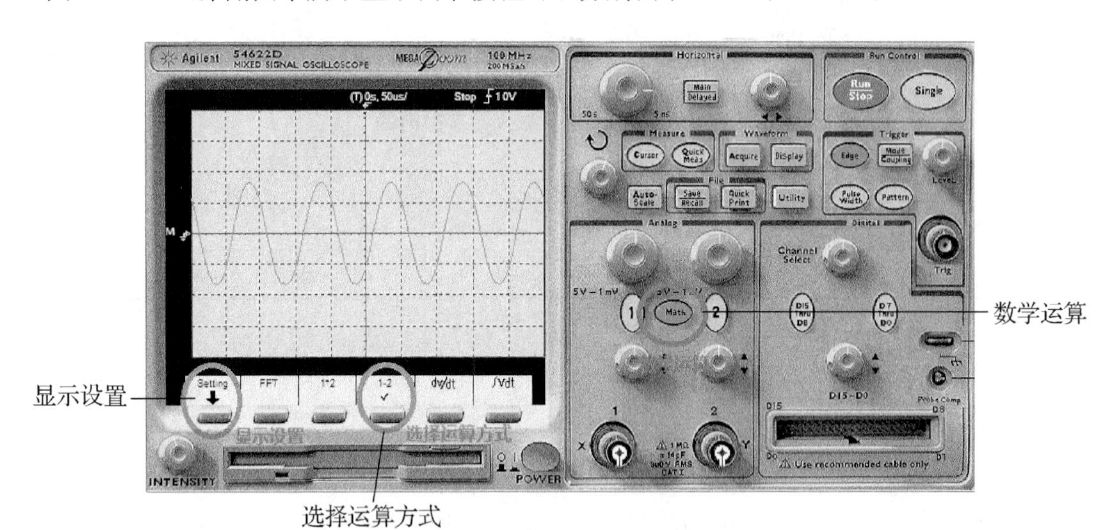

图 3-4-11　采用示波器测量差模电压

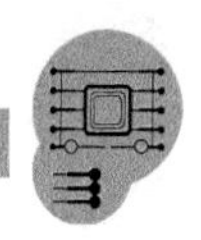

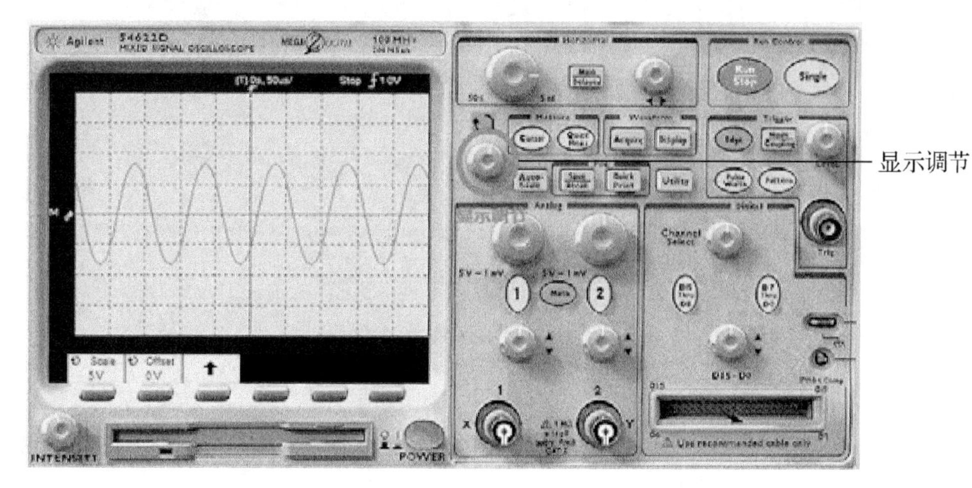

图 3 - 4 - 12　数学运算模式下的示波器参数显示调节

表 3 - 4 - 3 中的 A_{vd} 在不同输入信号幅度的时候一样吗？若不一样，请解释原因。

(3) 在图 3 - 4 - 10 所示电路中，将输入信号 V_2 和 V_3 设置成共模输入信号——信号频率为 2 kHz，信号幅度为 10 mV，相位都为 0°，仿真并测量输出信号的幅度，计算电路的共模增益，并与计算结果对照。

仿真设置：点击 Simulate→Run，也可以直接在 Multisim 控制界面上选择运行，通过示波器测量输出波形幅度。

若需要在保证差模增益不变的前提下提高电路的共模抑制能力，即降低共模增益，可以采取什么措施？请给出电路图，并通过仿真得到电路的共模增益和差模增益。

(4) 采用图 3 - 4 - 13 所示电路对输入直流电压源 V_2 进行 DC 扫描仿真，得到电路的差模传输特性。

① 电压扫描范围 1.35 V～1.75 V，扫描步进为 1 mV，得到电阻 R_2 和 R_3 中电流差随 V_2 电压的变化曲线，即输出电流的差模传输特性，并在差模输出电流的线性区中点附近测量其斜率，得到差分放大器的跨导，并与计算结果对照（$V_{BE(on)}=0.55$，$\beta=500$）。

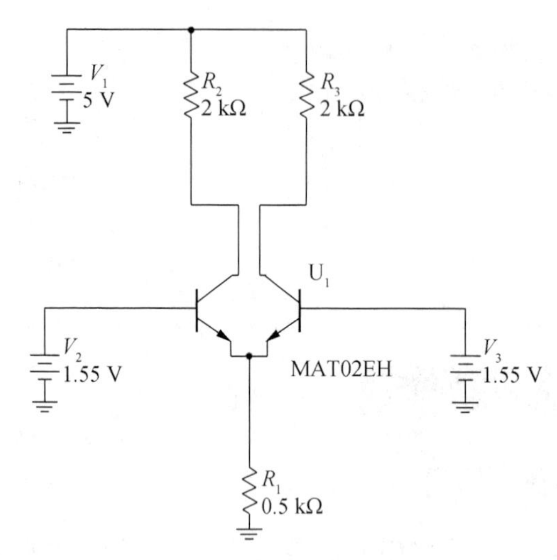

图 3-4-13　差分放大器传输特性实验电路 1

② 若将 V_3 电压改为 1 V，再扫描 V_2 的电压，扫描范围为 0.8 V～1.2 V，扫描步进为 1 mV，与①中一样，通过仿真得到差模传输特性，在传输特性的线性区测量差分放大器的跨导，并与计算结果对照。

③ 若将图 3-4-13 中的电阻 R_1 改为理想直流电流源，如图 3-4-14 所示。与②中一样，固定 V_3 电压为 1 V，扫描 V_2 的电压，扫描范围为 0.8 V～1.2 V，扫描步进为 1 mV，通过仿真得到差模传输特性，并与②中仿真结果对照，指出二者结果的异同并给出解释。

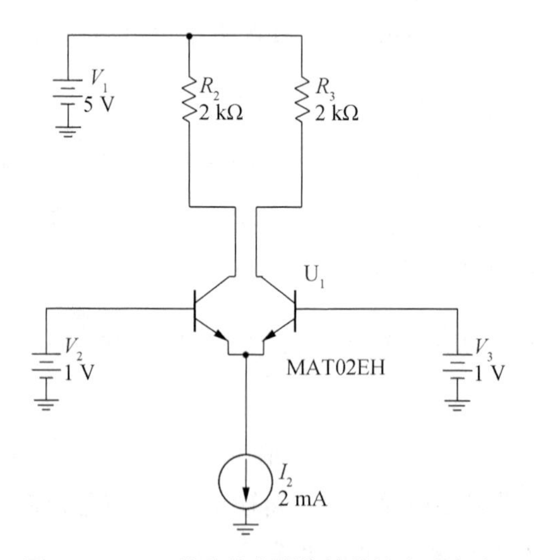

图 3-4-14　差分放大器传输特性实验电路 2

仿真设置：依次点击 Simulate→Analyses→DC Operating Point，设置扫描电压源及扫描范围和步进，需要输出的电压或者电流。差模电流通过表达式计算得到，设置界面见图 3-4-15。在仿真结果中通过标尺完成测量，设置如下：Grapher view→Cursor→Show Cursor，然后拖动标尺测量。

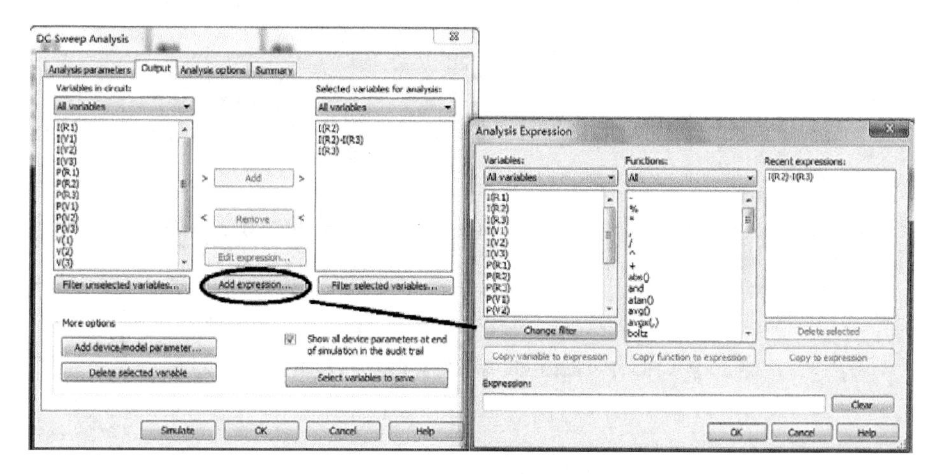

图 3-4-15　差模输出电流的设置

（1）在仿真任务①中，若 V_2 的电压扫描范围改为 0 V～5 V，测量电源电压 V_2 和 V_3 中的电流，即三极管的基极电流，与理论分析一致吗？参考硬件实验中给出的 MAT02EH 内部电路，给出解释。硬件实验中，由于误操作，三极管基极可能接地或者接电源，若电流过大，可能导致晶体管损坏，如何避免这种误操作导致的基极电流过大？

（2）比较差模传输特性仿真任务①和②，差模输出电流随 V_2 的变化趋势一样吗？若有差异，原因是什么？

【动手搭硬件】

差分放大器实验

（1）按照图 3-4-10 所示电路在面包板上搭接电路，并进行测试和分析。本实验采用 Pocket Lab 实验平台提供的直流+5 V 电源、信号发生器和示波器。信号发生器产生差分信号，示波器采用双通道同时显示，仪器界面截图如图 3-4-16 所示。差分对管 MAT02EH 的管脚分布如图 3-4-17 所示，封装形式为 TO-78，可以参阅该产品的数据手册。

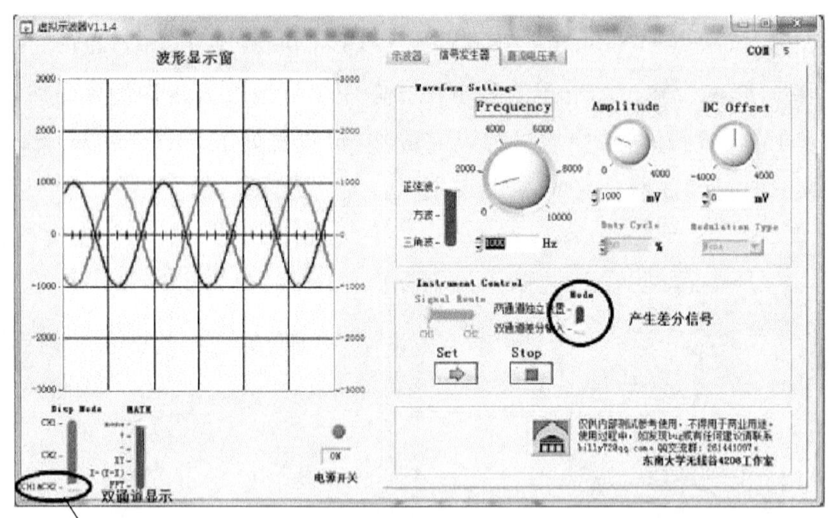

图 3-4-16　Pocket Lab 信号发生器界面及相关设置说明

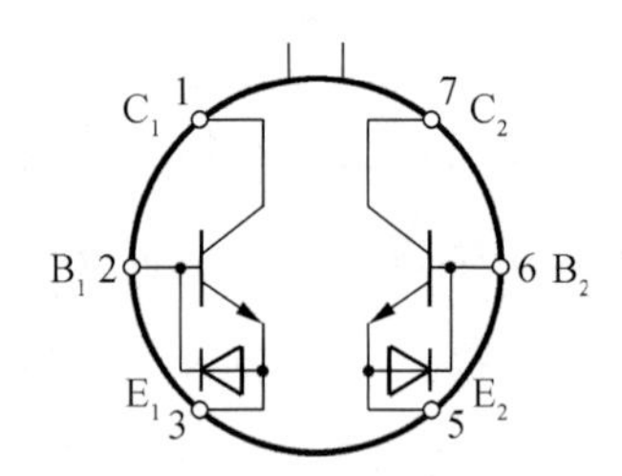

图 3-4-17　MAT02EH 管脚图

① 测量电路各点的直流工作点，完成表 3-4-4。

表 3-4-4

V_1(V)	V_2(V)	V_3(V)	V_5(V)	V_6(V)

② 采用 Pocket Lab 信号发生器产生差分信号，通过示波器同时观测两路输出波形。设置合理的显示参数并截图，根据截图数据中的波形峰峰值计算电路的差模增益。请提交输入信号单端振幅为 10 mV，频率为 2 kHz 时的两路输出波形，并根据示波器显示的输出峰峰值计算差模增益 A_{vd}。

③ 将两路输入信号改为相同的信号，频率为 2 kHz，振幅为 10 mV，得到两路输出信号的波形并提交截图。

若直流电压 V_1 和 V_2 不一样，可能是什么原因？如何调整电路可以使得输出直流电压 V_1 和 V_2 更加一致？

(2) 差模传输特性

按照图 3-4-18 所示电路在面包板上搭接电路，并测试差模传输特性。图中 R_7 为 0～10 kΩ 可变电阻。V_1 采用 Pocket Lab 信号发生器产生 1.6 V 直流电压(信号幅度为 0，DC OFFSET 为 1.6 V)。

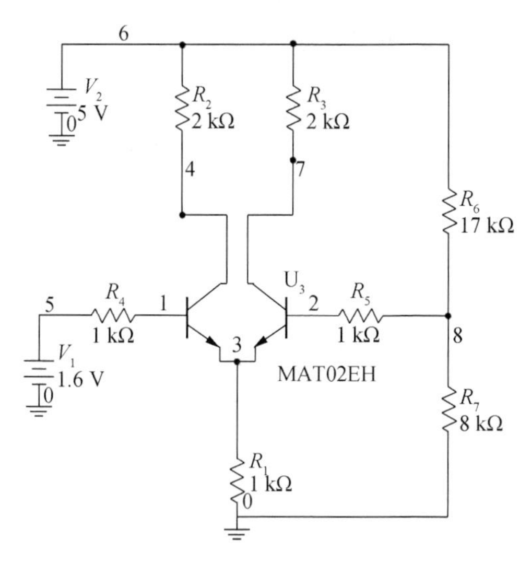

图 3-4-18 差模传输特性硬件实验电路图

① $R_4=R_5=1$ kΩ，手动调节可变电阻 R_7，逐点测量节点 8 电压，节点 4 及节点 7 的电压差(通过该电压差计算差模电流)，在 1.6 V 附近步长可以取小一点，提高测量精度，过了限幅区步长可以增加。根据测量数据，以节点 8 电压为 X 轴，差模输出电流为 Y 轴，得到电路的差模传输特性，并在差模输出电流 0 附近测量其斜率，即放大器跨导。

② $R_4=R_5=20$ kΩ，重复①中的测量，并得到差模传输特性及其斜率。根据①和②的测量结果，对比分析串联电阻对差模传输特性的影响，并给出理论分析过程。

若固定电阻 $R_7=8$ kΩ，在 1.4 V～1.8 V 范围内逐渐改变节点 5 电压(可以采用 Pocket Lab 信号发生器产生连续不同的直流电压)，以节点 5 电压为 X 轴，差模输出电流为 Y 轴，同样在 $R_4=R_5=1$ kΩ 和 $R_4=R_5=20$ kΩ 两种条件下得到差模传输特性的斜率，这两种斜率之间的倍数关系和实验①与②之间的倍数关系相同吗？为什么？

【设计大挑战】

在某个电源电压为 5 V 的应用系统中，需要设计一个差分放大器，要求该放大器具有 40 dB 差模增益，在每个输出端负载电容为 100 pF 条件下 3 dB 带宽不低于 1 MHz，0～10 kHz 带宽内的共模抑制比大于 50 dB，整体功耗低于 50 mW。系统提供 0.1 mA

参考电流源，放大器输入端直流电压为 1.5 V，请采用 4 只 NPN 管（2N3904）和电阻若干，在 Multisim 中设计完成该差分放大器。

请简单记录设计过程和计算过程，提交完整的电路图及电阻参数，提交差模增益和共模增益仿真结果。设计中输入信号采用理想电压源，不单独设计偏置电路。

提示：采用镜像电流源为差分放大器提供电流。

【研究与发现】

差分放大器性能研究

图 3-4-19 为单端输入差分放大器，两输入端口的直流电压都为 1 V，通过在 Multisim 中进行 AC 交流仿真和瞬态仿真，比较两路输出信号的交流小信号增益和瞬态波形，两路输出信号存在差异的原因是什么？能否结合理论分析给出解释？怎样改进电路才能减小这种差异呢？

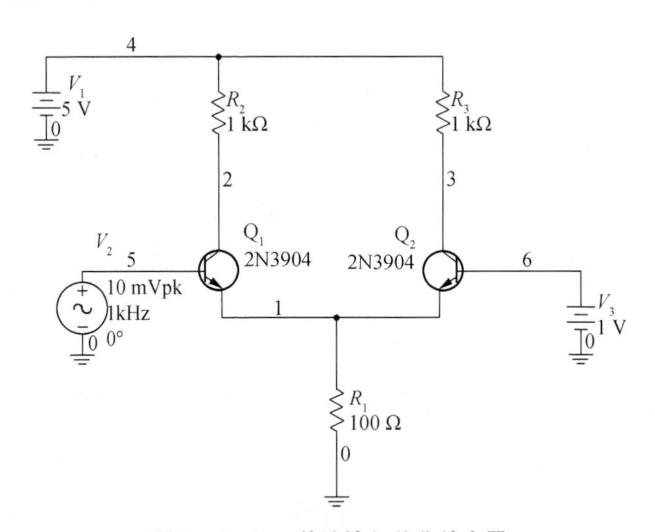

图 3-4-19　单端输入差分放大器

3.5　频率响应与失真

【实验教会我】

1. 频率响应的基本概念（上、下限频率与通频带）；
2. 传递函数和零极点；

3. 线性失真与非线性失真；

4. 放大器的频率响应；

5. Multisim 中的 AC 交流仿真；

6. Multisim 中如何仿真放大器输入/输出电阻；

7. Pocket Lab 的波特图仪的使用。

【实验器材表】

实验用器件	型号	数量
晶体三极管 NPN	2N3904	1个
晶体三极管 PNP	2N3906	1个
电阻	不同阻值	若干
电容	不同容值	若干
面包板	任意	1块
数字万用表	任意	1台
口袋虚拟实验室	Pocket Lab	1台

【背景知识回顾】

本实验涉及的理论知识包括频率响应、失真、传递函数零极点的推导和波特图。

1) 频率响应

一般而言，放大器是含有电抗元件的动态网络，因而在输入正弦信号激励下，对于不同频率，放大器具有不同的增益，且产生不同的相移。放大器的增益表示为频率的复函数：

$$A(\mathrm{j}\omega)=A(\omega)\mathrm{e}^{\mathrm{j}\varphi_A(\omega)}$$

式中，$A(\omega)$和$\varphi_A(\omega)$分别是增益的幅值和相角，称为放大器的幅频特性和相频特性，统称为放大器的频率特性。

一般情况下，在电路中如果存在隔直流电容、耦合电容和旁路电容，由于这些电容值较大，会影响电路的低频特性，而晶体管的寄生电容较小，则影响电路的高频特性，图 3-5-1 给出了典型的幅频特性和相频特性曲线。图中，频率坐标用对数刻度，增益幅值和相角坐标用等分刻度。其中增益幅值用分贝(dB)数表示：$A(\omega)|_{\mathrm{dB}}=20\lg A(\omega)$。整个频率特性曲线可分为三个表现出不同特性的频率区间，即低频段、中频段和高频段。在中频段增益的幅值几乎与频率无关，而相位近似为零(或 180°)。在这个频段内，隔直流电容、耦合电容和旁路电容因其值较大，对此频段内信号呈现较小的阻抗而可被忽略(短路)；晶

体管寄生电容又因其值较小，对此频段内信号呈现较大的阻抗而可被忽略（开路），所以放大器可等效为电阻性网络。中频区两侧的低频段和高频段，增益幅值和相位均随频率而变化，放大器等效为含有电抗元件的动态网络（分别显现的是大电容和小电容的影响）。工程上，为了表明增益幅值近似为恒值的频率范围，规定 $A(\omega)$ 自中频区增益 A_I 下降到 $\frac{1}{\sqrt{2}}$ 倍（即 0.707 倍或 3 dB）所对应的频率分别称为上限频率 f_H 和下限频率 f_L，并将它们的差值称为放大器的通频带（Bandwidth），用 $BW_{0.7}$ 表示：$BW_{0.7}=f_H-f_L$。

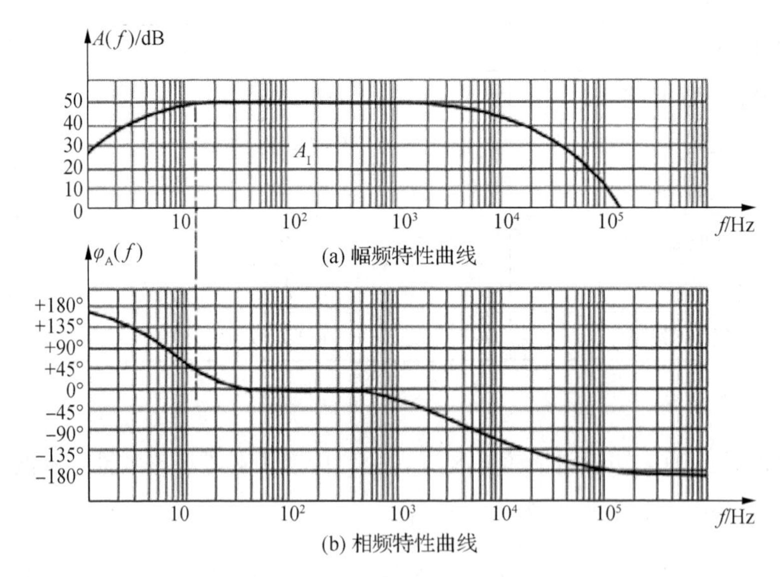

图 3-5-1　放大器的波特图

2）失真

放大器的失真是指其输出信号不能重现输入信号波形的一种物理现象。失真可分为线性失真和非线性失真两大类。线性失真是指相对于输入信号，输出信号各频率分量的相对幅度和相位发生了变化，一般是由放大器的频率响应引起的；而非线性失真则是指相对于输入信号，输出信号中产生了新的频率分量，这是由器件、电路的非线性引起的。线性失真仅使信号中各频率分量的幅度和相位发生变化，而不会产生新的频率分量。非线性失真则是由于产生了新的频率分量而造成的。

（1）频率失真

频率失真是线性失真中的一种。一个实际输入信号往往可分解为众多不同频率的正弦波。当它通过放大器时，由于放大器频率响应的影响，使输出信号各频率分量有不同的响应，在输出端叠加时不能重现放大后的输入信号波形，就形成了失真。其中，因幅频特性非恒值而产生的失真称为幅度失真；因相频特性非线性而产生的失真称为相位失

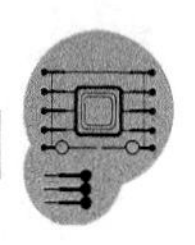

真，它们统称为频率失真。实际电路设计中，可根据频率失真的要求规定放大器的通频带，在通频带范围内，放大器可近似看作为一个不产生频率失真的电阻性网络。

(2) 非线性失真

非线性失真主要由半导体器件伏安特性的非线性引起。例如，一个晶体三极管，当在其基极和射极间加上正弦信号电压 $v=V_m\sin\omega t$ 时，由于伏安特性的非线性，输出集电极电流波形将是非正弦的。通过富氏级数展开，该波形可分解为众多频率分量之和，即

$$i_C=I_0+I_{1m}\sin\omega t+I_{2m}\sin2\omega t+\cdots+I_{nm}\sin n\omega t+\cdots$$

其中，基波为不失真分量，各谐波分量均为失真分量。放大器的非线性失真大小可用下式定义的非线性失真系数 THD(Total Harmonic Distortion)来衡量：

$$THD=\frac{\sqrt{\sum_{n=2}^{\infty}I_{nm}^2}}{I_{1m}}$$

非线性失真有各种不同的表现形式，除上述单一频率信号作用下产生谐波失真外，还会在多个不同的频率信号作用下产生交调失真、互调失真等。

3) 电路传递函数和极零点

若设放大器的输入激励信号为 $x(t)$，它的拉氏变换为 $X(s)$，输出响应信号为 $y(t)$，它的拉氏变换为 $Y(s)$，其中 $s=\sigma+j\omega$ 为复频率，则该电路系统的传递函数被定义为零初始条件下 $Y(s)$ 对 $X(s)$ 的比值，用 $A(s)$ 表示，

$$A(s)=\frac{Y(s)}{X(s)}=\frac{b_ms^m+b_{m-1}s^{m-1}+\cdots+b_0}{a_ns^n+a_{n-1}s^{n-1}+\cdots+a_0}$$

式中，$a_n,\cdots,a_0;b_m,\cdots,b_0$ 均为常数，且 $m\leqslant n$，它们的数值取决于系统的电路结构和各元器件值。将系统中的电容和电感按复频域上定义的阻抗[$1/(sC)$ 和 sL]表示，就可直接用电路分析的一般方法求得 $A(s)$。将 $A(s)$ 表达式中的分子和分母多项式各自进行因式分解，得

$$A(s)=A_0\frac{(s-z_1)(s-z_2)\cdots(s-z_m)}{(s-p_1)(s-p_2)\cdots(s-p_n)}$$

式中，$A_0=b_m/a_n$ 为常数，称为标尺因子。$z_1,\cdots,z_m$ 是分子多项式的诸根，称为零点。$p_1,\cdots,p_n$ 是分母多项式的诸根，称为极点。

在实际电路系统中，极零点与那些不形成回路的电容和不形成割集的电感，也即独立电抗元件有关。有一个独立电抗元件就会形成一对极零点，只是有些电抗元件在频率

趋向无穷时使系统产生零点，而构成无穷远处的零点，不反映在传输函数中。因此，系统中的极点数目等于电路中的独立电抗元件数，有限值零点的数目恒等于极点数目扣去无穷远零点数目。

【背景知识小考查】

考查知识点：放大器的增益，输入、输出电阻和带宽计算

如图 3-5-2 所示电路，计算该单级放大器的中频电压增益 A_v=________，R_i=________，R_o=________。复习放大器上下限频率概念和计算方法。图 3-5-2 电路中，电容 C_{C2} 和 C_{E1} 足够大，可视为短路电容。具有高通特性的电容 C_{C1} 和输入电阻 R_i 决定了电路的 $f_L=1/(2\pi R_i C_{C1})$；低通特性的电容 C_1 和输出电阻决定了电路的上限频率，$f_H=1/(2\pi R_o C_1)$。根据图中的标注值，将计算得到的 f_L、f_H 和通频带 BW，填入表 3-5-1 中。

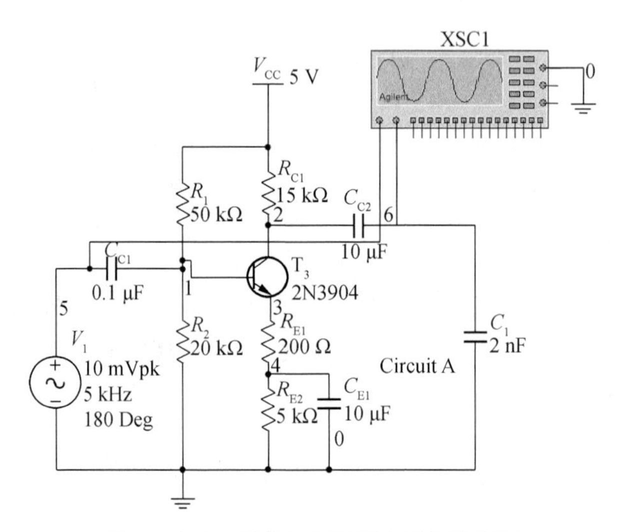

图 3-5-2　晶体三极管放大器频响电路

注：为了计算方便，决定该电路高低频的电容 C_{C1} 和 C_1 远大于晶体管的自身电容。因此计算过程中，晶体管电容忽略不计。

【一起做仿真】

1) 单极点传输函数——RC 低通电路

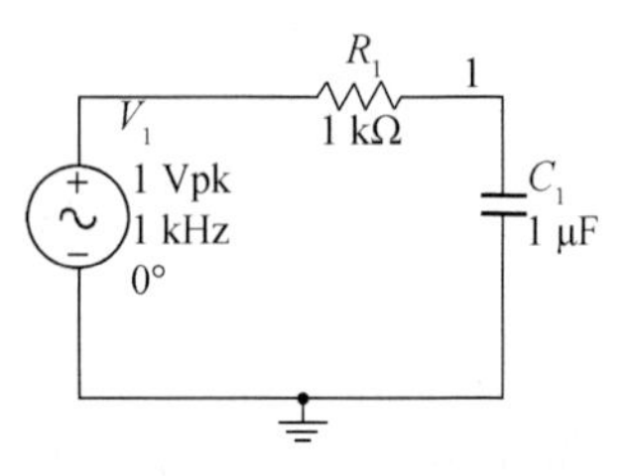

图 3-5-3　*RC* 低通电路

在 Multisim 中搭建如图 3-5-3 所示的低通电路，试推导该电路的传输函数为 $A(s)$=____________。

根据传输函数可知该低通电路的极点频率 p=______________。而后在 Multisim 中进行电路的幅

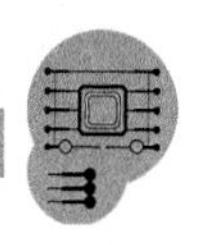

频和相频特性仿真。

信号源设置：加入如图 3-5-4 所示的信号源，双击它，在弹出的如图 3-5-5 所示窗口中设置 AC 仿真信号源。设置 AC analysis magnitude 为 1 V；AC analysis phase 为 0 Deg。

注意：此处的 1 V 并不表示输入为 1 V 的大信号，仅仅表示输入为 1 个单位信号。因此，此时的电压增益 $V_{out}/V_{in}=V_{out}/1=V_{out}$，输出即为增益值。

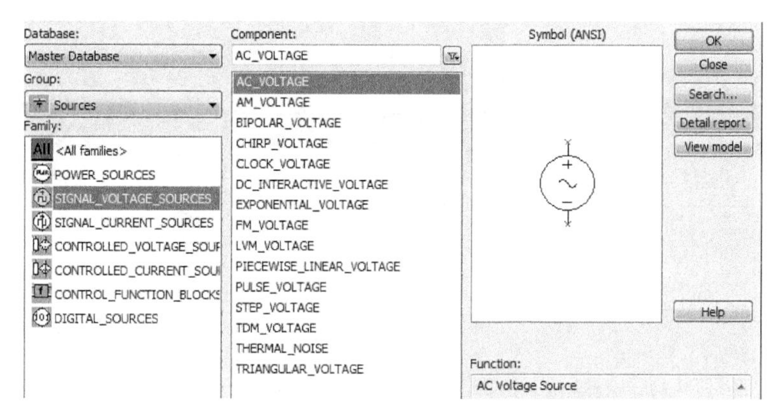

图 3-5-4　交流电压源

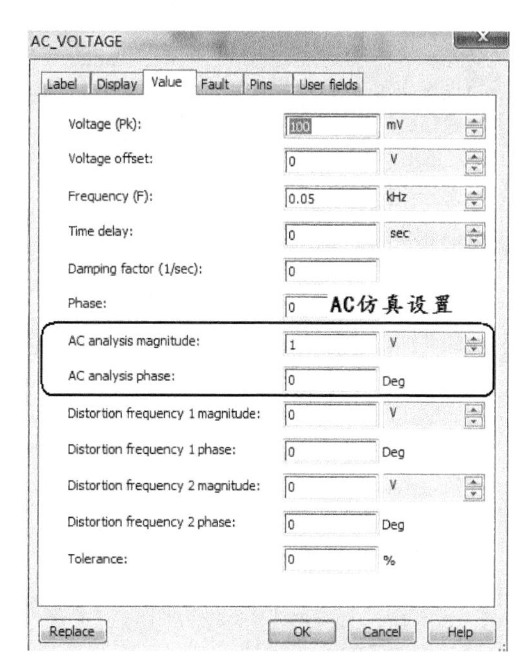

图 3-5-5　电压源设置窗口

仿真设置：依次点击 Simulate→Analysis→AC Analysis…，弹出如图 3-5-6 所示窗口。在 Frequency parameters 中设置 AC 扫频的开始频率（FSTART）：1 Hz，终止频率（FSTOP）：10 GHz；扫频种类（Sweep type）：Decade（十倍频）；Number of Points per decase：10，表示每 10 倍频中扫多少个频率点；纵坐标的刻度（Vertical scale）：Decibel（dB 值）。在 Output 中从左侧栏选择需要观测幅频和相频特性的点，点击 Add，加入到右侧栏后，点击 Simulate，开始进行 AC 仿真。

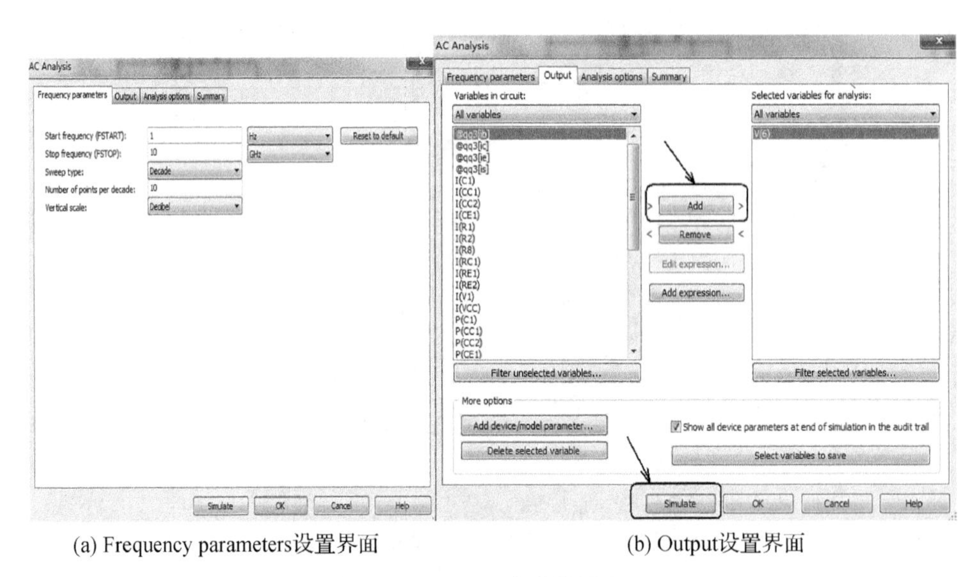

(a) Frequency parameters设置界面　　(b) Output设置界面

图 3-5-6　AC 仿真设置窗口

结果查看：在弹出的波形窗口中，如图 3-5-7 所示，点击 Cursor→Show cursors…，可以显示两根图形标注。点击标注 cursor，在单击右键弹出的菜单中，选择 Add data label at cursor，可显示 cursor 所在位置的数据；选择 Set X value 或 Set Y value，可将 cursor 精确移动到所在位置；选择 Go to Next X/Y MAX/MIN，可将 cursor 移动到 X/Y 的最大值/最小值。据此，可准确测量出中频增益和上下限频率。

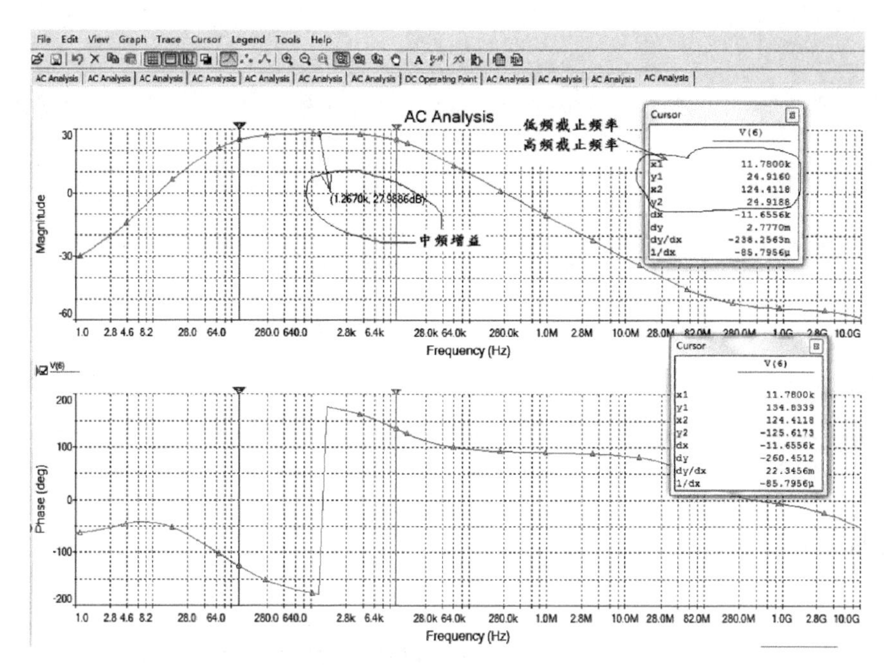

图 3-5-7　幅频和相频曲线

注 1:相位图中当出现相移超过−180°时,会自动翻转至+180°继续下降。

注 2:所有展示波形仅为参考,以实际仿真波形为准。

请根据仿真得到的幅频和相频曲线图,回答以下问题:

(1) −3 dB 带宽点所在频率为________,此极点对应相位约为________。

(2) 相位响应从________度移向高频时的________度,即单极点最大产生________度相移。

(3) 分别测量频率为 1 kHz 和 10 kHz 时的幅度增益值,发现幅度响应呈现________dB 每十倍频的________(下降、上升)特性。

2) 一极一零系统——*RC* 高通电路

在 Multisim 中搭建如图 3-5-8 所示的高通电路,请推导该电路的传递函数为

$$A(s)=\_\_\_\_\_\_\_\_\_\_\_\_$$

根据传递函数,获得该高通电路的下限频率

$$f=\_\_\_\_\_\_\_\_\_\_\_\_$$

在 Multisim 中根据 *RC* 低通电路的设置进行该电路的幅频和相频特性仿真。

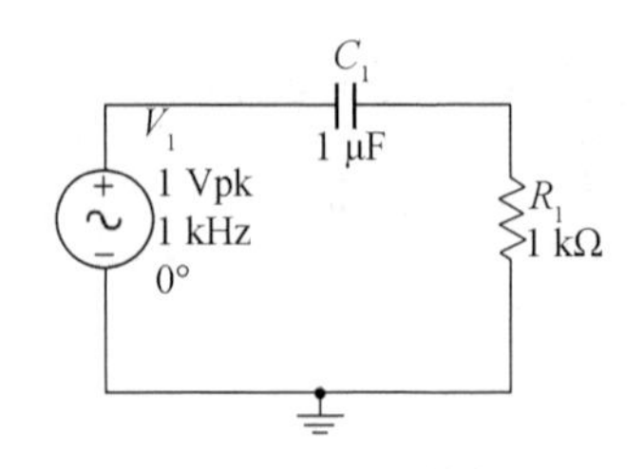

图 3-5-8 *RC* 高通电路

分析测量幅频和相频曲线图，并回答以下问题：

(1) －3 dB 带宽点所在频率为________，此频率对应相位约为________。

(2) 相位响应从________度移向高频时的________度。

3) NPN 管放大器频率特性仿真

(1) 放大器幅频和相频仿真

根据图 3-5-2 所示电路，在 Multisim 中搭建晶体三极管 2N3904 单级放大电路，进行电路的幅频和相频特性仿真，并根据仿真结果将相关数据记录于表 3-5-1 中。

表 3-5-1 晶体三极管放大器频率特性

	计算值	仿真值	实测值
放大器增益 A_v(dB)			
下限频率 f_L(Hz)			
上限频率 f_H(Hz)			
通频带 BW(Hz)			

(2) 放大器瞬态仿真

采用实验 3.3 单管晶体管放大器分析与设计中的瞬态仿真方法，分别输入 3 个不同频率的相同幅度正弦波信号，观察瞬态波形输出，并通过示波器上显示的波形峰峰值换算出不同频率时的增益值，填入表 3-5-2。并注意输入、输出波形中相位之间的关系。将增益和相位关系与 AC 仿真结果相对比，理解放大器的频率响应。3 种频率的具体要求是：低频区小于 f_L；中频区：f_L 与 f_H 之间；高频区：大于 f_H。

表 3-5-2 不同频率输入信号时放大器增益值

电压增益 A_v	低频区 f=	中频区 f=	高频区 f=
仿真值			
测试值			

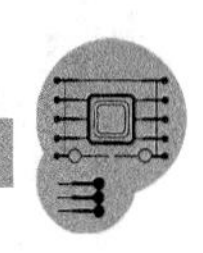

4) 放大器的输入电阻仿真

根据放大器输入电阻的定义，放大器输入电阻是其输入端电压与输入电流的比值，在图 3－5－2 电路图中可用 $V_{(1)}/I_{(CC1)}$ 的 AC 交流小信号中频仿真结果表征。

仿真设置：双击 V_1 信号源，设定 AC analysis magnitude 为 1，点击 Simulate→Analyses→AC analysis…，设置起始频率为 1 kHz，终止频率为 1 GHz，扫描种类(Sweep type)为 Decade，垂直显示的 Scale 为 Linear。在 Output 中点击 Add expression…按钮，在变量选择栏和函数选择栏正确设置输入电阻表达式为 $V_{(1)}/I_{(CC1)}$。

结果查看：观察 $V_{(1)}/I_{(CC1)}$ 表达式的幅频响应度，读出其中频输入电阻，填入表 3－5－3，并与计算值相比较。

注：中频值可在增益曲线中的中频区任选一频率，读取其 $V_{(1)}/I_{(CC1)}$ 值。

表 3－5－3　晶体三极管放大器输入电阻

	计算值	仿真值
输入电阻 R_i		

将仿真起始频率改为 1 Hz，读取 1 Hz 时的输入电阻仿真值，解释该值与中频电阻存在差异的原因。

5) 放大器输出电阻的仿真

根据放大器输出电阻的定义，将图 3－5－2 中输入电压源短路，并在输出端加入 V_2 信号源，如图 3－5－9 所示。输出电阻等于放大器输出端电压与输出电流的比值，即 $V_{(2)}/I_{(CC2)}$。该比值可用 AC 交流小信号仿真在中频时的仿真结果表征。

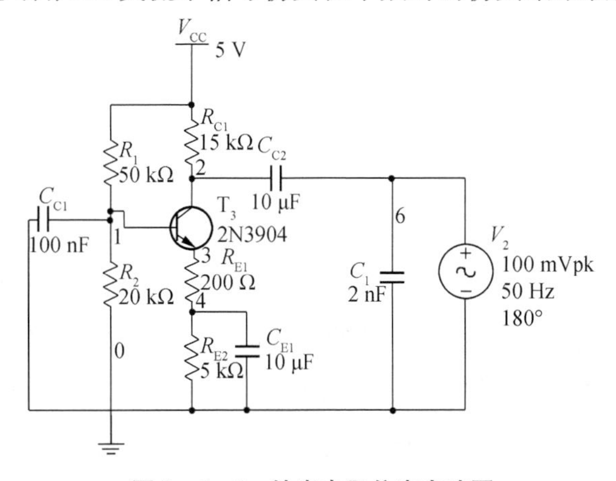

图 3－5－9　输出电阻仿真电路图

仿真设置：双击 V_2 信号源，设定 AC analysis magnitude＝1，点击 Simulate→Analyses→AC analysis…，设置起始频率为 1 Hz，终止频率为 1 GHz，扫描种类(Sweep type)为 Decade，垂直显示的 Scale 为 Linear，在 Output 中点击 Add expression…按钮，在变量选择栏和函数选择栏正确设置 $V_{(2)}/I_{(CC2)}$。

结果查看：在 $V_{(2)}/I_{(CC2)}$ 表达式的幅度图中，读出中频值。该值即为放大器的中频输出电阻。填入表 3-5—4，并与计算值相比较。

表 3-5-4　晶体三极管放大器增益

	计算值	仿真值
输出电阻 R_o		

【动手搭硬件】

放大器的频率响应实验

本实验采用 Pocket Lab 实验平台提供的直流＋5 V 电源、信号发生器、直流电压表、波特图仪和示波器。

(1) 电路连接

首先根据图 3-5-2 在面包板上搭试电路，并将 Pocket Lab 的直流输出端＋5 V 和 GND 与电路的电源、地节点连接；Pocket Lab 的输出端 SIG1 端口作为电路的输入信号接 C_{C1} 左侧；Pocket Lab 示波器 1 通道 CH1 接电路输入信号端；示波器 2 通道 CH2 接电路输出信号端，即 C_{C2} 右侧，分别测试输入、输出两路信号。

注：因为后续需要采用波特图测试仪，波特图测试仪默认将 CH1 作为激励；CH2 作为观测输出，因此这里 CH1，CH2 通道请勿接反。

(2) 直流测试

在进行波形测试之前，请采用实验 3.2 晶体三级管中的直流测试方法，使用 Pocket Lab 直流电压表测试各点直流电压，以确保电路搭试正确。

(3) 波特图测试

在电脑中打开 Pocket Lab 的波特图界面，如图 3-5-10 所示。扫频信号来自于 SIG1 通道，已接到电路输入端；波特图默认激励通道为 CH1，因此 SIG1 接 CH1；CH2 默认为响应通道，接电路输出端。在该界面上，需要设置扫频的起始频率、终止频率、步进和扫频信号的峰值电压。除了扫频信号的峰值电压外，其余设置定义和 Multisim 中相同，Pocket Lab 最高能支持的扫频值为 10 kHz。而扫频信号的峰峰值要特别注意，因为这是真实加入的信号，与仿真时的虚拟信号不同，因此为了防止仿真电路进入大信号状态，该峰峰值应设置为一个足够小的信号，如 0.01 V，即 10 mV，以保证电路工作于小信

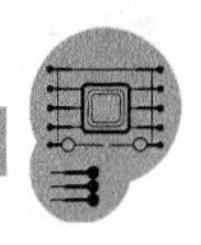

号状态。设置好后，点击 Scan 按钮，扫描获得幅频和相频曲线。请读出上下限频率和增益值，填入表 3－5－1。

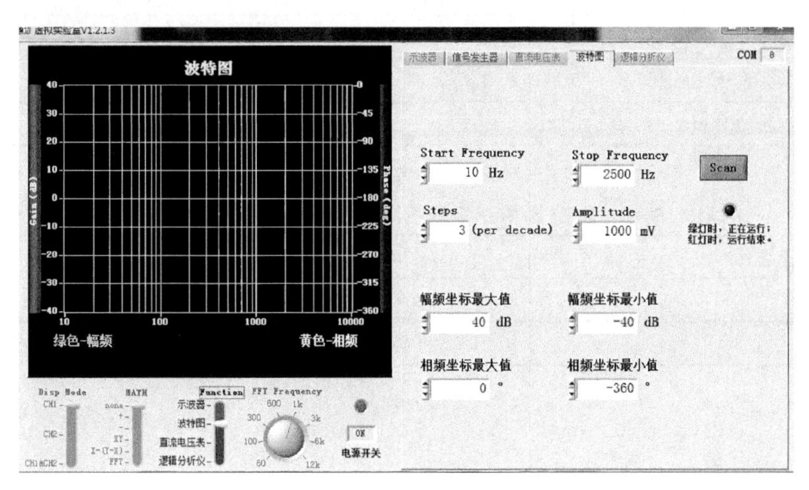

图 3－5－10　波特图界面

(4) 瞬态波形测试

Pocket Lab 与电路的连接方式保持不变。在 Pocket Lab 中打开信号发生器界面(Scope)，选择输入信号波形为正弦波，信号幅度 V_{pp} 为 0. 01 V，DC Offset＝0 V。打开 Pocket Lab 的示波器界面，显示三极管单端放大器的输入、输出波形。点击按钮 Run，连续改变输入正弦波的频率，在示波器窗口中选择合适的时间和电压刻度，观察输出波形峰峰值和输入、输出波形相对相位值的变化，体会电路对于不同频率的响应。

选取表 3－5－2 中的 3 个频率，根据示波器窗口中读出的输入、输出波形峰峰值，获得其电压增益，填入表 3－5－2 中，比较仿真值和测试值是否一致。

【设计大挑战】

1) 仿真实验

给 PNP 管 2N3906 加上合适的偏置电路和输入、输出网络，进行电路的幅频和相频特性仿真，读出放大器增益、上下限频率和通频带，记入表 3－5－5 中。

采用瞬态仿真，分别输入 3 个不同频率的相同幅度正弦波信号，观察瞬态波形输出，从示波器上读出其增益，记入表 3－5－6 中。3 种频率的具体要求是：低频区小于 f_L；中频区：f_L 与 f_H 之间；高频区：大于 f_H。

表 3-5-5　PNP 晶体三极管放大器频率特性

	仿真值	实测值
放大器增益 A_v(dB)		
下限频率 f_L(Hz)		
上限频率 f_H(Hz)		
通频带 BW(Hz)		

表 3-5-6　PNP 晶体三极管不同频率输入信号的放大器增益值

电压增益 A_v	低频区 $f=$	中频区 $f=$	高频区 $f=$
仿真值			
测试值			

2) 硬件实验

(1) 搭试电路

首先将设计好的 PNP 管放大电路在面包板上搭试，与 Pocket Lab 正确连接。

(2) 直流测试

使用 Pocket Lab 直流电压表测试各点直流电压，以确保电路搭试正确。

(3) 波特图测试

根据 NPN 管放大器硬件实验步骤，在电脑中打开 Pocket Lab 的波特图界面并进行正确的设置。点击 Run 按钮，扫描获得幅频和相频曲线，读出放大器增益、上下限频率和通频带，记入表 3-5-5 中。

(4) 瞬态波形测试

选取表 3-5-6 中的 3 个频率，从示波器上读出其增益，填入表 3-5-6 中。

【研究与发现】

线性失真与非线性失真

(1) 在 Multisim 中搭建如图 3-5-2 所示晶体管放大器电路。

仿真设置：将峰峰值为 10 mV，频率为 2 kHz 的正弦波和峰峰值为 10 mV，频率为 4 kHz 的正弦波串联作为信号源输入，如图 3-5-11 所示。点击 Simulate→Run。

结果查看：采用频谱分析仪 XSA1、2，查看输入、输出信号频谱，填写表 3-5-7。

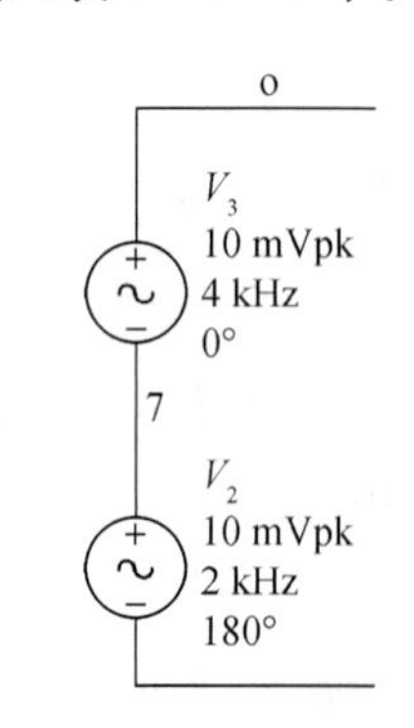

图 3-5-11　信号源串联

表 3-5-7　2 kHz 和 4 kHz 串联信号输入

	输入		输出		
	频率 1	频率 2	频率 1	频率 2	频率 3(如果有)
频率值					
dB					

仿真设置:将峰峰值为 10 mV,频率为 2 kHz 的正弦波和峰峰值为 10 mV,频率为 40 kHz 的正弦波串联作为信号源输入。点击 Simulate→Run。

结果查看:采用频谱分析仪 XSA1、2,查看输入、输出信号频谱,填写表 3-5-8。

表 3-5-8　2 kHz 和 40 kHz 串联信号输入

	输入		输出		
	频率 1	频率 2	频率 1	频率 2	频率 3(如果有)
频率值					
dB					

对比表 3-5-7 和表 3-5-8 中的数据,分析该电路在两次不同输入时有无出现失真?是何种失真(线性失真或非线性失真)?判断依据是什么?

(2) 在 Multisim 中搭建如图 3-5-2 所示晶体管放大器电路。

仿真设置:分别将峰峰值为 1 mV,频率为 2 kHz 的正弦波和峰峰值为 100 mV,频率为 2 kHz 的正弦波作为信号源输入。

仿真设置:点击 Simulate→Run。

结果查看:采用示波器和频谱分析仪,查看输出信号波形和频谱,填写表 3-5-9 和表 3-5-10。

表 3-5-9　输入信号峰峰值为 1 mV

	输入信号 1 mV						
	频率 1	频率 2	频率 3	频率 4	频率 5	频率 6	频率 7
频率值							
dB							

表 3－5－10　输入信号峰峰值为 100 mV

	输入信号 100 mV						
	频率 1	频率 2	频率 3	频率 4	频率 5	频率 6	频率 7
频率值							
dB							

分析瞬态波形和频谱仿真，对比表 3－5－9 和表 3－5－10，分析该电路在两次不同输入时有无出现失真？是何种失真？判断依据是什么？

3.6　电流源与多级放大器

【实验教会我】

1. 镜像电流源分析、设计与优化；
2. 多级放大器的基本概念：组态选择、耦合方式、指标性能计算；
3. 多级放大器的分析和设计方法；
4. 电子电路设计流程；
5. 使用 Multsim 进行直流扫描仿真；
6. 使用 Multisim 叠加查看多个仿真波形；
7. 使用 Pocket Lab 测试放大器输入、输出电阻的方法。

【实验器材表】

实验用器件	型号	数量
晶体三极管 NPN	2N3904	若干
晶体三极管 PNP	2N3906	若干
NMOS 场效应管	IRF510	若干
电阻	不同阻值(含滑动变阻器)	若干
电容	不同容值	若干
面包板	任意	1 块
数字万用表	任意	1 台
口袋虚拟实验室	Pocket Lab	1 台

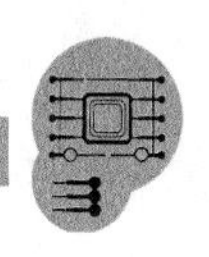

【背景知识回顾】

本实验涉及的理论知识包括电流源与多级放大器。

1) 多级放大器中的组态的选择

对于指定的电路设计要求，单一的基本组态放大器往往不能同时满足所有要求，如就输入和输出电阻而言，共基放大器接近于理想的电流放大器，不过，它的电流增益小于1，但接近于1，故有电流接续器之称，即可将输入端电流几乎不衰减地接续到输出端。而共集放大器接近于理想电压放大器，不过，它的电压增益小于1，但接近于1，故有电压跟随器之称，即可将输入端电压几乎不衰减地跟随到输出端。共发放大器虽有电压增益和电流增益，但它的输入和输出电阻却与理想电压或电流放大器相差颇大。但是如果根据不同组态放大器各自的特点进行不同的组合，取得优势互补就有可能达到所要求的性能。

多级放大器是由多个单级放大器级联而成，前后级的关系是，前一级的输出是后一级的信号源，后一级的输入就作为前一级的负载。因此，要特别注意前后级的级联负载效应，该效应将会影响原先单级放大器的性能。如一般采用共发放大器提供电压或电流增益，共集电路往往作为两级共发放大器之间的隔离级（又称为缓冲级），利用共集电路大的输入电阻，作为前级共发电路的输出负载，可以有效地提高前级共发电路的电压增益。

2) 多级放大器中的耦合方式

实际电子系统中存在着以下3种连接：换能器与第一级放大器之间的连接，级与级之间的连接，最后一级放大器与输出负载（例如扬声器）之间的连接。

(1) 放大器与换能器的连接

各种换能器都可等效为带有信号源内阻的电压源或电流源。在组成放大器时，换能器是放大器的输入信号源，放大器就是换能器的负载。对它们的要求是有效地将换能器的输出信号（功率、电压或电流）加到放大器输入端，且换能器的接入不影响放大器的静态工作点。为了实现这个要求，一般采用电容耦合电路。要求电容的取值足够大，在直流时将换能器与放大器偏置电路隔断。在信号频率上，其容抗远远小于放大器的输入阻抗，可近似看作短路，不影响信号的传输。因此该电容称作隔直或耦合电容。

(2) 级间连接

级与级之间的连接（或耦合）有两种方式：一种是具有隔直流作用的连接；另一种是直接连接。隔直流连接时，各级直流工作点由本级偏置电路设定，不受相邻级的影响。

前级的输出信号则通过电容或者变压器加到下级放大器的输入端。但是这类电路由于它们的隔直流作用,对于直流信号和缓慢变化的信号无法放大,对放大器的频率响应有影响。直接连接又称直接耦合,是一种前后级直接连接的耦合方式。在这种耦合方式中,不仅信号直接从前级传送到后级,直流工作点也是相互影响共同决定的。为了解决前后级之间的电平配置,必须在某些级间接入电平位移电路,这种电路的作用是将不断提高的静态电位下移到较低电位上,同时,不影响信号的传输。

3) 多级放大器的性能指标计算

多级级联放大器的电压增益为各单级放大器电压增益的连乘积。多级放大器的输入电阻取决于第一级,输出电阻由最后级决定。后级放大器的输入电阻等效为前级放大器的负载;而前级放大器的输出电压源等效为后级放大器的输入信号源。因此,在计算各单级放大器指标时必须考虑级联放大器之间的影响。

4) 镜像电流源

电流源电路是提供恒定电流的一类电子线路,镜像电流源及其改进型电路是目前应用最广的电流源电路。

对电流源电路的要求是:提供电流 I_O,且其值在外界环境因素(温度等)变化时力求维持稳定不变;当其两端电压变化时具有保持电流 I_O 恒定不变的恒流特性,或者说,电流源电路的交流内阻 R_o 趋于无穷。

(1) 双极性晶体管基本镜像电流源电路

图 3-6-1 是镜像电流源的基本电路。图中,T_1 和 T_2 是两个性能上严格配对的晶体三极管。其中,T_1 管的集电极和基极相连,接成二极管,且由 V_{CC} 通过 R 提供电流 I_R。T_2 管的集电极电流即为电流源提供的电流 $I_o=i_{C2}$。该电路中的 R_o 显然就是 T_2 管的输出电阻 r_{ce2},即

$$R_o=r_{ce2} \qquad (3-6-1)$$

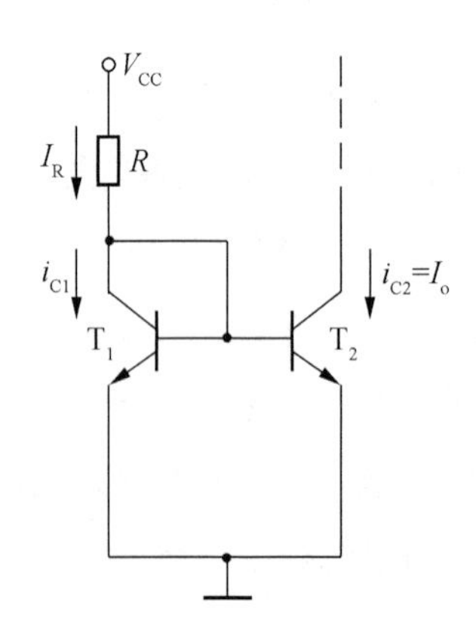

图 3-6-1 双极性晶体管基本镜像电流源电路

(2) 比例式镜像电流源电路

实际应用中,经常需要 I_O 与 I_R 成特定比例关系的镜像电流源电路。实现这种比例关系的电路可以从两方面着手,一是改变两管的发射结面积,二是在两管发射极上串接不同阻值的电阻,如图 3-6-2 所示。由图

可得如下等式：

$$v_{BE1}+i_{E1}R_1=v_{BE2}+i_{E2}R_2$$

若 $I_{S1}=I_{S2}=I_S$，且忽略基区宽度调制效应，设定 i_{C1} 对 i_{C2} 的比值不太大，当 β 足够大时，则有

$$I_O \approx I_R R_1/R_2 \qquad (3-6-2)$$

其中

$$I_R=\frac{V_{CC}-V_{BE(on)}}{R+R_1}$$

可见，改变两电阻的比值，就可得到 I_O 对 I_R 的不同比值关系。

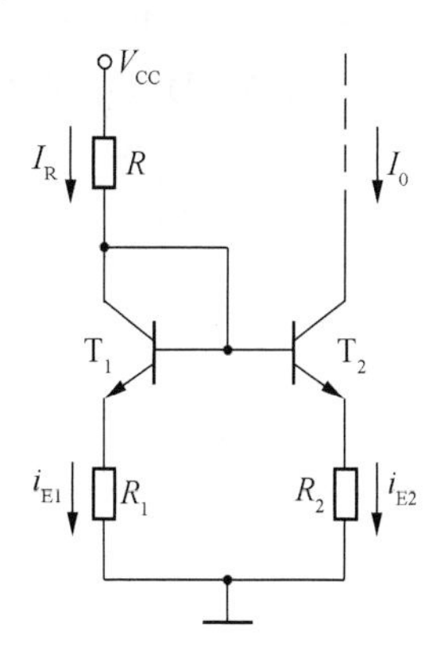

图 3-6-2　比例式电流源电路

电路的输出交流电阻 R_o 为

$$R_o=\left(1+\frac{\beta R_2}{R/\!/R_1+r_{be2}+R_2}\right)r_{ce2}+\frac{(R/\!/R_1+r_{be2})R_2}{R/\!/R_1+r_{be2}+R_2} \qquad (3-6-3)$$

$$\approx\left(1+\frac{\beta R_2}{R/\!/R_1+r_{be2}+R_2}\right)r_{ce2}$$

显然，比例镜像电流源的输出交流电阻大于基本镜像电流源电路。表明它具有更优良的恒流特性。

(3) 微电流源电路

在实际应用中，还需要一种能提供微安量级电流的电流源电路。采用图 3-6-1 和图3-6-2 所示电路很难实现。因为要求的电阻很大，在集成工艺中，需要很大的芯片面积。因此，实际电路中，一般采用如图 3-6-3 所示的电路。由图可推得如下公式：

$$I_O \approx \frac{V_T}{R_2}\ln\frac{I_R}{I_O} \qquad (3-6-4)$$

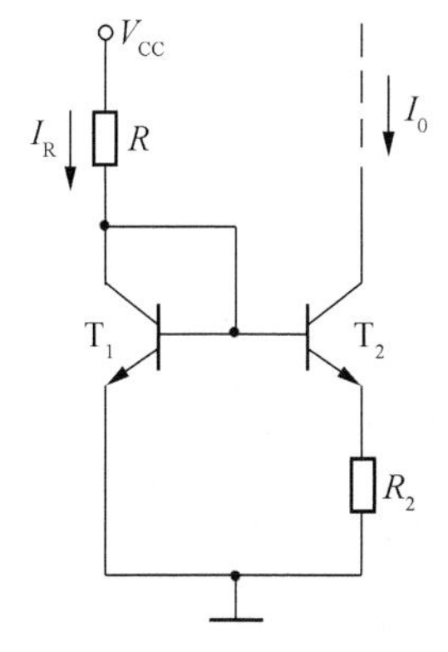

图 3-6-3　微电流源电路

(4) 场效应管基本镜像电流源电路

在图 3-6-1 所示镜像电流源的基本电路中,用 N 沟道 MOS 管取代晶体三极管,便构成了 MOS 管镜像电流源电路,如图 3-6-4 所示。若两管性能匹配,工作在饱和区,宽长比分别为$(W/l)_1$ 和$(W/l)_2$,则在忽略沟道长度调制效应的条件下,

$$I_O = i_{D2} = \frac{(W/l)_2}{(W/l)_1} I_R \tag{3-6-5}$$

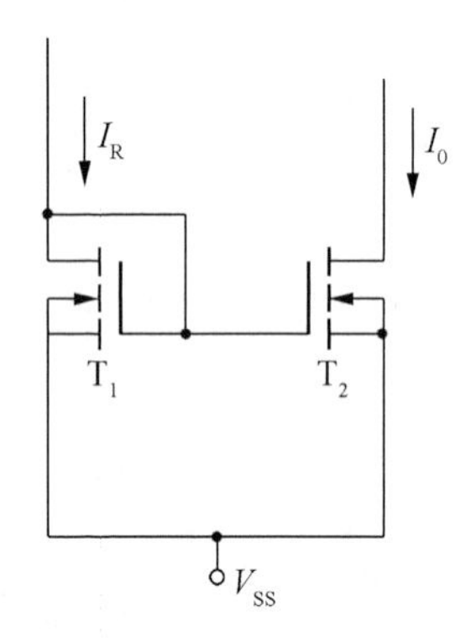

图 3-6-4 场效应管基本镜像电流源电路

(5) 级联型电流源电路

将如图 3-6-4 所示的基本镜像电流源相级联而构成的电路称为级联型电流源电路,如图 3-6-5 所示。级联电路强制保持 T_2 管的 v_{DS2} 接近于 T_1 管的 v_{DS1}。这样,不仅减小了 i_{D1}转移到 i_{D2}时因沟道长度调制效应而引入的误差,而且还使 I_O 几乎与外加电压的变化无关。前者提高了 I_O 的精度,后者改进了电流源的恒流特性,即增大了 R_o。

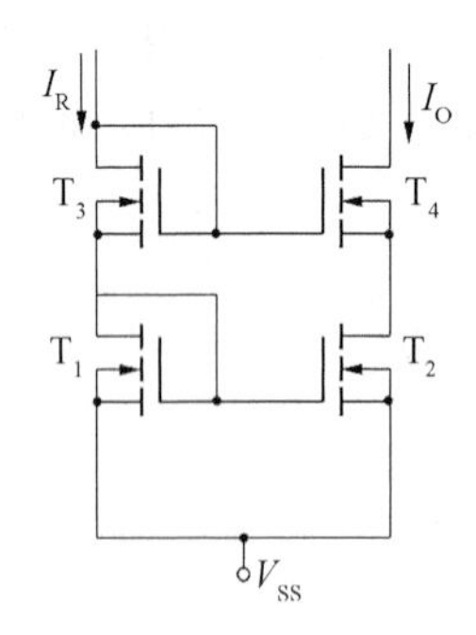

图 3-6-5 级联型电流源电路

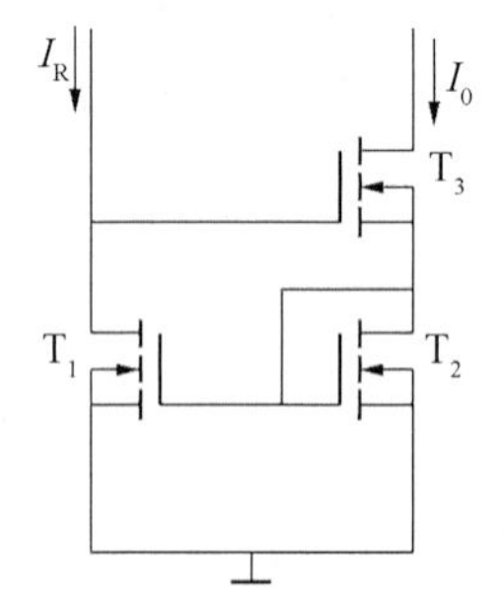

图 3-6-6 威尔逊电流镜

(6) 威尔逊电流镜

图 3-6-6 给出了用 N 沟道管实现的威尔逊电流镜电路。威尔逊电流镜是利用反馈改进性能的电流源电路。由图可见,若因外电路电压变化而引起 I_O 变化,例如,I_O 增

大，则通过 T_2 管的电流也增大，由 T_1 和 T_2 的镜像关系可知，$v_{GS1}=v_{GS2}$ 也将增大，如果参考电流 I_R 不变，则 v_{DS1} 减小，结果使加到 T_3 管的栅极电压减小，从而阻止了 I_O 的增加，使 I_O 的恒流特性得以改进。

【背景知识小考查】

考查知识点(1)：微电流源电路

根据图 3-6-7 所示电路结构设计微电流源电路，要求 $I_O=10\ \mu A$。请写出设计过程，并将设计的 R_1、R_2 值填入表 3-6-3 中。

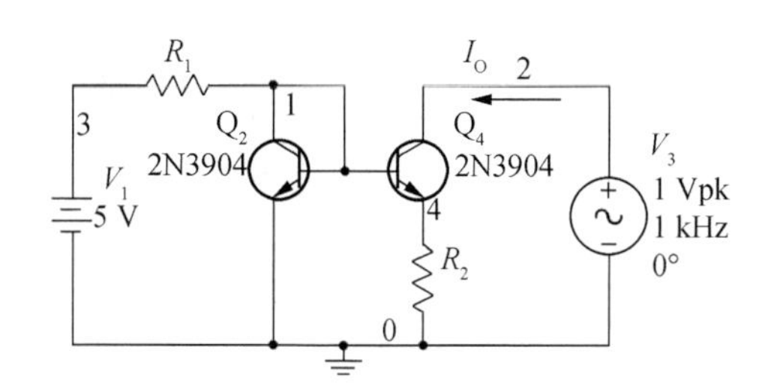

图 3-6-7　微电流源电路

考查知识点(2)：单级和多级放大器

在图 3-6-8 所示电路中，双极型晶体管 2N3904 的 $\beta\approx120$，$V_{BE(on)}=0.7\ V$。根据实验 3.2 中的直流工作点，计算该单级放大器的电压增益 A_v，填入表 3-6-5（C_{C1}，C_{C2} 和 C_{E1} 均可视为短路电容）中。

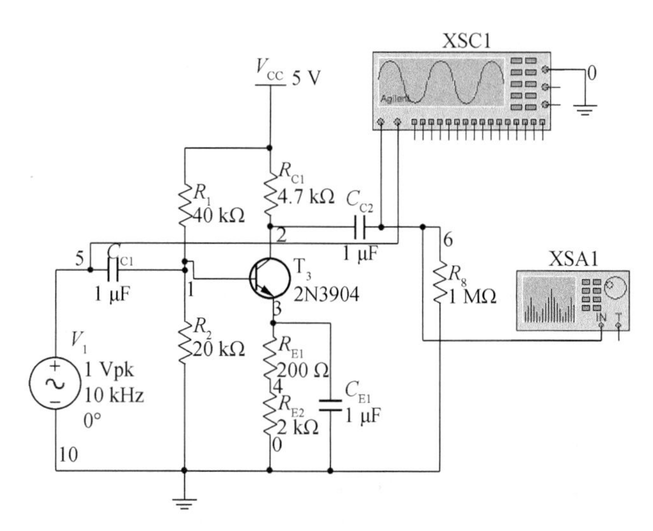

图 3-6-8　单级放大器

如果将这样的两级放大器直接级联，如图 3-6-9 所示，是否可以实现 $A_{v总}=A_v\times A_v=A_v^2$ 的两级放大器呢？请仔细思考后写下你的想法。

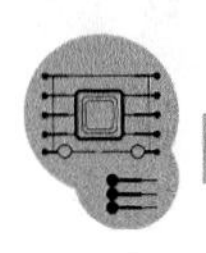

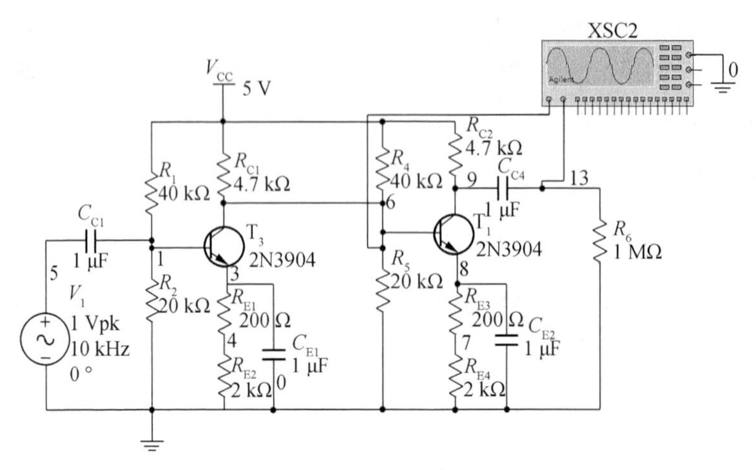

图 3-6-9　两级直接级联放大器

【一起做仿真】

1) 镜相电流源

(1) 基本镜像电流源

在 Multisim 中搭建如图 3-6-10 所示基本镜像电流源电路，测试输出电流随输出电压的变化和电流源的输出电阻。

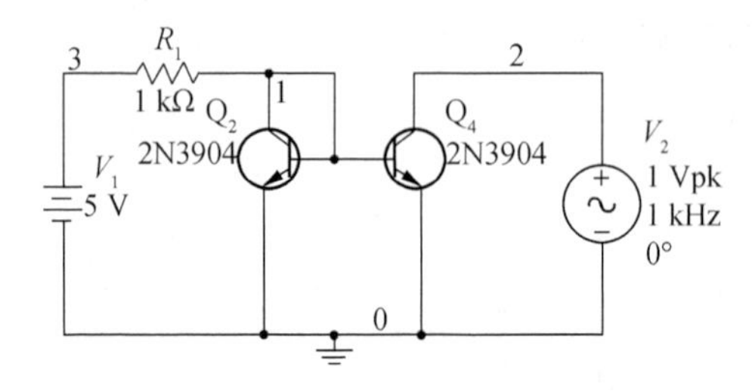

图 3-6-10　基本镜相电流源电路

仿真设置：依次点击 Simulate→Analyses→DC sweep…，在弹出窗口中(如图 3-6-11)选择分析参数的 Source 为电源 V2，设定扫描的 Start value(起始值)、Stop value(终止值)和 Increment(步进值)；在 Output 中选择 I(Q4[IC])作为输出观察，如图 3-6-12 所示，点击 Simulate，进行直流扫描，获得如图 3-6-13 所示的直流扫描图。

结果查看：在直流扫描图中，读出图中当 $V_2=1$ V 和 $V_2=5$ V 时的电流，并求出其差值和变化百分比，填入表 3-6-1。其中变化百分比=(大电流－小电流)/小电流。

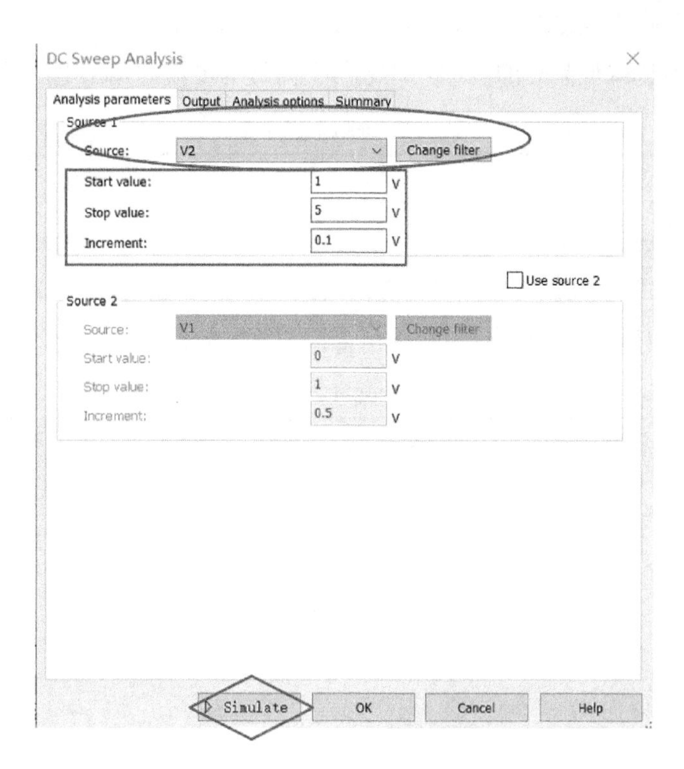

图 3-6-11　DC sweep 扫描窗口设置

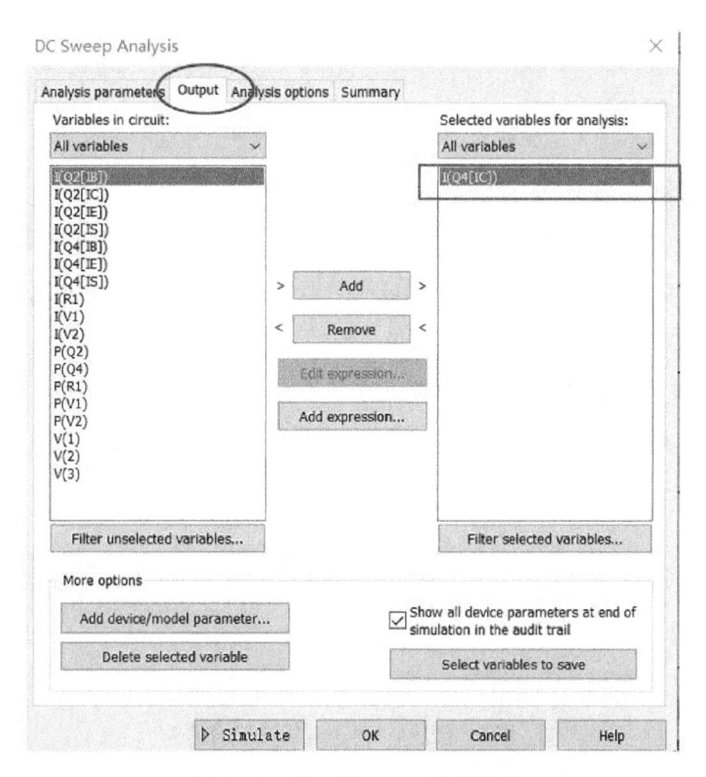

图 3-6-12　DC sweep 输出设置

仿真设置：依次点击 Simulate→Analyses→AC analysis…

结果查看：读取低频时的 V(2)/I(Q4[IC])，即为电流源输出电阻，填入表 3-6-1。

表 3-6-1

	$I_{o(V_2=1\ V)}$	$I_{o(V_2=5\ V)}$	变化(%)	R_o
基本镜像电流源				
比例式镜像电流源				

采用温度扫描仿真，观察电流源输出电流和温度的关系，填入表 3-6-2。

表 3-6-2

	$I_{o(TEMP=-40\ ℃)}$	$I_{o(TEMP=85\ ℃)}$	变化(%)
基本镜像电流源			

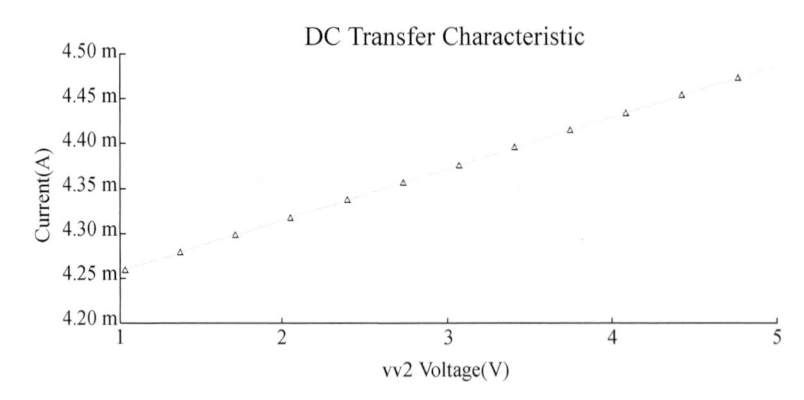

图 3-6-13 DC sweep 扫描结果

(2) 比例式镜相电流源

在 Multisim 中搭建如图 3-6-14 所示 1∶1 比例式镜像电流源电路，采用与基本镜像电流源相同的仿真方法，测试输出电流随输出电压的变化情况和电流源输出电阻。将测试结果填入表 3-6-1。

注：为了与基本电流源对比，该电路调整了参考电流支路电阻，以保证与图 3-6-10 电路的参考电流基本相等。

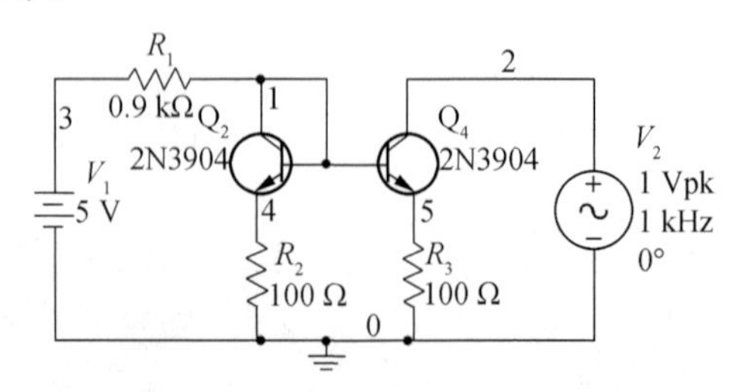

图 3-6-14 比例式镜像电流源

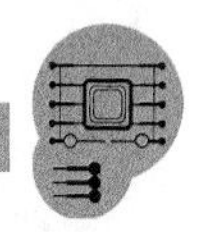

将基本镜像电流源和比例式镜像电流源输出电流与电压变化的仿真结果重叠在一张图上对比查看。

结果查看：点击 Grapher View 窗口中的菜单 Graph→Overlay Traces ...，弹出如图 3-6-15 所示的图形选择窗口。选择需要同图对比显示的另一次 DC Sweep 结果，得到两次仿真结果的对比图如图 3-6-16 所示。

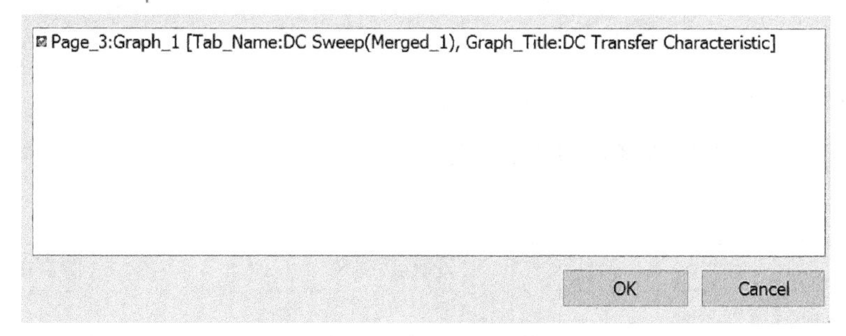

图 3-6-15　选择图线窗口

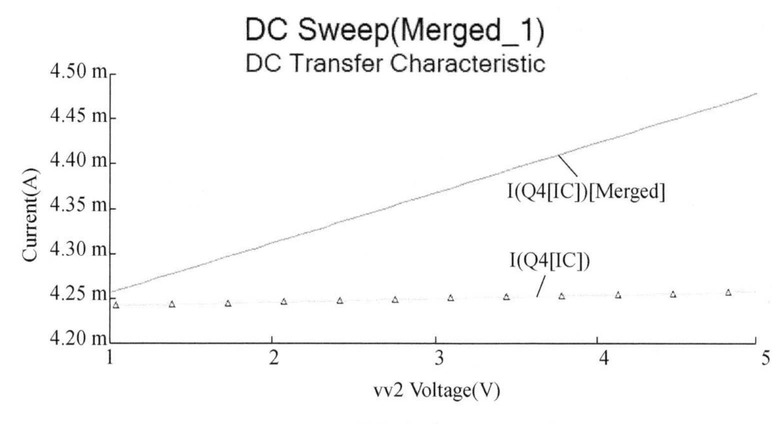

图 3-6-16　叠加多个图形显示窗口

对比基本镜相电流源电路和比例式镜像电流源电路的数据和仿真图形，请说明在参考电流和镜像比例基本相同的情况下（1∶1 镜像），哪种电流源输出恒流效果更好？为什么？

(3) 微电流源仿真

表 3-6-3　微电流源设计值

	R_1	R_2
设计值		

在 Multisim 中搭建“背景知识小考查”中设计好的微电流源电路，并仿真其输出电流和电压的关系，填入表 3-6-4。

表 3-6-4

	$I_{o(V_2=1\ V)}$	$I_{o(V_2=5\ V)}$
微电流源		

2）多级放大器

（1）根据图 3-6-8 所示，在 Multisim 中搭建单级放大电路。

仿真设置：依次点击 Simulate→Analysis→AC Analysis…

结果查看：在弹出的波形窗口中，读出该放大器中频增益值，填入表 3-6-5 中。

表 3-6-5　单级放大器增益

	计算值	仿真值
放大器增益 A_v		

（2）根据图 3-6-9 所示电路，在 Multisim 中采取直接级联的方式搭建两级放大电路。

仿真设置：依次点击 Simulate→Analysis→AC Analysis…

结果查看：在弹出的波形窗口中，读出第一级、第二级和总电压增益 A_{v1}、A_{v2}、A_v，填入表 3-6-6 中。

表 3-6-6　直接级联两级放大器增益仿真值

	A_{v1}	A_{v2}	A_v
放大器增益 A_v			

根据仿真结果分析，两级放大器直接级联后是否实现 $A_{v总}=A_v\times A_v=A_v^2$，与预习中的思考是否吻合？请思考后用理论分析与仿真相结合的方法来确定两级放大器直接级联后的工作情况。

（3）根据图 3-6-17 所示电路，将两级放大器采用电容耦合，在 Multisim 中搭建耦合后的两级放大电路。

仿真设置：依次点击 Simulate→Analysis→AC Analysis…

结果查看：在弹出的波形窗口中，读出第一级、第二级和总电压增益 A_{v1}、A_{v2}、A_v，填入表 3-6-7中。

表 3-6-7　电容耦合级联两级放大器增益仿真值

	A_{v1}	A_{v2}	A_v
放大器增益 A_v			

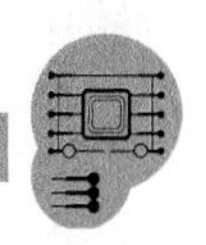

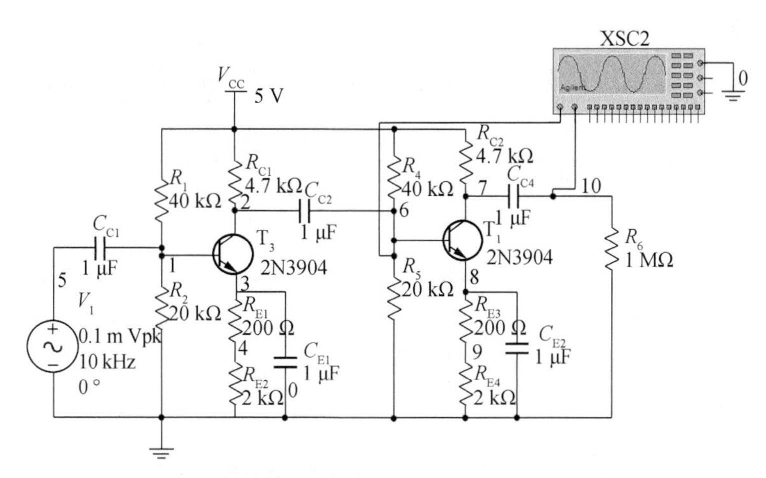

图 3－6－17 电容耦合级联两级放大器

根据仿真结果分析，采用电容耦合级联后，各级放大器的增益与单级放大器相比有何变化？两级放大器电容耦合级联后是否实现 $A_{v总}=A_v\times A_v=A_v^2$？为什么？请思考后用理论分析验证仿真结果。

【设计大挑战】

一个完整的电子电路设计流程大致应包含以下阶段：理论分析、电路结构选型和理论计算；仿真验证；搭试硬件；根据测试设备提出测试方案；测试记录，测试结果分析。本实验以晶体管放大电路设计为例，描述完整的设计流程。

1) 设计任务Ⅰ

采用晶体管 2N3904 或/和 2N3906、电阻、电容若干，设计放大器电路。

(1) 设计要求

电压增益 $A_{v(f=10\ kHz)}>50$，负载电阻 $R_L=1\ M\Omega$，电源电压 $V_{CC}=5\ V$；输入电阻 $R_i>50\ k\Omega$；输出电阻 $R_o<100\ \Omega$；最小输入电压 $V_{pp}=20\ mV$ 时无失真。

(2) 设计流程

① 理论分析、电路结构选型和理论计算

电路正常工作，需要设置合适的静态工作点；静态工作点的设置需同时兼顾失真要求。

高输入电阻采取何种输入级？

低输出电阻采取何种输出级？

大于 50 倍的电压增益需要什么组态的放大器？

请根据以上提示问题，简述设计过程(含理论计算过程)。

② 仿真验证

在 Multisim 中搭建设计电路，进行直流工作点分析，完成表 3－6－8。

表 3－6－8　放大器直流仿真

	第一级	第二级	…	…
放大管电流				
工作区				

注：该表格可根据实际设计的放大器级数增删

在 Multisim 中选择合适的仿真方法，仿真该放大器输入电阻、输出电阻和增益，将仿真结果填入表 3－6－9 中。

表 3－6－9　放大器增益和输入、输出电阻仿真

	10 kHz 时的增益	输入电阻	输出电阻
仿真值			
测试值			

加入峰峰值为 20 mV，频率为 10 kHz 的正弦波，进行瞬态仿真，在示波器和频谱仪中查看波形，记录失真情况于表 3－6－10。

表 3－6－10　放大器失真分析

输入信号幅度（峰峰值为 20 mV）	基波 P_1(dB)	二次谐波 P_2(dB)	P_1-P_2(dB)
仿真值			
测试值			

③ 硬件搭建

在面包板上搭建设计好的多级放大器，并与 Pocket Lab 进行正确的连接。

④ 测试方案、测试和测试结果分析

在进行波形测试之前，使用 Pocket Lab 直流电压表测试各点直流电压，以确保电路搭试正确；

正确设置 Pocket Lab，进行波特图测试，得到 10 kHz 时的电压增益，填入表 3－6－9 中；

正确设置 Pocket Lab，选择输入信号频率为 10 kHz、电压峰峰值为 20 mV 的正弦波，进行瞬态波形测试；

正确设置 Pocket Lab，选择输入信号频率为 10 kHz、电压峰峰值为 20 mV 的正弦波，进行频谱测试，将测试结果填入表 3－6－10 中。

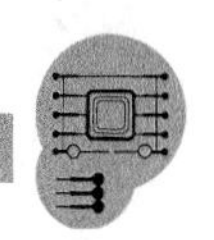

一般的测试设备都无法直接测量放大器的输入、输出电阻，请思考合适的方法，采用 Pocket Lab 测量放大器的输入、输出电阻，并将数据填入表 3-6-9 中。

提示：3.3 节中，采用给信号源串联内阻的方法，通过分析源增益的变化，估算出了放大器内阻；那么同样，是否可以利用分析开路电路增益和不同负载情况下的增益变化，估算出输出电阻呢？

2) 设计任务Ⅱ

采用晶体管 2N3904 或/和 2N3906，电阻、电容若干，设计放大器电路。

要求：中频电压增益 $A_v > 5\ 000$，负载电阻 $R_L = 1\ \text{M}\Omega$，电源电压 $V_{CC} = 5\ \text{V}$。

(1) 请简述设计过程(含计算过程)；

(2) 在 Multisim 中搭建设计电路，进行直流工作点分析，完成表 3-6-11。

表 3-6-11　放大器直流仿真

	第一级	第二级	…	…
放大管电流				
工作区				

注：该表格可根据实际设计的放大器级数增删。

(3) 在 Multisim 中选择合适的仿真方法，仿真该放大器的增益，将增益值填入表 3-6-12 中。

表 3-6-12　放大器增益

	总增益	第一级	第二级	…	…
增益					

注：该表格可根据实际设计的放大器级数增删。

设计提示：

① 如果采用多级级联放大器，可采用合适的电平位移电路实现直流工作点的合理设置；

② 注意后级电路对前级的负载作用。

【研究与发现】

镜像电流源的改进与优化

仿照场效应管双层电流镜和威尔逊电流镜，在 Multisim 中分别搭建如图 3-6-18 和图 3-6-19 所示的电流镜电路。采用合适的仿真方法，仿真两种不同电流源的电流变化百分比和输出电阻，将结果填入表 3－6－13 中，并将表 3－6－1 中基本镜像电流源的仿真结果也记入表中作为对比。

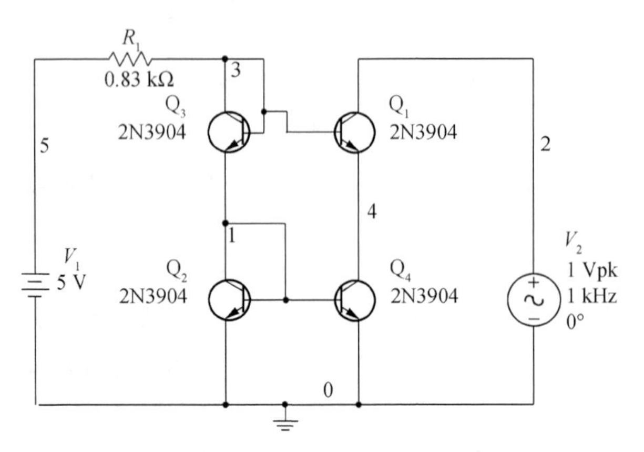

图 3－6－18　双极型双层电流镜

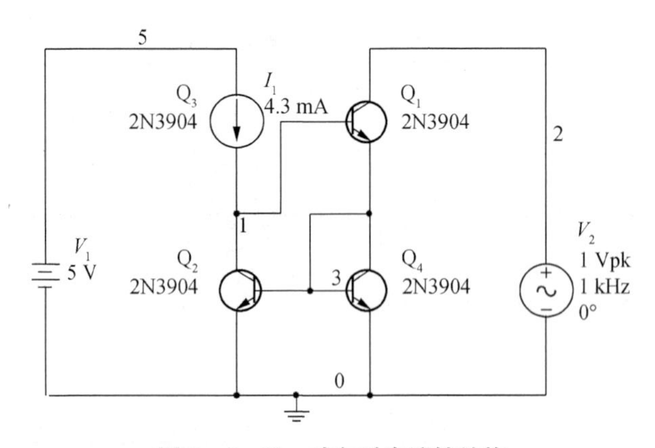

图 3－6－19　威尔逊电流镜结构

注意：适当调整元器件，使 3 种电流镜的参考电流基本相同。

表 3－6－13

	$I_{o(V_2=1\ V)}$	$I_{o(V_2=5\ V)}$	变化(%)	R_o
基本镜像电流源				
级联型电流源				
威尔逊电流镜				

从仿真结果分析比较 3 种电流源的恒流性能，并思考原因，作简要陈述。

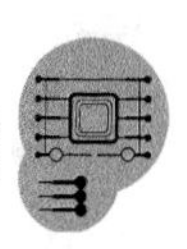

3.7　多级放大器的频率补偿和反馈

【实验教会我】

1. 多级放大器的设计，通过仿真了解集成运算放大器内部核心电路结构；
2. 多级放大器基本电参数的定义及基本仿真方法；
3. 多级放大器频率补偿的基本方法；
4. 反馈对放大器的影响。

【背景知识回顾】

本实验涉及的理论知识包括运算放大器内部核心电路结构(多级放大器)，反馈基本原理，反馈对放大器的影响和多级放大器的频率补偿。

1) 实际的多级放大器

一般而言，为完成一定的性能指标而构建的多级放大器，都会由输入级、中间级和输出级组成，各级一般都采用恒流偏置，且由主偏置级设定。其组成结构如图 3－7－1 所示，这也是一般运算放大器的基本结构。

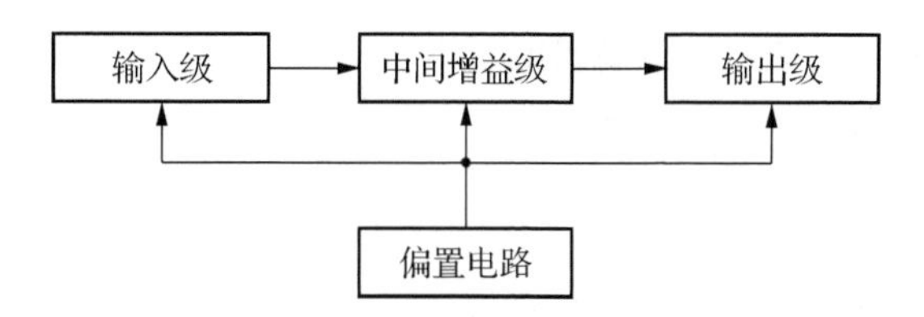

图 3－7－1　多级放大器的组成结构

在直接耦合多级放大器的运放电路设计中，输入级均采用各种改进型的差分放大器，以减少温漂，提高共模抑制比，同时提供一定的增益，其差模增益和共模增益定义见 3.4 节相关内容。中间级主要是提供增益，所以大多由高增益的共源或共发放大器组成。输出级则为满足不同的负载要求而设计，一般由甲乙类互补型推挽的共集电路组成。

2) 负反馈放大器

(1) 反馈放大器的组成

反馈放大器是一个由基本放大器和反馈网络构成的闭合环路，如图 3－7－2 所示。反馈放大器的增益(或称闭环增益)为

$$A_{\mathrm{f}}=\frac{x_{\mathrm{o}}}{x_{\mathrm{i}}}=\frac{Ax_{\mathrm{i}}'}{x_{\mathrm{i}}'+x_{\mathrm{f}}}=\frac{A}{1+\frac{x_{\mathrm{f}}}{x_{\mathrm{i}}'}}=\frac{A}{1+T}=\frac{A}{F} \tag{3-7-1}$$

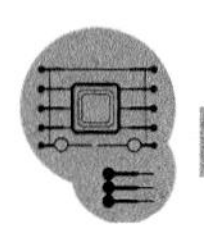

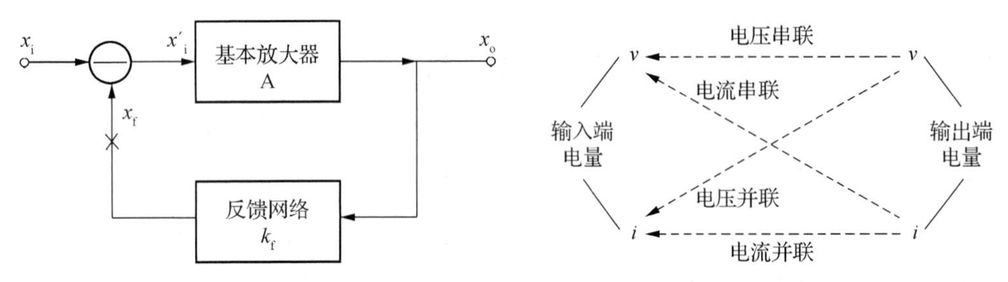

图 3-7-2　反馈放大器的组成框图　　**图 3-7-3　不同负反馈类型对应的反馈电量和增益**

根据连接方式和反馈电量的不同，反馈放大器可以分为 4 种类型：电压串联、电压并联、电流串联、电流并联。不同负反馈类型对应的输入、输出电量，能够稳定的输出电量和增益，可以用图 3-7-3 直观地加以说明。图中输出端电量是什么，相应的负反馈就能稳定什么输出电量，沿着虚线箭头方向的输出和输入两个电量的比值就对应着能够稳定的增益类型。

(2) 负反馈对放大器性能的影响

根据理论分析结果，负反馈对放大器的性能参数具有如下影响：

① 采用串联反馈使输入电阻增加到基本放大器输入阻抗的 F 倍；采用并联反馈，输入阻抗将减小为基本放大器输入阻抗的 $1/F$。

② 采用电压反馈时，放大器的输出电阻 R_{of} 减小到基本放大器电阻 R_o 的 $1/F_{st}$ 倍；采用电流反馈时，R_{of} 增大到 R_o 的 F_{sn} 倍。

③ 根据反馈放大器的定义，负反馈放大器的增益为基本放大器增益的 $1/F$，若输入信号内阻为 R_s，则负反馈放大器的源增益为

$$A_{fs}=\frac{R_{if}}{R_{if}+R_s}A_f \tag{3-7-2}$$

若将 R_s 看作基本放大器的一部分，则负反馈放大器的源增益还可以表示为

$$A_{fs}=\frac{A_s}{1+T_s}=\frac{A_s}{1+k_f A_s} \tag{3-7-3}$$

其中 A_s 为基本放大器源增益。

④ 若基本放大器为单极点系统，施加电阻性负反馈，反馈系数为 k_f，则反馈放大器的增益为

$$A_f(s)=\frac{A(s)}{1+k_f A(s)}=\frac{A_{fI}}{1+\frac{s}{\omega_{pf}}} \tag{3-7-4}$$

其中，$\omega_{pf}=\omega_{Hf}=\omega_{H}(1+k_{f}A_{I})=\omega_{H}F$，$A_{fI}=\dfrac{A_{I}}{1+k_{f}A_{I}}=\dfrac{A_{I}}{F}$。

⑤ 在满足深度负反馈条件下，即 $T\gg 1$ 或 $T_{S}\gg 1$，反馈放大器的增益近似为

$$A_{f}=\frac{A}{1+T}=\frac{A}{1+k_{f}A}\approx\frac{1}{k_{f}} \quad \text{或} \quad A_{fs}=\frac{A_{s}}{1+k_{f}A_{s}}\approx\frac{1}{k_{f}} \tag{3-7-5}$$

3）负反馈放大器的频率补偿

（1）反馈放大器稳定性的判别

对于反馈放大器，随着反馈系数 k_{f} 的增加，稳定性会变差，甚至出现振荡。工程上，为了兼顾稳定性和相应速度，一般要求反馈放大器具有 45°～60°的相位裕度。根据波特图特性，在多极点低通系统中，若 $\omega_{p3}\geqslant 10\omega_{p2}$，则不论 ω_{p2} 与 ω_{p1} 之间的间距有多大，ω_{p2} 上的相角绝对值恒小于或等于 135°。因此，当施加电阻性反馈时，限制 k_{f}，使 $1/k_{f}$ 线与 $A(\omega)$ 渐近波特图的相交点处于斜率为 −20 dB/十倍频的下降段，就能保证放大器稳定工作，这样，在判别稳定性时，就不必再在相频特性渐近波特图上确定相位裕量了。

（2）负反馈放大器的频率补偿

相位补偿技术的基本出发点是在保持放大器中频增益基本不变的前提下，增大波特图上第一个和第二个极点角频率的间距，即加长幅频特性上斜率为 −20 dB/十倍频的线段，这样，就能在保证 $\gamma_{\varphi}\geqslant 45°$ 的条件下加大 k_{f} 值。常用的相位补偿技术有简单电容补偿和密勒电容补偿。

① 简单电容补偿技术

简单电容补偿是将一只补偿电容 C_{φ} 并接在多级放大器中产生第一个极点频率的节点上，使第一个极点角频率自 ω_{p1} 降低到 ω_{d}。若 $\omega_{p1}=1/(RC)$，如图 3-7-4(a)所示，则并上 C_{φ} 后，极点角频率下降到 $\omega_{d}=1/[R(C+C_{\varphi})]$。

假设放大器的渐近波特图如图 3-7-4(b)所示，加补偿电容后，它被修改为图中点画线所示的特性。由图可见，补偿后，与 ω_{p2} 相交的反馈增益线将下移，表明为保证放大器稳定工作而容许的最大电压反馈系数相应增大。其值与 ω_{d} 和 ω_{p2} 之间的关系可由下列方程求得

$$20\lg A_{vdI}-20\lg\frac{\omega_{p2}}{\omega_{d}}=20\lg\frac{1}{k_{fv}}$$

即

$$\omega_{d}=\frac{1}{A_{vdI}k_{fv}}\omega_{p2} \tag{3-7-6}$$

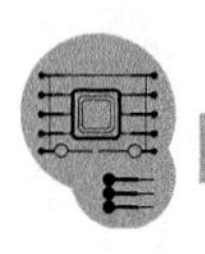

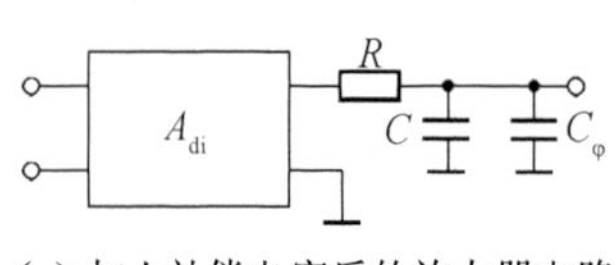

(a) 加上补偿电容后的放大器电路

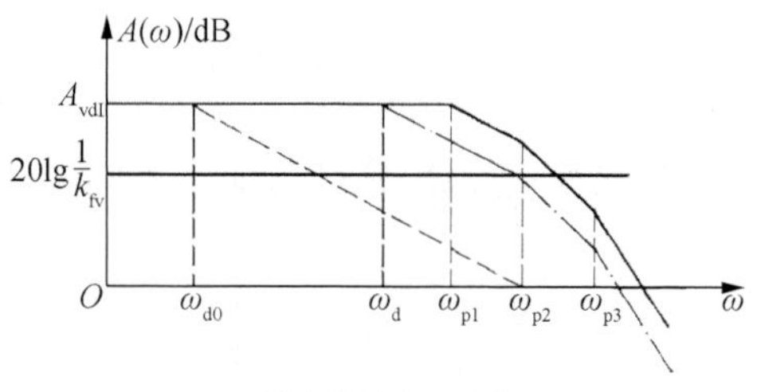

(b) 放大器的渐近波特图

图 3－7－4　简单电容补偿

② 密勒电容补偿技术

密勒电容补偿技术是利用密勒倍增效应，在电路的两个最小极点之间跨接一个补偿电容 C_c 实现的，其小信号模型如图 3－7－5 所示。加了补偿电容 C_c 将产生两个结果：第一，与 R_I 并联的有效电容大约增加到 $g_{mII}(R_{II})(C_c)$，使第一个极点 p_1 向复频面的原点移动。第二，由于负反馈降低了第二个极点的阻抗，p_2 向远离复频面原点的地方移动。两极点之间的间隔扩大，从而有效地加长了斜率为－20 dB/十倍频的下降线段，故这种补偿技术又称为极点分离技术。

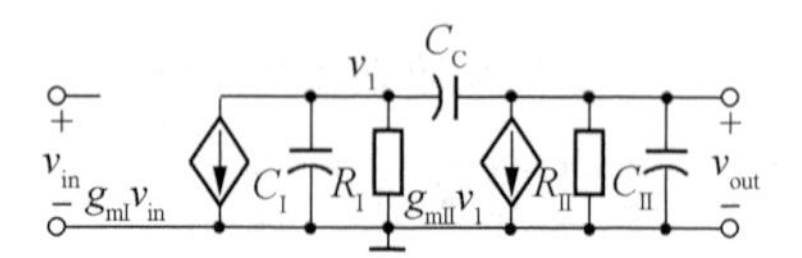

图 3－7－5　密勒电容补偿的等效电路

图 3－7－6 是一个由两级放大器构成的 CMOS 运算放大器，它也是采用密勒电容补偿的经典电路。图中给出了信号传输通路中各种寄生电容和电路电容。第一级为有源负载差分放大器，第二级为共源放大器。第一级和第二级输出端阻抗均约为$\frac{1}{2}r_{ds}$量级。因此两级放大器的输出端都为高阻抗节点，该运放的最低两个极点频率大体发生在这两个节点上，所以补偿电容 C_c 跨接在这两个节点之间。

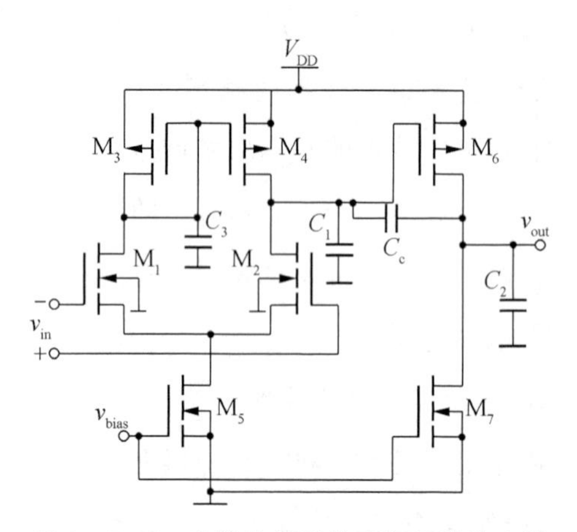

图 3－7－6　密勒补偿后的两级运算放大器

由于电容 C_c 的直通效应（流过电容 C_c 的电流等于 M_6 受控电流源的电流）导致输出为 0，采用密勒电容补偿时，除了将两个极点角频率分离以外，还出现了一个零点角频率。该零点位于复频面的右半平面，其角频率值为

$$\omega_Z=\frac{g_{mII}}{C_c} \tag{3-7-7}$$

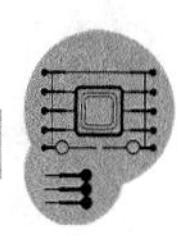

这个零点因子产生的相移为负值，放大器相位裕量减小，稳定性降低。要隔断由 C_c 产生的直通效应，可在 C_c 支路中串接源极跟随器进行隔离，或者通过串接电阻 R_Z 来改变零点位置。

【背景知识小考查】

考查知识点：放大器的传递函数

多级放大器由三级反相放大器组成，三级放大器的增益分别为 A_1，A_2 和 A_3，输出阻抗分别为 R_{o1}，R_{o2} 和 R_{o3}，输入阻抗无穷大，若在第二级放大器的输入端和输出端跨接一只电容 C_φ，试写出该多级放大器的传递函数。

【一起做仿真】

1）多级放大器的基本结构及直流工作点设计

基本的多级放大器如图 3－7－7 所示，主要由偏置电路、输入差分放大器和输出级构成，是构成集成运算放大器核心电路的电路结构之一。其中偏置电路由电阻 R_1 和三极管 Q_4 构成，差分放大器由三极管 Q_3、NPN 差分对管 U_2 以及 PNP 差分对管 U_1 构成，输出级由三极管 Q_2 和 PNP 差分对管 U_3 构成。

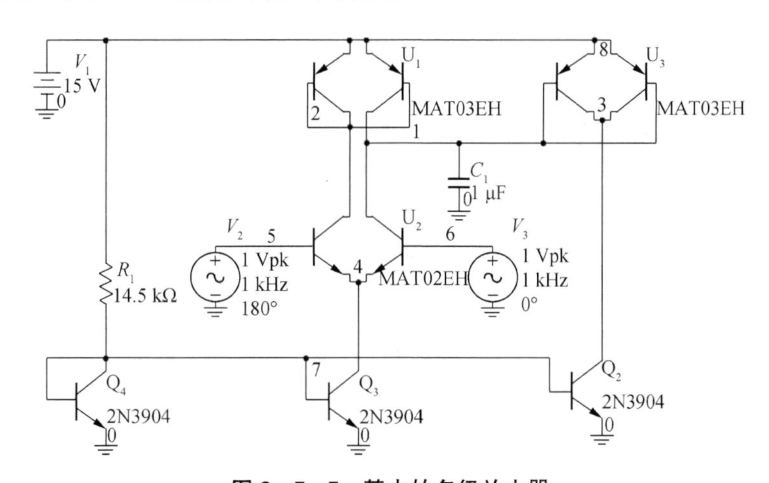

图 3－7－7　基本的多级放大器

实验任务：

（1）若输入信号的直流电压为 2 V，通过仿真得到图 3－7－7 中节点 1，节点 2 和节点 3 的直流工作点电压；

（2）若输出级的 NPN 管 Q_2 采用两只管子并联，则放大器的输出直流电压为多少？结合仿真结果总结多级放大器各级的静态电流配置原则。

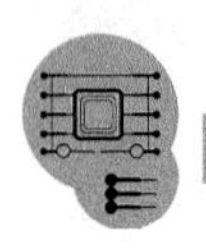

2）多级放大器的基本电参数仿真

实验任务：采用如图 3－7－7 所示电路进行多级放大器基本参数仿真。

（1）差模增益及放大器带宽

将输入信号 V_2 和 V_3 的直流电压设置为 2 V，AC 输入幅度都设置为 0.5 V，相位相差 180°，采用 AC 分析得到电路的低频差模增益 A_{vdI}，并提交输出电压 $V_{(3)}$ 的幅频特性和相频特性仿真结果图；在幅频特性曲线中标注出电路的－3 dB 带宽，即上限频率 f_H；在相频特性曲线中标注出 0 dB 处的相位。

（2）共模增益

将输入信号 V_2 和 V_3 的直流电压设置为 2 V，AC 输入幅度都设置为 0.5 V，相位相同，采用 AC 分析得到电路的低频共模增益 A_{vc}，结合（1）中的仿真结果得到电路的共模抑制比 K_{CMR}，并提交幅频特性仿真结果图。

（3）差模输入阻抗

将输入信号 V_2 和 V_3 的直流电压设置为 2 V，AC 输入幅度都设置为 0.5 V，相位相差 180°，进行 AC 分析，采用表达式 $R_{id}=V_{(5)}/I_{(V2)}+V_{(6)}/I_{(V3)}$ 得到差模输入阻抗 R_{id}，请提交 R_{id} 随频率变化的曲线图，并在图上标记出 100 Hz 处的阻抗值。

（4）输出阻抗

按照图 3－7－8 所示，在放大器输出端加隔直流电容 C_1 和电压源 V_4，将 V_2 和 V_3 的直流电压设置为 2 V，AC 幅度设置为 0，将 V_4 的 AC 幅度设置为 1，进行 AC 分析，采用与输入阻抗类似的计算方法，得到电路的输出阻抗 R_o 随频率的变化曲线，并标注出 100 Hz 处的阻抗值。

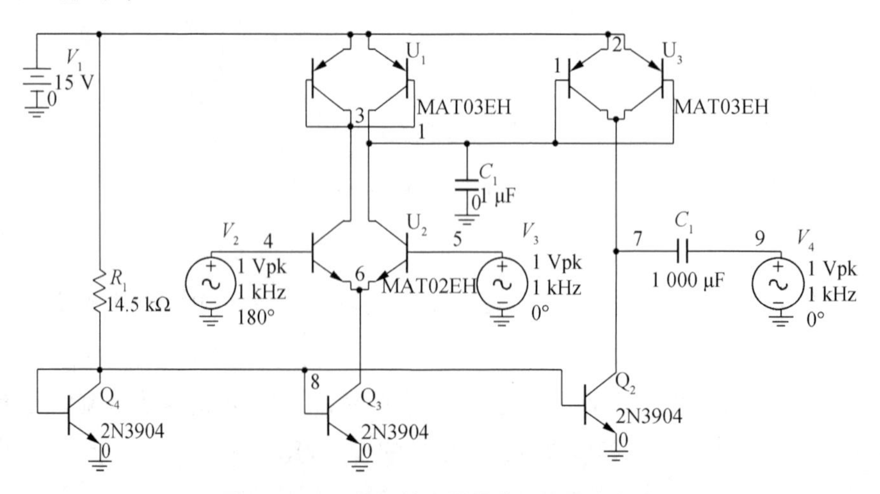

图 3－7－8　多级放大器输出阻抗仿真电路

若放大器输出电压信号激励后级放大器，根据仿真得到的结果，后级放大器的输入阻抗至少为多少才能忽略负载的影响？若后级放大器输入阻抗较低，采取什么措施可以提高放大器的驱动能力？

3）多级放大器的频率补偿

作为放大器使用时，图 3-7-7 所示电路一般都要外加负反馈。若放大器内部能够实现全补偿，外部电路可以灵活地施加负反馈，避免振荡的发生，即要求放大器单位增益处的相位不低于－135°。为此，需要对电路进行频率补偿。

实验任务：

（1）简单电容补偿

按照图 3-7-7 所示电路，将输入信号 V_2 和 V_3 的直流电压设置为 2 V，AC 输入幅度都设置为 0.5 V，相位相差 180°，根据电路分析并结合 AC 仿真结果找出电路主极点位置，并采用简单的电容补偿方法进行频率补偿，通过仿真得到最小补偿电容值，使得单位增益处相位不低于－135°，提交补偿后 $V_{(3)}$ 的幅频特性曲线和相频特性曲线，并标注出上限频率 f_H 和增益为 0 dB 时的相位。

（2）密勒电容补偿

按照图 3-7-9 所示电路，对电路进行密勒电容补偿，其中 Q_1 和 Q_5 构成补偿支路的电压跟随器。将输入信号 V_2 和 V_3 的直流电压设置为 2 V，AC 输入幅度都设置为 0.5 V，相位相差 180°，进行 AC 仿真分析，通过仿真得到最小补偿电容值，使得输出电压 $V_{(3)}$ 在单位增益处相位不低于－135°，提交补偿后 $V_{(3)}$ 的幅频特性曲线和相频特性曲线，并标注出上限频率 f_H 和增益为 0 dB 时的相位。

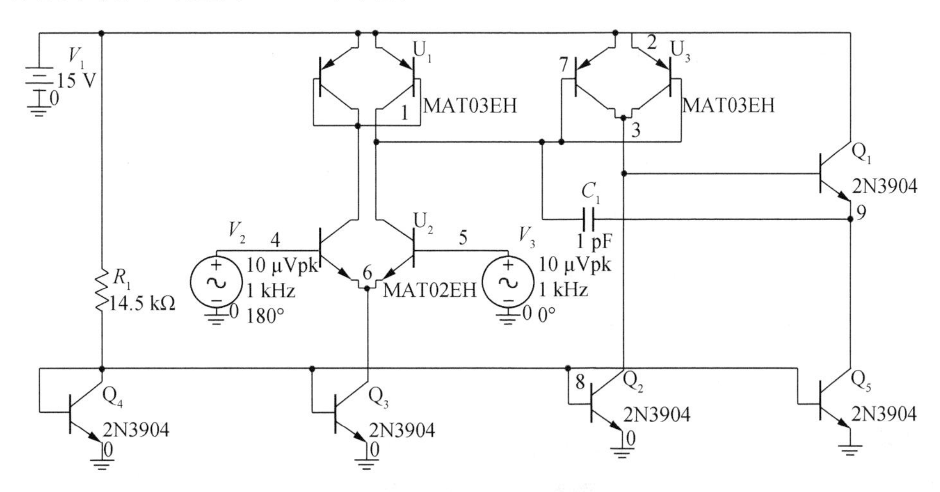

图 3-7-9　多级放大器的密勒电容补偿

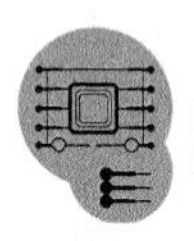

4）反馈放大器

图 3－7－9 所示的多级放大器具有较高的增益，线性放大时输入动态范围很小。实际使用中，必须施加负反馈才能作为线性放大器使用。因此，在图 3－7－9 的基础上，引入电压串联负反馈，同时改为正负电源供电，如图 3－7－10 所示（图中的密勒补偿电容 C_1 的值请采用【一起做仿真】“3）多级放大器的频率补偿”中测出的密勒电容补偿的结果）。

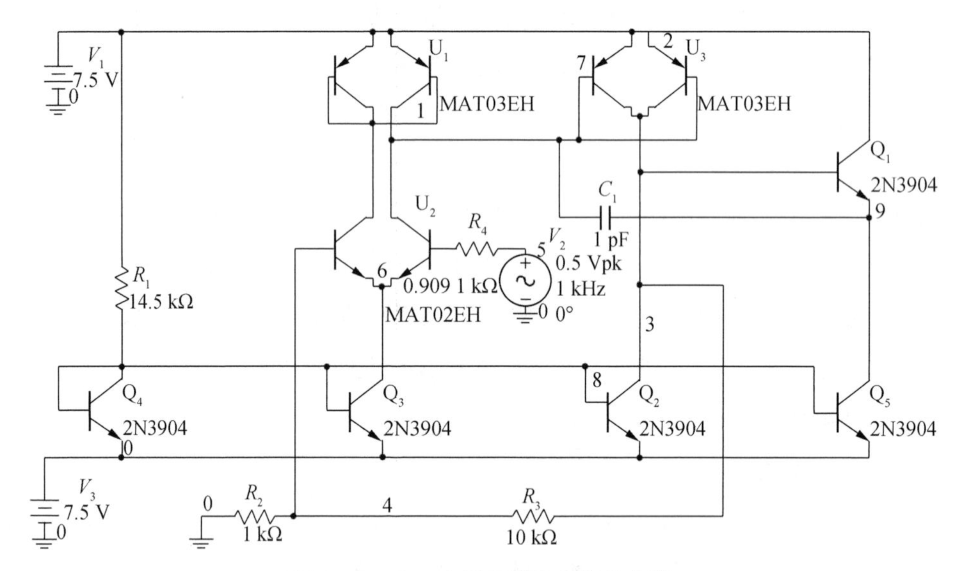

图 3－7－10　电压串联负反馈放大器

实验任务：

（1）将输入信号 V_2 的直流电压设置为 0 V，AC 输入幅度都设置为 1 V，进行 AC 仿真分析，得到输出电压 $V_{(3)}$ 的幅频特性曲线和相频特性曲线，并在图中标注上限频率 f_H。

（2）按照【一起做仿真】“2）多级放大器的基本电参数仿真”中“（4）输出阻抗”中的分析方法，通过 AC 仿真得到电路的输出阻抗随频率的变化曲线，并标注 100 Hz 处的值，再与没有施加负反馈的输出阻抗进行对照，结合理论分析解释阻抗的变化。

（3）反馈电阻 R_2 和 R_3 的值分别改为 10 Ω 和 100 Ω，R_4 的值改为 10 Ω//100 Ω，重复（1）的仿真，得到 $V_{(3)}$ 的幅频特性曲线和相频特性曲线；同时按照图 3－7－10 中 V_2 的设置条件进行瞬态仿真，得到输出电压 $V_{(3)}$ 的波形，观察波形是否失真，并给出合理的解释。

【设计挑战】

若系统中只能提供单路＋5 V 电源，输入信号的直流电压为 2 V，图 3－7－10 所示电路需要做怎样的改进才能设计出增益为 100 的反馈放大器？请给出改进后的电路图和

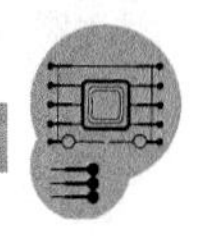

器件参数(密勒补偿电容 C_1 的值请采用【一起做仿真】"3) 多级放大器的频率补偿"中测出的密勒电容补偿的结果),给出输出端(节点 3)的静态工作电压和 AC 仿真结果。

【研究与发现】

密勒电容补偿

若多级放大器的密勒电容补偿采用图 3－7－11 所示电路,请和图 3－7－9 所示电路进行对比,相同补偿电容条件下,输出端(节点 3)相位有何差异? 为了使输出端达到相同的相位裕度,补偿电容 C_1 的值有什么差异? 给出仿真结果的同时请结合理论分析给予解释。在图 3－7－9 中,若将输出端改为节点 9,再与图 3－7－11 相比较,哪种电路对输出端负载更加敏感? 为什么?

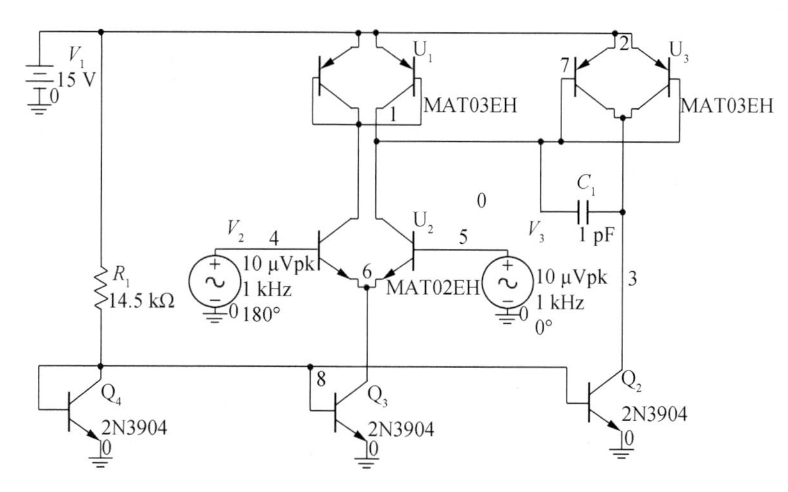

图 3－7－11　多级放大器的另一种密勒电容补偿方案

3.8　运算放大器及应用电路

【实验教会我】

1. 认识运算放大器的基本特性,通过仿真和测试理解运放基本参数,学会根据实际需求选择运放;

2. 了解由运放构成的基本电路,并掌握分析方法;

3. Multisim 中 Tektronix 示波器的使用。

【实验器材表】

实验用器件	型号	数量
集成运放	LM358(双运放)	2 颗
二极管	IN3064	2 只
发光二极管	N/A	2 只
电阻	不同阻值	若干
电容	不同容值	若干
面包板	任意	1 块
数字万用表	任意	1 台
口袋虚拟实验室	Pocket Lab	1 台

【背景知识回顾】

本实验涉及的理论知识包括运算放大器基本参数和应用电路。

1) 集成运算放大器

(1) 集成运放理想化条件

满足理想化条件的集成运放应具有如下特性：

① 差模增益无穷大，则

$$v_{+}-v_{-}=\frac{v_{o}}{A_{vd}}\to 0 \quad 或 \quad v_{+}\to v_{-} \tag{3-8-1}$$

② 差模输入电阻趋于无穷，因而流进集成运放输入端的电流必趋于零，即

$$i\to 0 \tag{3-8-2}$$

③ 输出电阻 $R_o\to 0$，意味着运算放大器的输出与负载无关，应为理想电压控制电压源。

(2) 集成运放内部核心电路

集成运放内部是由 MOS 管或者三极管构成的多级放大器。图 3-8-1 是一种采用 MOS 场效应管的集成运放内部核心电路。该电路由两级直接耦合放大器构成，为了减少温漂对直接耦合放大器的影响，提高了共模抑制比，集成运放的第一级放大器均为差分输入。该结构满足运算放大器的一般应用要求，且电路结构简单，容易实现，在集成

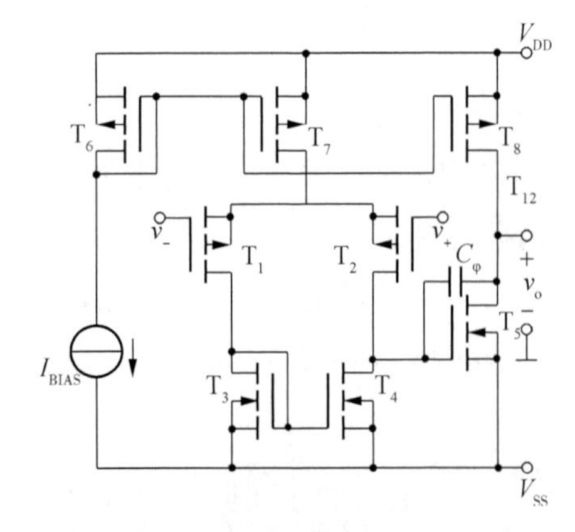

图 3-8-1　MOS 两级运算放大器

运放电路设计中被广泛采用。图 3-8-2 是另一种在 MOS 集成运放设计中广泛采用的核心电路，称之为折叠式共源共栅运算放大器，可以实现更低的共模输入和更宽的带宽。

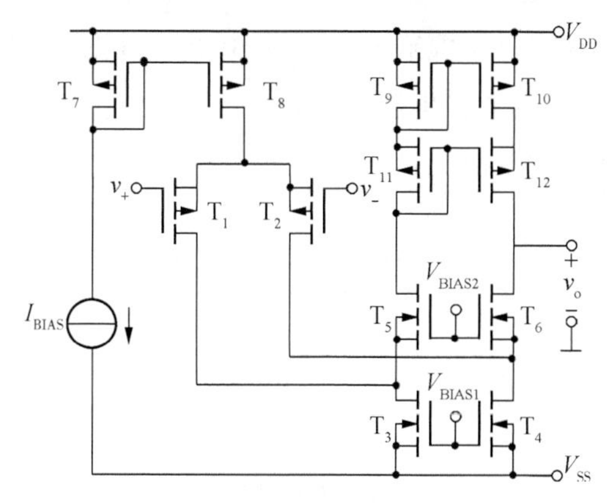

图 3-8-2　MOS 折叠式共源共栅运算放大器

F007 是一款经典的集成运放，内部由三极管多级放大器构成。本实验中将用到的 LM358P 也是一款常见的三极管集成运放，其管脚布局如图 3-8-3 所示。LM358P 内部包含两个相同的运放，每个运放的电路原理如图 3-8-4 所示，主要由输入差分对放大器、单端放大器、推挽输出级以及偏置电路构成。

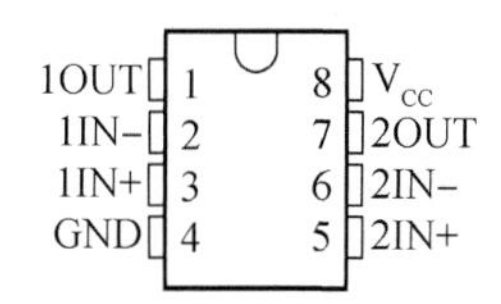

图 3-8-3　LM358P 管脚布局

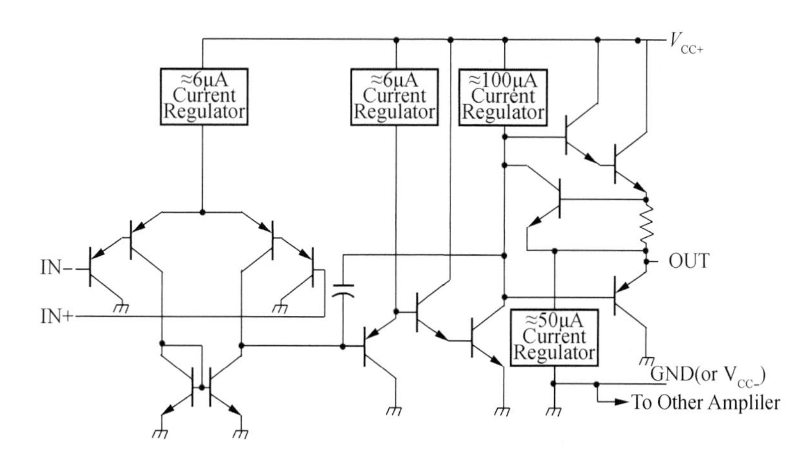

图 3-8-4　LM358P 内部原理图

(3) 集成运放的性能参数

① 差模特性

差模特性是指集成运放在差模输入信号作用下的特性，低频小信号电路宏模型如图 3-8-5 所示。图中，A_{vd}为差模电压增益，其值在 80～140 dB(10^4～10^7 倍)之间。R_{id}为差模输入电阻，其值在兆欧量级，R_{od}为输出电阻，其值一般小于 200 Ω。

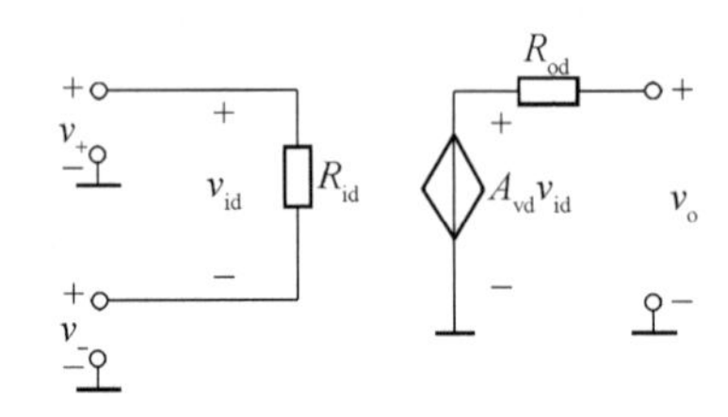

图 3-8-5 表示差模特性的运放宏模型

② 共模特性

共模特性是指集成运放在共模输入信号作用下的特性，参数主要包括共模抑制比 K_{CMR}、共模输入电阻 R_{ic}和最大共模输入电压 V_{ICM}。

③ 输入失调

集成运放输入电压 V_{IO}是指输出失调电压为零时，两输入端之间所加的补偿电压，其值一般为毫伏量级，最低可小到 1 μV，采用 MOS 管输入级的运放较大，最大可达到 20 mV。

④ 带宽及增益带宽积

采用内补偿的集成运放可近似看成为一个单极点系统，它的差模电压增益表示为 $A_{vd}(jf)=\dfrac{A_{vd}}{1+j\dfrac{f}{f_p}}$，$f_p$ 即为放大器的上限频率，又称为开环带宽，即 $BW=f_P$。当 $f\gg f_p$ 时，其幅频特性近似为 $A_{vd}(f)\approx A_{vd}\dfrac{f_P}{f}$。令 $f=BW_G$，使 $A_{vd}(f)=A_{vd}(BW_G)=1$，即 A_{vd} 在这个频率上的值下降到 1，则由上式求得 $BW_G=A_{vd}f_p=A_{vd}BW$，BW_G 称为单位增益频率。BW 和 BW_G 是集成运放的两个小信号频率参数。在闭环应用时，BW_G 就是反馈放大器的增益带宽积，可以直接显示闭环增益 A_{vf}与闭环带宽 BW_f 之间的关系，即 $A_{vf}BW_f=BW_G$。

⑤ 转换速率

集成运放的转换速率 S_R(又称摆率)是指集成运放输出电压随时间的最大变化速率，主要取决于主极点电容的充放电速度，若主极点电容为 $C_φ$，最大充放电电流为 I_Q，则 S_R

可以表示为 $S_R=\left.\frac{dv_o(t)}{dt}\right|_{max}=\pm\frac{I_Q}{C_\varphi}$。当集成运放输出电压为不失真的正弦电压，即 $v_o(t)=V_{om}\sin\omega t$ 时，$v_o(t)$随时间的最大变化率为$\left.\frac{dv_o(t)}{dt}\right|_{max}=\left.\frac{dv_o(t)}{dt}\right|_{\substack{t=0\\t=\pi}}=\pm\omega V_{om}$，若其值大于 S_R，则 $v_o(t)$受到 S_R 限制，输出波形产生失真可见，不受转换速率限制，输出不失真正弦电压的条件是 $\omega V_{om}\leqslant S_R$。

2）集成运放构成的基本应用电路

本节简单介绍采用集成运放构成的部分应用电路。

（1）反相放大器

图 3－8－6 为由集成运放构成的反相放大器电路，电压增益为 $A_{vf}=\frac{v_o}{v_S}=-\frac{R_f}{R_1}$。

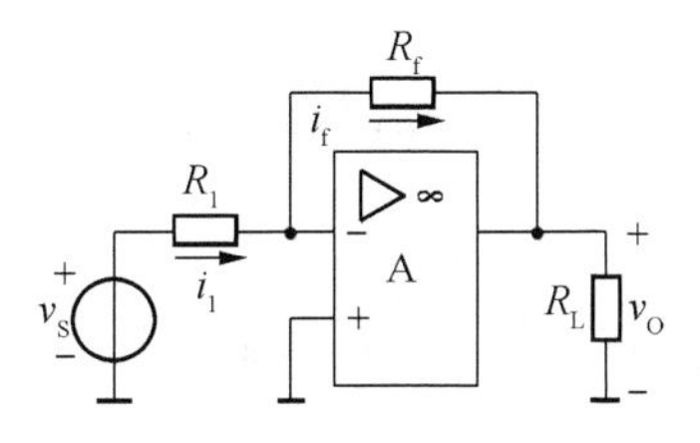

图 3－8－6　反相放大器

（2）同相放大器

图 3－8－7(a)为由集成运放构成的同相放大器，电压增益为 $A_{vf}=\frac{v_o}{v_S}=\frac{R_1+R_f}{R_1}=1+\frac{R_f}{R_1}$。

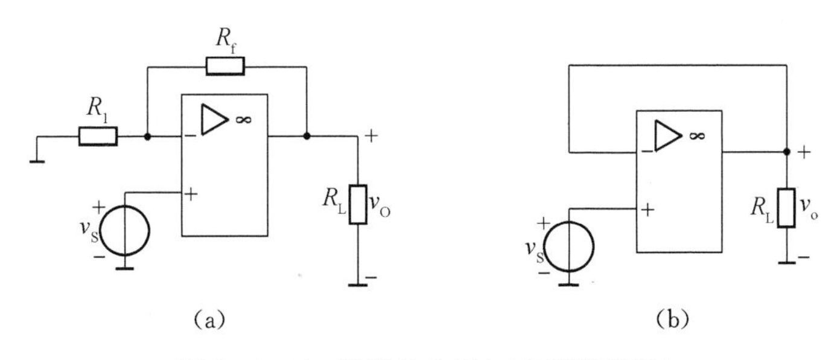

图 3－8－7　同相放大器(a)和跟随器(b)

若令 $R_f=0$，$R_1\to\infty$，如图 3－8－7(b)所示，电压增益 $A_{vf}\approx1$，类似于共集放大器，故有同相跟随器之称，它的性能远比共集放大器好。

（3）加法器和减法器电路

图 3－8－8(a)和(b)分别是加法器和减法器电路。图 3－8－8(a)中，由线性叠加原理可

得 $v_O=v_{O1}+v_{O2}=-\left(\frac{R_f}{R_1}\right)v_{S1}-\left(\frac{R_f}{R_2}\right)v_{S2}$，即为反相加法器。同理可分析图 3-8-8(b)所示的减法器。

加、减法运算电路具有如下特点：输入信号都同时加在运放的同相端或者反相端，则构成相应的同相加法器或反相加法器；输入信号分别加在运放的同相端和反相端，则可以构成减法电路。

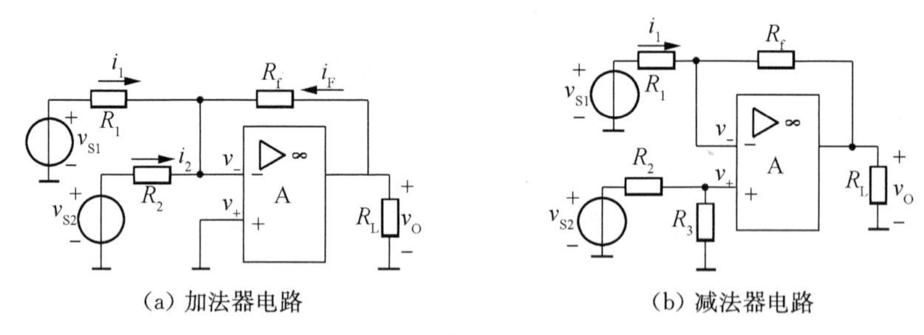

(a) 加法器电路　　(b) 减法器电路

图 3-8-8　加法器和减法器电路

(4) 积分和微分电路

图 3-8-9(a)为有源积分电路，若 C 上的起始电压为零，则根据理想化条件分析得到 $v_O=-\frac{1}{C}\int_0^t i_1\,dt=-\frac{1}{RC}\int_0^t v_S\,dt$。若将 R 与 C 对调，便构成了有源微分电路，如图 3-8-9(b)所示，相应的输出电压为 $v_O\approx -i_1R\approx -RC\frac{dv_S}{dt}$。

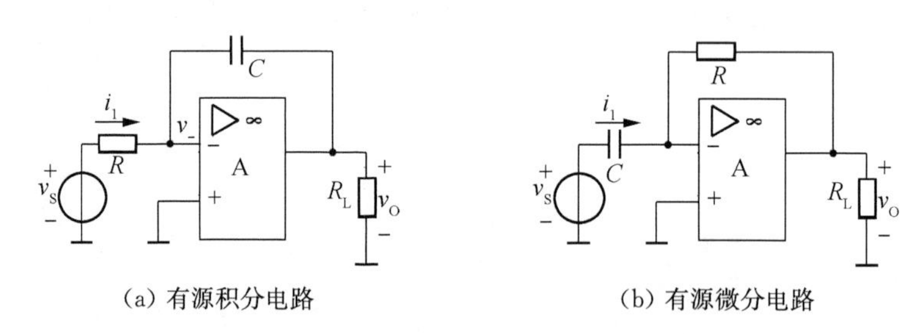

(a) 有源积分电路　　(b) 有源微分电路

图 3-8-9　有源积分电路和有源微分电路

(5) 跨导放大器

图 3-8-10 是由集成运放构成的跨导放大器，该电路结构在电压/电流转换。参考电流源等电路中应用广泛。输出电流 $i_O=v_I/R$，实现了电压到电流的转换，其跨导增益 $A_g=1/R$，电路的交流输出阻抗为 $r_o=R+[1+(1+A)g_mR]r_{ds}$，其中，$A$ 为集成运放增益，g_m 为 MOS 管跨导。可见，输出阻抗很高，更加适合电流输出。

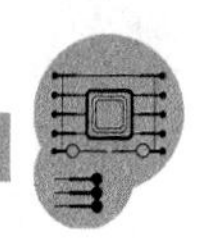

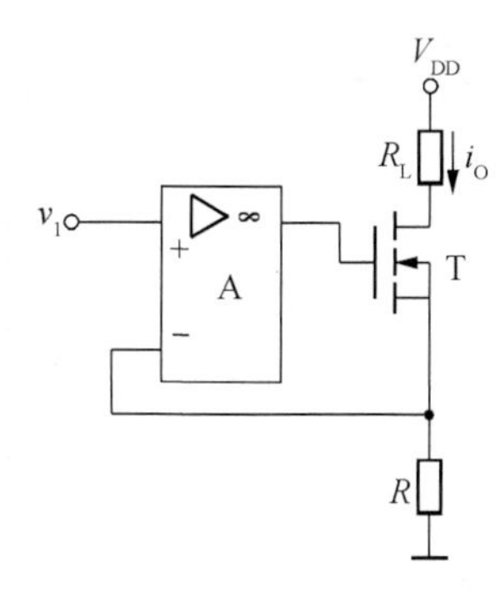

图 3－8－10　由集成运放构成的跨导放大器

(6) 比较器

集成运放还可以构成比较器，此时运放工作在开环状态，输入端一端接输入信号，另一端接参考电压，根据二者的大小输出高电平或者低电平。图 3－8－11(a)为参考电压为 0 的比较器，又称过零检测器，图 3－8－11(b)为输入/输出波形图。图 3－8－11 所示比较器只有一个翻转门限，称之为单门限比较器。单门限比较器在翻转点附近容易受到干扰而产生错误翻转。采用运放构成具有两个翻转门限的迟滞比较器可有效克服这种干扰，电路和传输特性如图 3－8－12 所示。

迟滞比较器的两个门限电压分别为

$$V_{IH}=V_{OH}\frac{R_2}{R_1+R_2}$$

$$V_{IL}=V_{OL}\frac{R_2}{R_1+R_2}$$

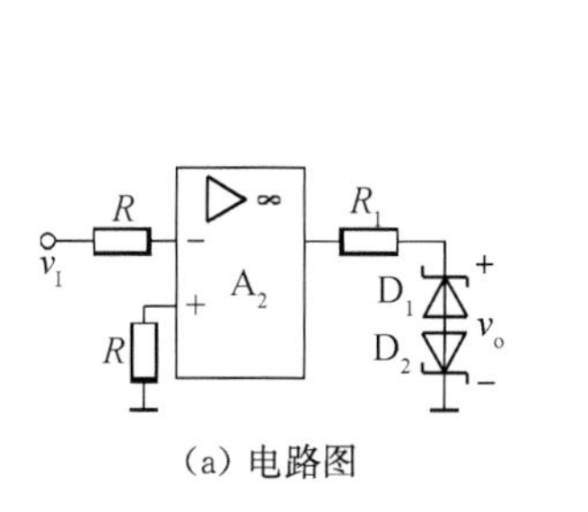

(a) 电路图

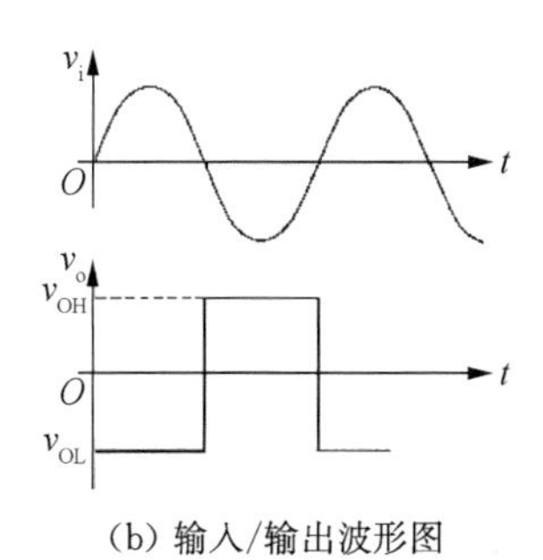

(b) 输入/输出波形图

图 3－8－11　过零检测器

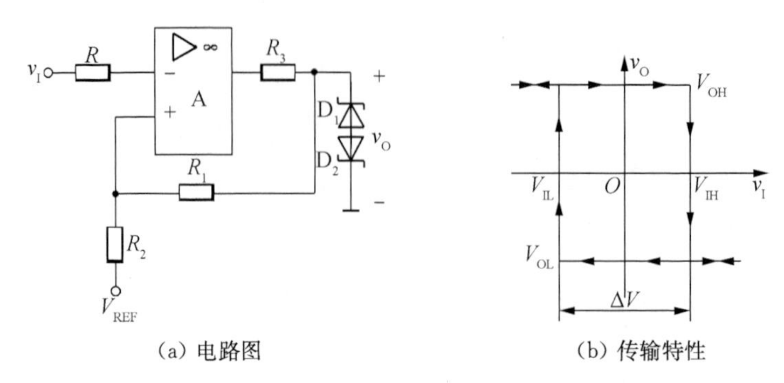

(a) 电路图　　(b) 传输特性

图 3-8-12　迟滞比较器

(7) 整流电路

在用二极管构成的整流电路中，输入电压幅值必须大于二极管的导通电压，电路才能工作。若采用集成运放构成整流电路，如图 3-8-13(a)所示，就可有效地克服二极管导通电压的影响，实现对微小幅值输入电压的整流。由于负反馈环路中的二极管具有单相导电性，因此二极管断开时运放开环工作，导通时才会是闭环工作。

当输入电压 $v_I=0$ 时，二极管 D_1 和 D_2 截止，输出电压 $v_O=0$；若 $v_I>0$，D_2 导通，D_1 截止，$v_O=0$；若 $v_I<0$，D_1 导通、D_2 截止，$v_o=-(R_2/R_1)v_I$。传输特性如图 3-8-13(b)所示。

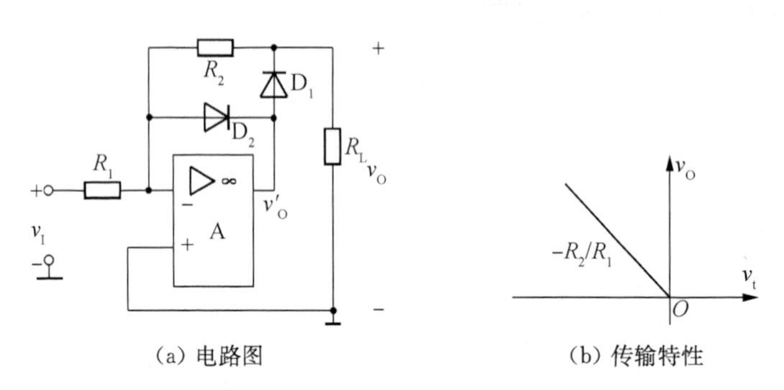

(a) 电路图　　(b) 传输特性

图 3-8-13　精密半波整流电路

【背景知识小考查】

考查知识点:迟滞比较器

在图 3-8-12 所示迟滞比较器中，若将 v_I 和 V_{REF} 位置对调，请写出迟滞比较器的两个门限电压表达式，并画出传输特性。

【一起做仿真】

1) 运放基本参数

(1) 电压传输特性

根据图 3-8-14 所示电路，采用正负电源供电，运放负端接地，正端接直流电压源 V_3，在 $-500\ \mu V \sim 500\ \mu V$ 范围内扫描 V_3 电压，步进 $1\ \mu V$，得到运放输出电压(节点 3)随输入电压 V_3 的变化曲线，即运放电压传输特性，根据仿真结果给出 LM358P 线性工作区输入电压范围，根据线性区特性估算该运放的低频电压增益 A_{vd0}。

仿真设置：Simulate→Analyses→DC Sweep，设置需要输出的电压。

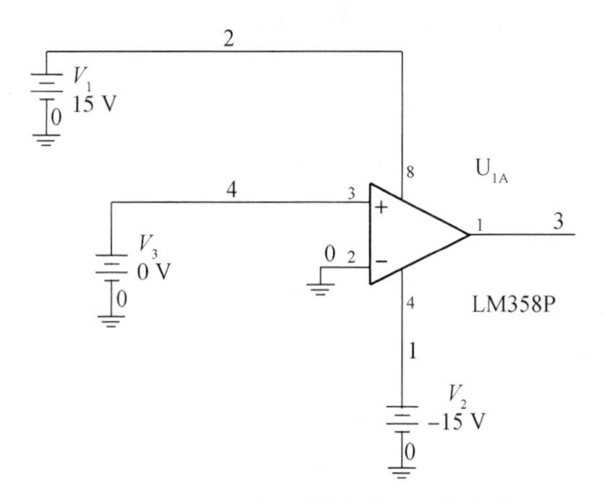

图 3-8-14　电压传输特性仿真电路

(1) 当输入差模电压为 0 时，输出电压等于多少？若要求输出电压等于 0，应如何施加输入信号？为什么？

(2) 观察运放输出的最高和最低电压，结合图 3-8-4 所示集成电路的内部电路分析该仿真结果的合理性。

(2) 输入失调电压

根据图 3-8-15 所示电路，仿真得到运放 LM358P 的输入失调电压 V_{IO}。V_{IO}既可以先测量输出电压 V_O(图中节点 3 电压)，再根据 $V_{IO} = -V_O/(-R_1/R_2)$计算得到；也可以直接测量运放正负端电压差得到。前者适合 V_{IO}比较小的情况，后者适合 V_{IO}比较大的情况。

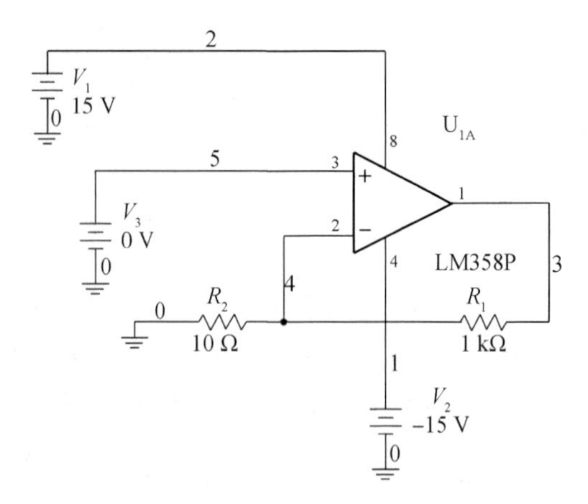

图 3-8-15　输入失调电压仿真电路

当 $R_1=1\ \text{k}\Omega$，$R_2=10\ \Omega$ 时，进行直流工作点仿真，并完成表 3-8-1。

当 $R_1=10\ \text{k}\Omega$，$R_2=100\ \Omega$ 时，进行直流工作点仿真，并完成表 3-8-2。

当 $R_1=100\ \text{k}\Omega$，$R_2=1\ \text{k}\Omega$ 时，进行直流工作点仿真，并完成表 3-8-3。

表 3-8-1　$R_1=1\ \text{k}\Omega$，$R_2=10\ \Omega$

$V_3(\mu V)$	$V_4(\mu V)$	$V_5(\mu V)$	$V_5-V_4(\mu V)$	$-V_3/(-R_1/R_2)(\mu V)$

表 3-8-2　$R_1=10\ \text{k}\Omega$，$R_2=100\ \Omega$

$V_3(\mu V)$	$V_4(\mu V)$	$V_5(\mu V)$	$V_5-V_4(\mu V)$	$-V_3/(-R_1/R_2)(\mu V)$

表 3-8-3　$R_1=100\ \text{k}\Omega$，$R_2=1\ \text{k}\Omega$

$V_3(\mu V)$	$V_4(\mu V)$	$V_5(\mu V)$	$V_5-V_4(\mu V)$	$-V_3/(-R_1/R_2)(\mu V)$

根据上述仿真结果，给出运放的输入失调电压 V_{IO}。尝试设置 V_3 电压等于 V_{IO}，观察输出电压 V_3 的变化。

仿真设置：依次点击 Simulate→Analyses→DC Operating Point，设置需要输出的电压。

仿真运放失调电压时，什么原因导致了不同反馈电阻条件下计算得到的 V_{IO} 存在较大的差异？在实际测量中，若输入失调电压小，需要通过测量输出电压并计算得到 V_{IO} 时，在电阻的选取上应注意什么问题？

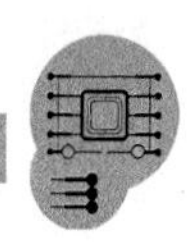

(3) 增益带宽积(单位增益带宽)

根据图 3-8-16 所示电路进行频率扫描仿真(AC 仿真),得到反馈放大器的幅频特性曲线和相频特性曲线。在幅频特性曲线中采用标尺(cursor)标出增益下降到最大增益值的 0.707 倍时对应的频率,并计算运放的增益带宽积,即单位增益带宽 BW_G。在相频特性曲线中根据相位特征采用标尺分别标记出主极点和次主极点的频率(提交的仿真结果截图需带有标记信息)。

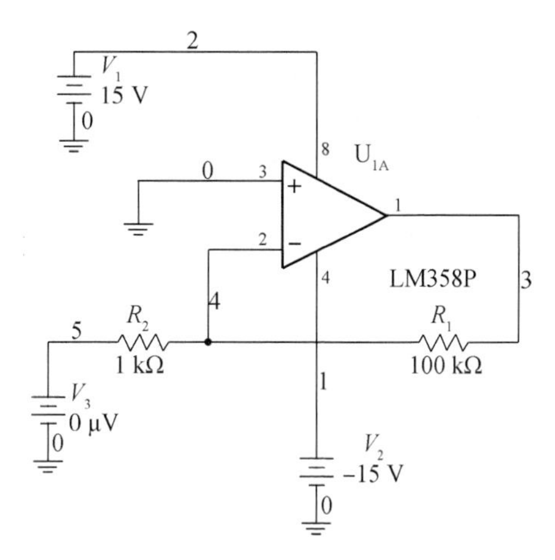

图 3-8-16　增益带宽积仿真电路

仿真设置:依次点击 Simulate→Analyses→AC Analysis,设置需要输出的电压、频率扫描范围、扫描类型和扫描点数等,仿真参数设置参考图 3-8-17。输入交流信号源在 V3 中设置,直流为 0,交流输入信号幅度为 1。

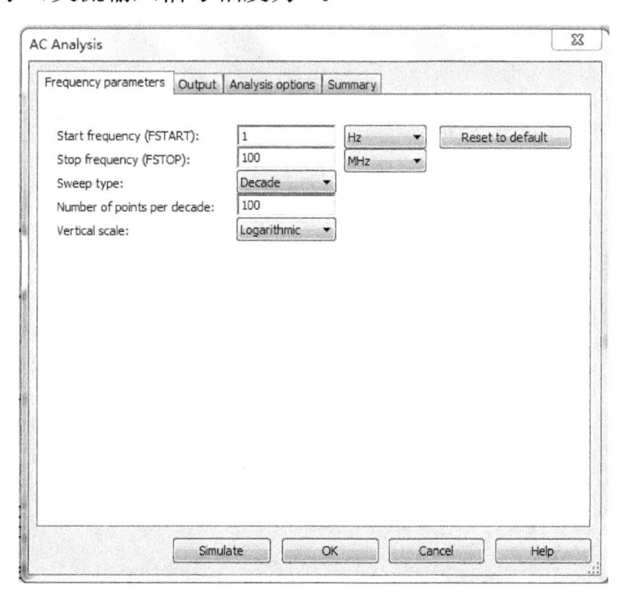

图 3-8-17　AC 仿真参数设置

若输入信号频率为 100 kHz，则采用 LM358P 能实现的最高增益是多少？

(4) 转换速率(压摆率)S_R

① 当输入为大信号时，运放由于内部电容的充放电速度限制，输出信号可能不能完全跟随输入信号，而出现失真。运放输出电压能达到的最大变化速度定义为转换速率 S_R，也称压摆率。根据图 3-8-18 所示电路通过仿真得到运放的转换速率。运放接成电压跟随器，输入信号为阶跃信号，阶跃信号初始电压为－10 V，阶跃后稳定电压为 10 V，阶跃时间为 1 ns，阶跃持续时间大于 1 ms。通过瞬态分析得到输出电压，并采用标尺标记出输出电压变化的斜率，即转换速率。

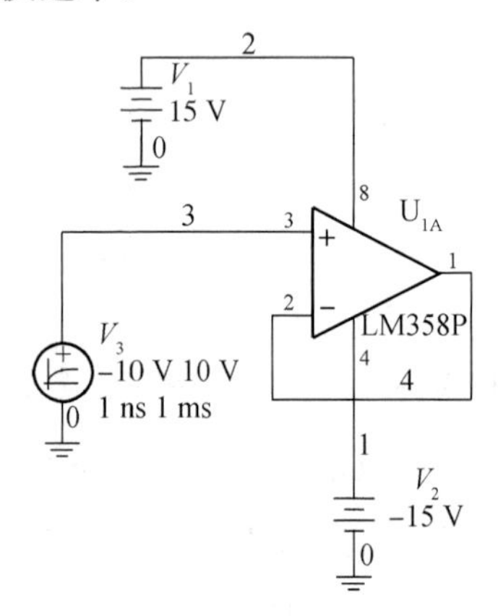

图 3-8-18　转换速率仿真电路

② 将图 3-8-18 中的信号源 V_3 改为正弦信号(在电压源中选择 AC Voltage)，振幅为 10 V(峰峰值为 20 V)，直流电压为 0 V，当频率分别为 1 kHz 和 10 kHz 时，得到相应的输入/输出波形对照图(在一张图中同时显示输入和输出波形)，观察波形的变化并提交截图。

仿真设置：依次点击 Simulate→Analyses→Transient Analysis，瞬态仿真参数设置参考图 3-8-19，TSTOP 根据信号频率改变，保证输出一个周期以上的波形。

若图 3-8-18 的输入为正弦信号，振幅为 10 V，直流电压为 0 V，根据 $\omega V_{om} \leqslant S_R$，则允许的最大输入信号频率为多少？

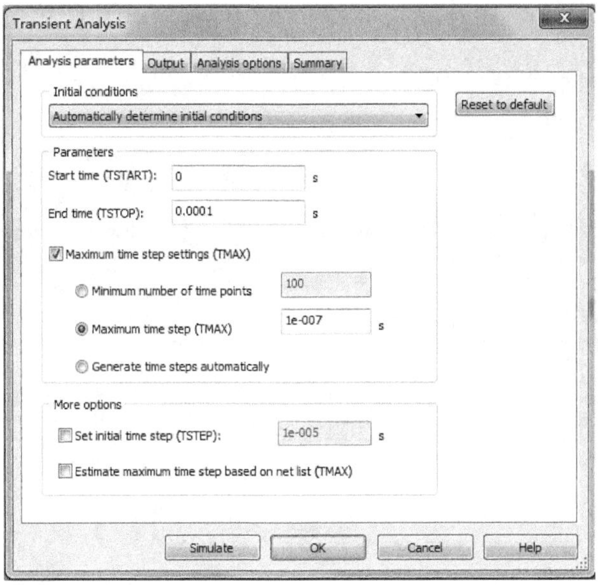

Transient Analysis

Analysis parameters | Output | Analysis options | Summary

Initial conditions

Automatically determine initial conditions

Reset to default

Parameters

Start time (TSTART): 0 s

End time (TSTOP): 0.0001 s

Maximum time step settings (TMAX)

Minimum number of time points 100

Maximum time step (TMAX) 1e-007 s

Generate time steps automatically

More options

Set initial time step (TSTEP): 1e-005 s

Estimate maximum time step based on net list (TMAX)

Simulate OK Cancel Help

图 3-8-19 瞬态仿真参数设置

2) 运放构成的应用电路

(1) 反相放大器

如图 3-8-20 所示电路为运放构成的反相放大器，按照图中参数进行瞬态仿真，采用 Tektronix 示波器观察各个节点波形。输入信号单端振幅为 50 mV，频率分别为 10 Hz，100 Hz 和 1 kHz，请提交 3 种频率条件下的节点 3、节点 4、节点 5 的波形截图（3 个节点波形显示在一张图中）。示波器显示设置参考图 3-8-21，对于 Y 轴，节点 5 波形的显示设置为2 V/div，节点 4 波形的显示设置为 2 mV/div，节点 3 波形的显示设置为 20 mV/div，X 轴设置至少保证两个周期的显示，并通过示波器测量出输出电压（节点 5）的峰峰值。注意观察不同频率条件下的输出电压幅度的变化，并给出解释。

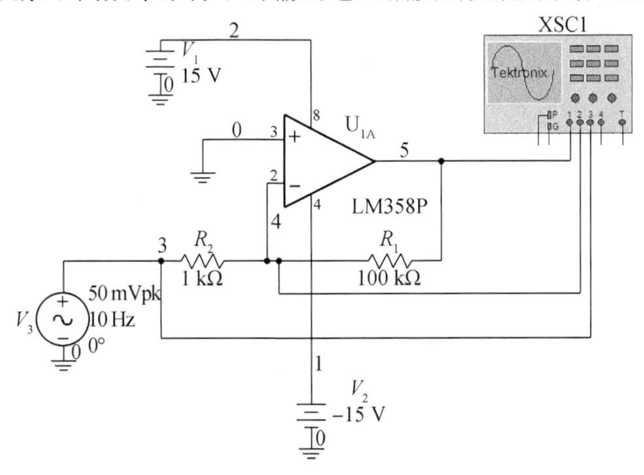

图 3-8-20 反相放大器

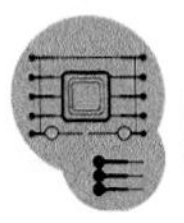

仿真设置:电路设计完成后,直接点击仿真软件控制面板上的 run(绿色三角符号),双击示波器图标观察波形。

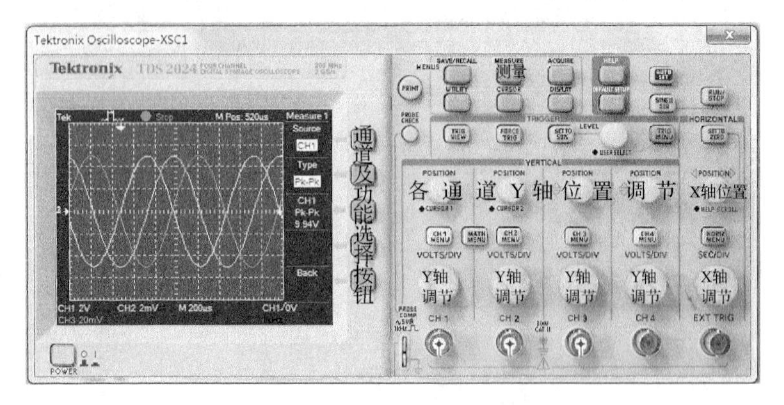

图 3-8-21　Tektronix 示波器控制面板

(2) 电压转换电路

由运放和三极管可以构成电压转换电路,如图 3-8-22 所示。该电路可以将某种直流电压转换为另一种直流电压,如图中电路在 1 V 参考电压(V_3)作用下,可以将±15 V 直流电压转换为 3 V 左右的直流电压供负载使用,负载电阻为 R_3。

① 在图中参数条件下,扫描直流电压 V_1,电压范围 4 V～15 V,扫描步长 0.01 V,扫描类型为线性扫描。提交输出电压(节点 4)随电源电压 V_1 的变化曲线,并根据仿真结果确定电源电压 V_1 的最低电压(输出电压下降 1%时的电源电压)。

② 扫描负载电阻 R_3,扫描范围为 10 Ω～1 kΩ,步长为 10 Ω,提交输出电压(节点 4)随电源电压 V_1 的变化曲线。

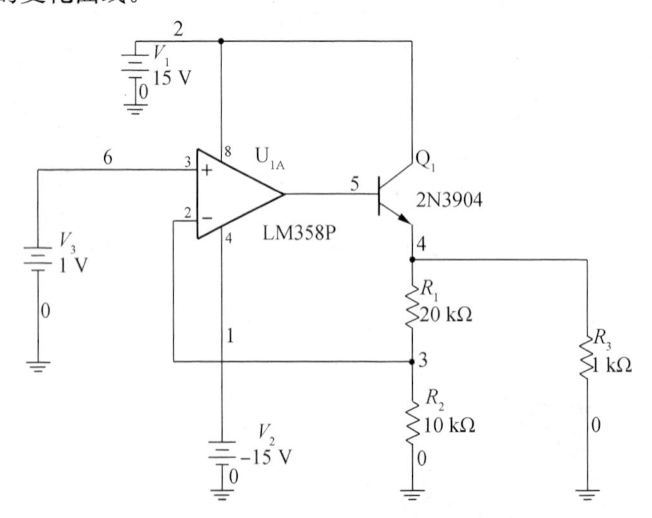

图 3-8-22　运放构成的电压转换电路

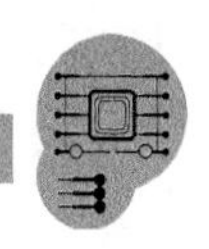

仿真设置：

仿真任务 a　采用 DC 扫描，依次点击 Simulate→Analyses→DC Sweep，设置扫描电压和输出电压；

仿真任务 b　采用参数扫描，依次点击 Simulate→Analyses→Parameter Sweep，设置扫描参数和输出电压。

(3) 整流电路

如图 3－8－23 所示电路为运放构成的整流电路，运放的高增益使得该电路能实现小信号幅度的整流，克服了二极管整流的导通电压问题。请写出输出电压表达式，并画出传输特性。输入信号频率为 1 Hz，振幅分别为 100 mV，10 mV，1 mV 时，请通过瞬态仿真得到输出电压波形(节点 7)，与输入信号 V_3 同时显示。

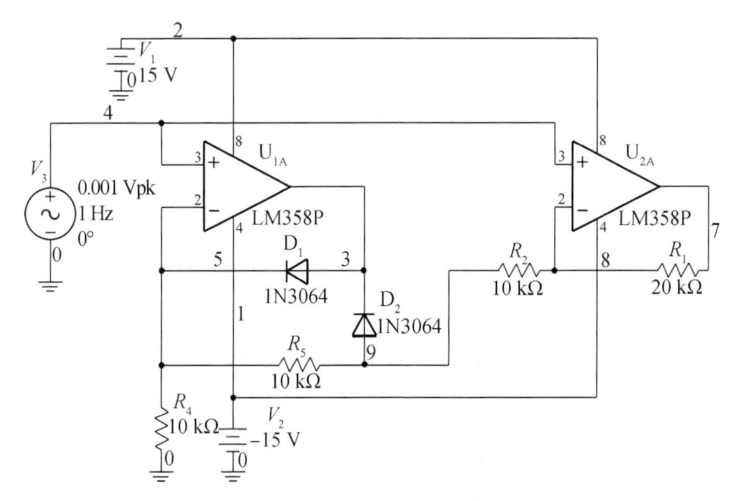

图 3－8－23　运放构成的整流电路

仿真设置：依次点击 Simulate→Analyses→Transient Analysis，仿真时间为 2 s，步长为 1 ms。

在小信号输入时，如振幅为 1 mV，输出波形会严重失真，主要是什么原因导致这种失真？如何更改参数来减小这种失真？

【动手搭硬件】

脉冲宽度调制电路

图 3－8－24 为运放构成的脉冲宽度调制电路。其中，U_{1A} 和 U_{2A} 构成三角波发生器，U_{3A} 构成脉冲宽度调制电路。最终输出波形(节点 12)的脉冲宽度随着调制信号(U_{3A} 的

负端输入信号)幅度的变化而变化。PWM 调制技术可以简单的实现模拟控制到数字控制的转换,具有控制灵活、动态响应好、抗干扰能力强等优点,广泛应用在测量、通信、功率控制与变换的许多领域中。

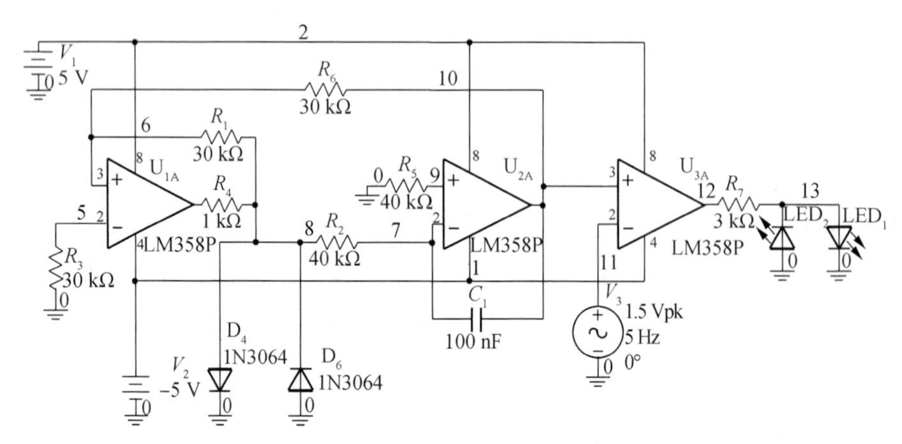

图 3-8-24　运放构成的脉冲宽度调制(PWM)电路

实验任务:

(1) 若二极管 1N3064 的导通电压为 $V_{D(on)}$,请写出 U_{2A}输出的三角波电压的正峰值和负峰值电压的表达式,电阻符号与图 3-8-24 保持一致;

(2) 写出 U_{2A}输出的三角波信号的周期表达式;

(3) 若要求三角波频率为 100 Hz,正负峰值都为 2 V,指标误差不超过±10%,请在面包板上完成实验电路,并通过测试确定电路中电阻 R_2 和 R_6 的值,电容 C_1 取 100 nF,R_3 和 R_5 根据 R_2 和 R_6 的改变而改变,其余电阻按照图 3-8-24 中给出的参数取值,电路完成后提交节点 8 和节点 10 的示波器截图(显示在同一张图中),并测量频率和峰峰值;

(4) 按照图 3-8-24 中所示,给电路施加调制信号 V_3(U_{3A}的负端输入信号),提交节点 13 和节点 11 的波形(显示在同一张图中);

(5) 将调制信号 V_3 的交流幅度设置为 0,通过连续改变调制信号的直流电压(OFF-SET),观察并记录 LED_1 和 LED_2 的亮度随该直流电压的变化情况,并给出合理的解释。

PWM 调制对三角波的线性度要求较高,图 3-8-24 中电路是如何实现这种高线性度的?

【设计挑战】

请采用 1 颗 LM358P,一只 2N3904 和 2 只 2N3906 设计一个电流源电路(电阻任选),将系统提供的稳定的 1.2 V 参考电压转换为 2 mA 电流源,提供给 PNP 管差分放大

器使用。测试电流输出时，可以采用电阻负载，系统电源为单电源，电压为 5 V。

【研究与发现】

反馈放大器的增益带宽问题

在仿真由运放构成的应用电路(反相放大器)中，对比分析反相放大器在不同输入信号频率条件下负端电压(图 3-8-20 中节点 4 电压)的幅度，指出差异并给出解释。通过研究这些差异，你能给出由运放构成反馈放大器时的增益和带宽限制吗?

3.9　功率电子线路

【实验教会我】

1. 了解功率电子线路的分类、特点和性能参数，掌握主要性能参数的仿真方法；

2. 认识功率电子线路中甲类、乙类功放和稳压电路的基本电路结构，学会基本参数的测试方法；

3. 认识基本的电源电路。

【实验器材表】

实验用器件	型号	数量
集成运放	LM358(双运放)	1 颗
三极管	2N3904	1 只
三极管	2N3906	1 只
二极管	IN3064	2 只
电阻	不同阻值	若干
电容	不同容值	若干
面包板	任意	1 块
数字万用表	任意	1 台
口袋虚拟实验室	Pocket Lab	1 台

【背景知识回顾】

本实验涉及的理论知识包括甲类、乙类功率放大器和电源电路。

功率电子线路是高效率地实现能量变换和控制的一类电子线路。根据应用领域和处理对象不同，功率电子线路可分为功率放大电路和电源变换电路两大类。本实验内容主要包含功放中的甲类和乙类功放，电源变换电路中的串联稳压电路和开关稳压电路。

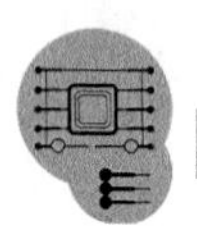

1) 功率放大器

(1) 甲类功率放大器

如图 3-9-1(a)所示为甲类变压器耦合功率放大器的原理电路，直流通路如图 3-9-1(b)所示。若初、次级绕组匝数(W_1，W_2)比为 n，则交流负载电阻 $R_L'=n^2R_L$，相应的交流通路如图 3-9-1(c)所示。直流功率为 $P_D=V_{CC}I_{CQ}$，在充分激励且保持 Q 点处于交流负载线中点的条件下，输出功率达到最大，即 $P_L=P_o=V_{Cm}I_{Cm}/2=V_{CC}I_{CQ}/2=P_D/2$，因此，最大集电极效率为 $\eta_{Cmax}=P_o/P_D=0.5=50\%$。增加 V_{CC} 和 R_L'，或者增加 I_{CQ} 并减小 R'_L，都可以增加输出功率。

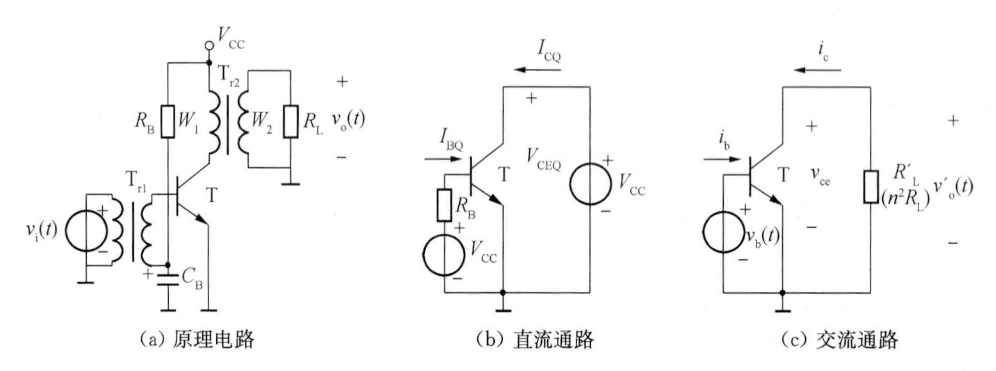

(a) 原理电路　　(b) 直流通路　　(c) 交流通路

图 3-9-1　甲类变压器耦合功率放大器

(2) 乙类功率放大器

图 3-9-2 是一种典型的乙类功放原理电路，采用两管轮流导通的推挽电路来避免半周导通带来的失真。

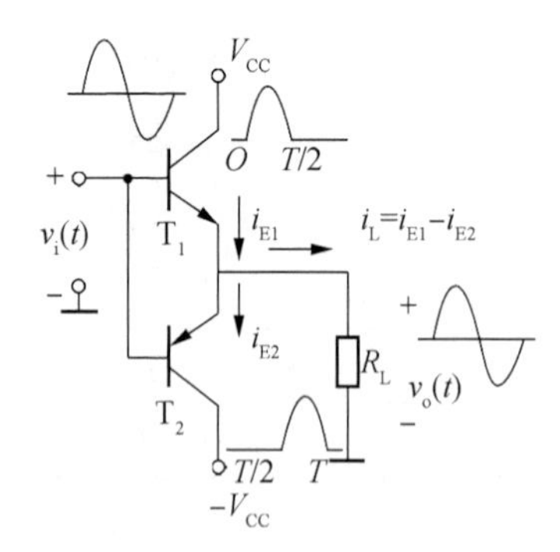

图 3-9-2　乙类互补推挽功率放大器原理电路

若输入充分激励，$V_{Cm}\approx V_{CC}$，$I_{Cm}\approx V_{CC}/R_L$，相应的 P_o 和 P_D 达到最大，即 $P_{omax}=\frac{1}{2}\frac{V_{CC}^2}{R_L}$，$P_{Dmax}=2V_{CC}\left(\frac{V_{CC}}{\pi R_L}\right)=\frac{4}{\pi}P_{omax}$，相应的最大集电极效率 $\eta_{Cmax}=\frac{P_{omax}}{P_{Dmax}}=\frac{\pi}{4}=78.5\%$。

由于功率晶体管发射结导通电压的影响，在零偏置情况下，图 3-9-2 所示乙类推挽

电路的输出电压波形将产生严重失真，这种失真称为交叉(或交越)失真。为了克服这种失真，必须在输入端为两管加合适的正偏电压。另外，单电源供电的互补推挽电路还需要在输出负载端串接一个大容量的隔直流电容 C_L。

2）电源变换电路

(1) 串联稳压电路

串联稳压电路是由调整管、取样电路、基准电压源和比较放大器构成的自动控制电路，如图 3-9-3 所示。若因 V_I 增大或负载增大等因素造成 V_O 增大，则 V_S 相应增大，T_2 管集电极电流增大，集电极电压减小，由此引起调整管 T_5 的基极电流减小，导致 T_5 管的管压降增大，从而使 V_O 的增大受到抑制，反之亦然。可见，串联稳压电路就是根据 V_S 和 V_{REF} 的比较结果控制调整管的管压降来稳定输出电压的。稳压电路的效率 η 可近似表示为

$$\eta=\frac{P_o}{P_i}\approx\frac{V_O I_O}{V_I I_I}\approx\frac{V_O I_O}{V_I I_O}=\frac{V_O}{V_I}$$

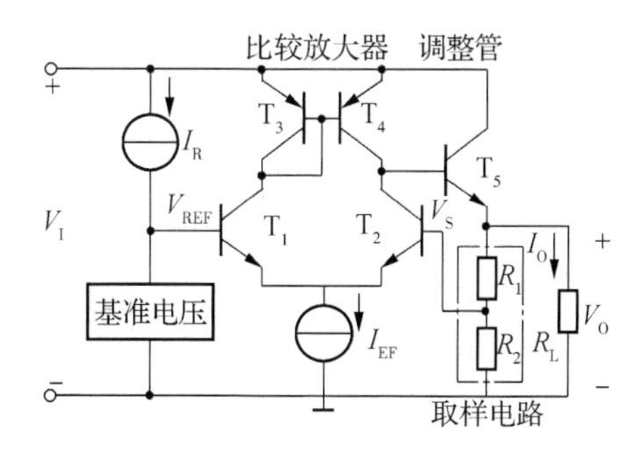

图 3-9-3　串联稳压电路的原理电路

(2) 低压差线性稳压器

与串联稳压电路结构类似，低压差线性稳压器(Low DropOut regulator，LDO)也是基于负反馈自动调节作用来获得稳定的输出电压。它的基本电路如图 3-9-4 所示，由串联调整管 T、取样电阻 R_1 和 R_2、比较放大器 A 和基准电压源电路组成。与图 3-9-3 比较可知，LDO 与一般串联稳压电路的最大区别在于调整管的接法，LDO 中的调整管在负反馈环路中为共源连接，且其可工作在饱和区和非饱和区。当调整管工作于非饱和区时，其输出电压可以非常接近输入电压，即其可以获得非常小的输入/输出电压差，这也是这种稳压器被称为低压差稳压器的名称由来。

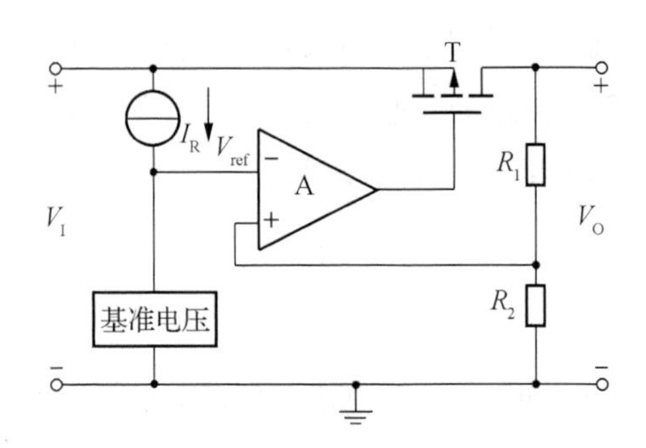

图 3-9-4　低压差线性稳压器基本电路图

(3) 开关稳压电路

与串联稳压电路不同，在开关稳压电路中，调整管工作在开关状态，通过控制开关的启闭时间来自动调整输出电压。

直流—直流变换器是开关稳压电路中的核心组成部分。直流—直流变换器有降压型、升压型和降压—升压型三种典型电路，本节重点介绍降压型变换器。图 3-9-5(a)为降压型变换器的原理电路，相应的电压和电流波形如图 3-9-5(b)所示。v_A 是幅度为 V_I 的周期性重复脉冲波形，通过 L_1、C_2 低通滤波器在 R_L 上产生的平均值 V_A 为 $V_A=V_I\frac{t_{on}}{T}=dV_I$。

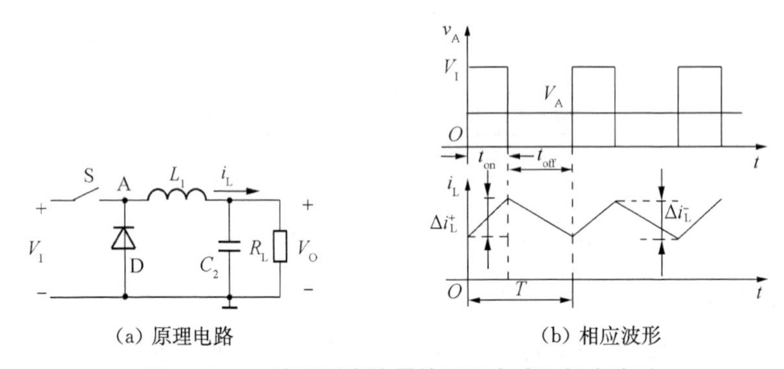

(a) 原理电路　　(b) 相应波形

图 3-9-5　降压型变换器的原理电路和相应波形

根据电感中电流 i_L 在一个周期中的正增量应等于负增量也可以得到同样的结论。当 S 闭合时，i_L 的正增量 $\Delta i_L^+=\frac{1}{L_1}(V_I-V_O)t_{on}$；当 S 断开时，$i_L$ 的负增量 $\Delta i_L^-=\frac{1}{L_1}(-V_O)t_{off}$，根据 $\Delta i_L^+ + \Delta i_L^-=0$，可得到 $V_O=dV_I$。当 V_I 一定时，控制 d 值，就可改变 V_O 值。d 越大，V_O 就越大。不过，V_O 恒小于 V_I，故称为降压型变换器。升压型变换器和降压—升压型变换器的电路构成和分析方法与降压型变换器类似。

图 3-9-6(a)示出了降压型变换器构成开关稳压电路的原理图。图中，R_1 和 R_2 为取样网络，取样电压 V_S 和基准电压源提供的基准电压 V_{REF} 加到误差放大器的两个输入

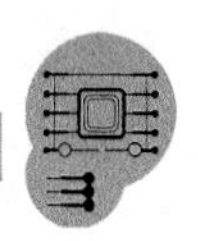

端，误差放大器输出反映它们之间差值的电压 v_-，将它加到电压比较器的反相输入端。振荡器产生特定频率的三角波电压 v_+，加到电压比较器的同相输入端。当 $v_+ > v_-$ 时，比较器输出高电平，开关管 T_1 饱和导通；而当 $v_+ < v_-$ 时，比较器输出低电平，T_1 管截止。相应的波形如图 3-9-6(b)所示。

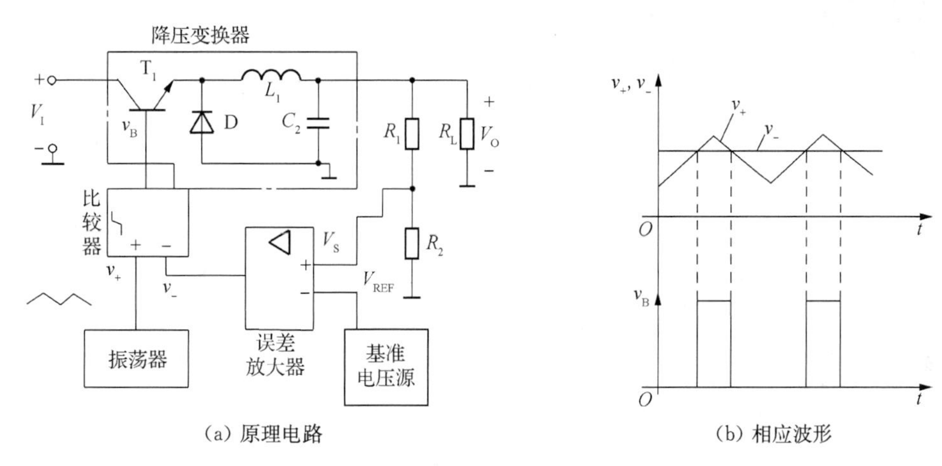

(a) 原理电路　　　　(b) 相应波形

图 3-9-6　开关稳压电路的原理电路和相应波形

当 $V_S = V_{REF}$ 时，误差放大器输出静态电压，经电压比较器使 T_1 管的导通时间为 t_{on} 或占空系数为 d_0，则稳压器输出电压 $V_O = V_{REF}\dfrac{R_1+R_2}{R_2} = d_0 V_I$。现若某种原因引起 V_O 升高，相应地，$V_S > V_{REF}$，则误差放大器输出电压增大，致使 T_1 管的导通时间或 $d(d<d_0)$ 减小，结果是阻止了 V_O 的升高，反之亦然。

【背景知识小考查】

考查知识点：甲类功放

图 3-9-7 和图 3-9-8 分别是纯电阻负载甲类功放和 LC 耦合甲类功放，若忽略 MOS 管压降，

(1) 当功放达到最佳状态时，试计算二者的静态电流，最大输出功率和效率；

(2) 若改变偏置电压，使二者的静态电流都增加一倍，此时二者的最大输出功率和效率如何变化？若要使二者最大输出功率也增加一倍，且都达到最佳状态，负载电阻应如何取值？

【一起做仿真】

1) 甲类功率放大器

按照图 3-9-7 和图 3-9-8 中参数进行直流工作点仿真，根据静态电流计算得到

电源提供的功率 P_D，再进行瞬态仿真，根据输出电压幅度(V_{om}约为峰峰值的一半)计算得到负载电阻 R_1 和 R_4 中的输出交流功率 P_o，最后分别求出两种功放的效率 η_C，完成表 3－9－1。若输入信号幅度都减小一半，重新进行瞬态仿真，分别计算两种功放的效率 η_C，完成表 3－9－2，并提交两种条件下输出电压的瞬态波形图，观察波形的失真度在改变输入信号幅度前后有何变化？

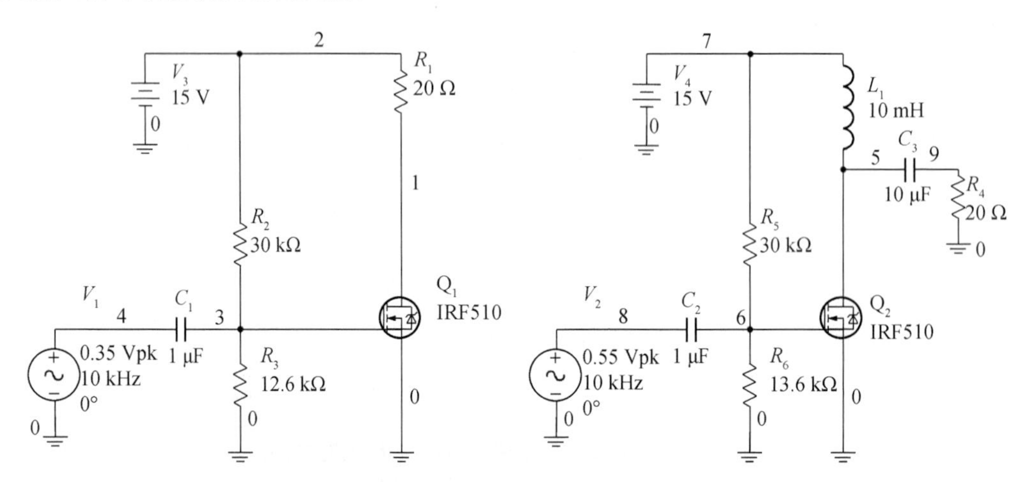

图 3－9－7　纯电阻负载甲类功放　　　图 3－9－8　*LC* 耦合甲类功放

仿真设置：

静态工作点仿真：依次点击 Simulate→Analyses→DC Operating Point，测量 V_3 和 V_4 中的电流；

瞬态仿真：依次点击 Simulate→Analyses→Transient Analysis，瞬态仿真步长为 1 μs，仿真时间大于 5 ms。

表 3－9－1　甲类功放的效率(输入信号振幅 V_{im1}＝0.35 V，V_{im2}＝0.55 V)

功放类型	I_{CQ}(mA)	P_D(W)	V_{om}(V)	P_o(W)	η_C
纯电阻负载					
LC 耦合					

表 3－9－2　甲类功放的效率(输入信号振幅 V_{im1}＝0.35/2 V，V_{im2}＝0.55/2 V)

功放类型	I_{CQ}(mA)	P_D(W)	V_{om}(V)	P_o(W)	η_C
纯电阻负载					
LC 耦合					

在图 3－9－7 和图 3－9－8 所示电路中，当负载电阻和输出功率确定后，你能总结出使甲类功放达到最优状态的优化设计步骤吗？

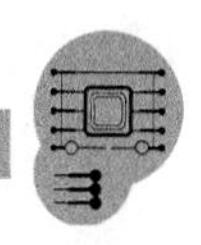

2) 乙类功放

图 3-9-9 是乙类功放的原理电路，采用正负电源供电，其中图(a)所示电路没有输入偏置电路，图(b)所示电路增加了二极管偏置电路，为输出级 NPN 管和 PNP 管提供大约 $2V_{BE(on)}$ 的电平差异。

(1) 按照图中电路参数对二者分别进行瞬态仿真，分别提交输入/输出电压波形图，对比二者的输出波形差异，认识乙类功放的交越失真；

(2) 按照图中电路参数对图(b)进行瞬态仿真，根据仿真结果计算 P_D、P_o 和 η_C，计算中采用函数 avg 得到电源平均电流，完成表 3-9-3。

仿真设置：

瞬态仿真：依次点击 Simulate→Analyses→Transient Analysis，瞬态仿真步长为 1 μs，仿真时间大于 10 ms。

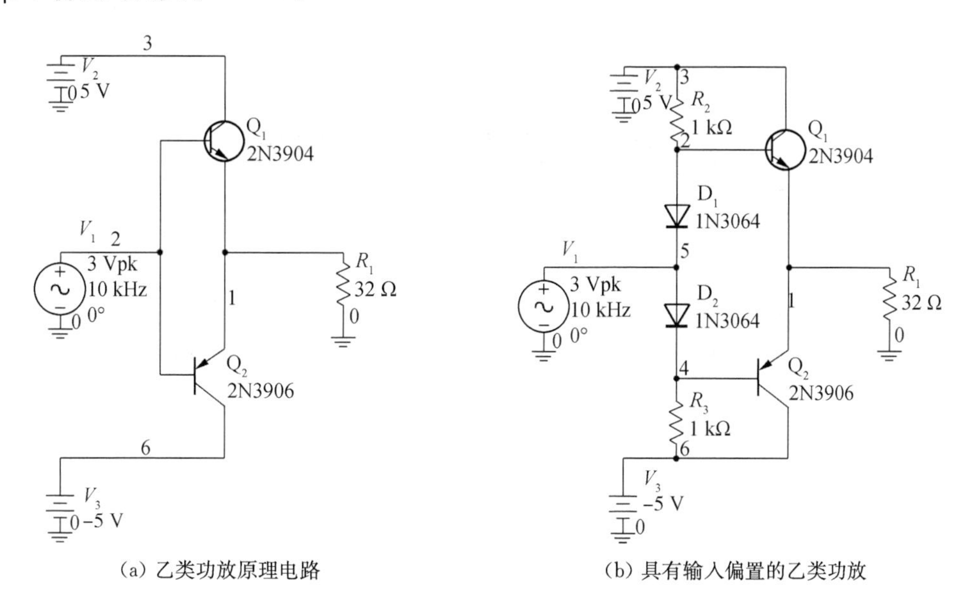

(a) 乙类功放原理电路　　(b) 具有输入偏置的乙类功放

图 3-9-9　乙类功放原理电路和具有输入偏置的乙类功放

表 3-9-3　乙类功放的效率

avg[$I(V_2)$]+avg[$I(V_3)$] (mA)	$P_{D,V_2}+P_{D,V_3}$ (W)	V_{om,R_1} (V)	P_o (W)	η_C

(1) 在图 3-9-9(b)所示电路中，仿真得到的效率和在此输出幅度下乙类功放的理论效率存在差异吗？若有差异，请解释原因。

(2) 图 3-9-9(b)所示电路的效率有可能达到乙类功放的理论最大值吗？为什么？

3) 降压型直流—直流变换器

图 3-9-10 是降压型直流—直流变换器，其中 PNP 管 Q_1 作为控制开关，等同于图 3-9-5 中的 S。控制信号 V_3 为脉冲信号源 PULSE_VOLTAGE，初始电平为 5 V，脉冲电平为 0 V，周期为 5 μs，边沿时间为 1 ns。设置控制信号的脉冲宽度分别为 1 μs，2.5 μs，4 μs 时，通过瞬态仿真得到输出电压波形，并与理论值对比，若有误差，请分析误差原因，并通过测量和计算完成表 3-9-4。

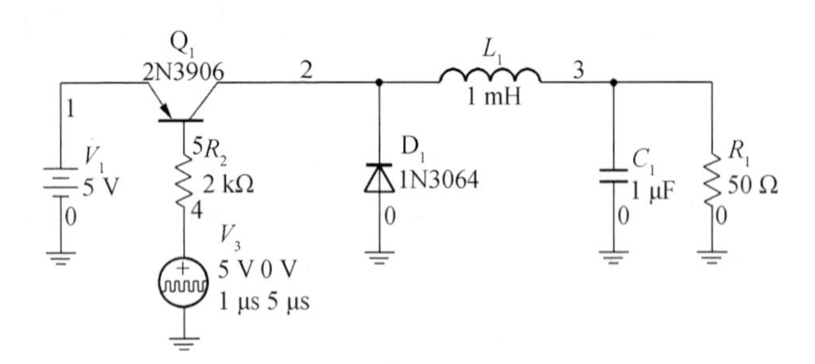

图 3-9-10 降压型直流—直流变换器

表 3-9-4 降压型直流—直流变换器的效率

脉冲宽度 (μs)	avg[$I(V_1)$] (mA)	P_{D,V_1} (W)	avg[$I(R_1)$] (mA)	V_{o,R_1} (V)	P_o (W)	η (%)
1						
2.5						
4						

仿真设置：

瞬态仿真：依次点击 Simulate→Analyses→Transient Analysis，瞬态仿真步长为 0.1 μs，仿真时间大于 1 ms。

若将降压型直流—直流变换器中的 PNP 管 2N3906 换成 NPN 管 2N3904，对电路的性能有什么影响？

【动手搭硬件】

乙类功率放大电路

图 3-9-11 是由运放 LM358P 和推挽输出级共同构成的乙类功率放大电路，采用 ±5V 电源供电。在面包板上设计完成该电路，采用 Pocket Lab 进行测试。

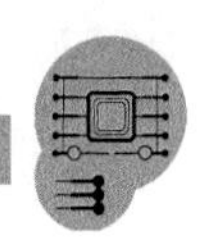

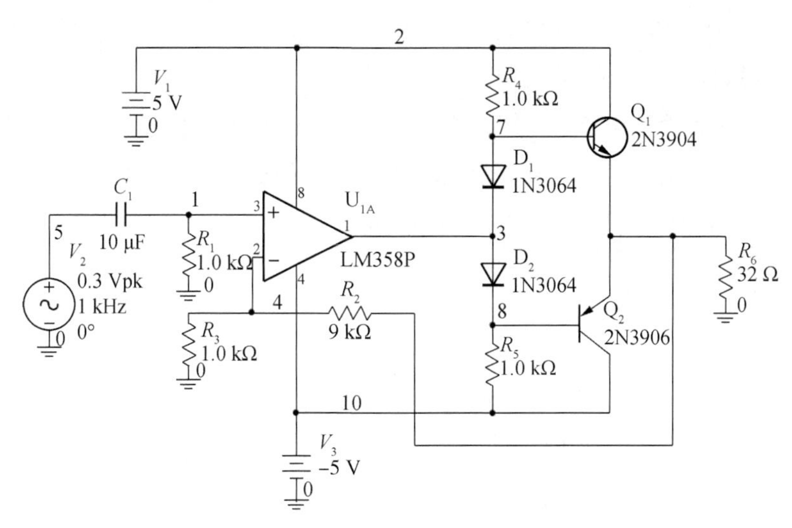

图 3－9－11　运放驱动的乙类功放

实验任务：

(1) 提交输入振幅为 300 mV，频率分别为 100 Hz，1 kHz，10 kHz 时的输出电压波形；

(2) 提交输入信号频率为 1 kHz，振幅分别为 10 mV，100 mV，300 mV 时的输出电压波形；

(3) 在输入信号频率为 1 kHz，振幅为 300 mV 时采用万用表测量两路电源的平均电流，计算整个功放电路的效率；

(4) 若条件允许，尝试接入实际的音频信号，并采用 32 Ω 阻抗的喇叭作为负载对电路进行测试，可将 R_2 改为可变电阻以适应不同的音源输出幅度。

若将运放的反馈电阻 R_2 改由节点 3 反馈，对电路会有什么影响？

提示：尝试在 Multisim 中对该电路进行 Fourier 分析，得到电路总谐波失真 THD，对比分析反馈点改变带来的影响。

【设计挑战】

参考图 3－9－6 所示开关稳压电路原理图和图 3－9－10 所示降压型直流—直流变换器，采用 PNP 管 2N3906，运放 LM358P，比较器 LM293P，二极管 1N3064，1 mH 功率电感等器件，设计一个开关稳压电路，单电源供电，电源电压为 15 V，输出电压为 5 V，负载电阻为 50 Ω，要求输出纹波小于 0.5 V。参考电压为 1 V，采用理想直流电压源，三角波采用理想信号源，幅度范围为 3.5 V～11.5 V，周期为 5 μs，下降沿时间为 2.5 μs。在 Multisim 中完成电路设计，给出电路图和参数，并给出开关管控制信号波形，电感中的电流波形和输出电压波形，并计算电路的整体效率（测量电源平均电流时仿真时间要足够长，直到输出稳定，平均电流不再变化）。

提示：由于开关稳压电路是一闭合环路，存在稳定性问题，需要在环路中设计一个主极点，可以在误差放大器的输出端串联 RC 低通网络构成主极点，同时，还可以在输出端分压电阻上并联电容引入零点，改善环路稳定性。

【研究与发现】

串联稳压电路

图 3－9－12 是由运放 LM358P 构成的串联稳压电路，电源为 15 V，输出电压为 5 V，负载电阻为 50 Ω，与“设计挑战”中的开关稳压电路条件一致，请在 Multisim 中完成仿真和分析。

（1）瞬态仿真得到输出电压波形，计算电路的效率，与“设计挑战”中的开关电源效率进行对比，分析效率存在差异的原因；

（2）对比开关稳压电路和串联稳压电路的瞬态输出波形，分析二者输出噪声存在差异的原因，以及对应用产生的影响；

（3）将图 3－9－12 中的直流电源 V_2 改成交流电压源 AC_VOLTAGE，直流偏置电压为 15 V，交流信号幅度为 1 V，频率分别为 1 kHz，10 kHz 和 100 kHz 时，通过瞬态仿真得到输出电压波形，对比输出端噪声，分析电路对不同频率电源噪声的抑制能力存在差异的原因。

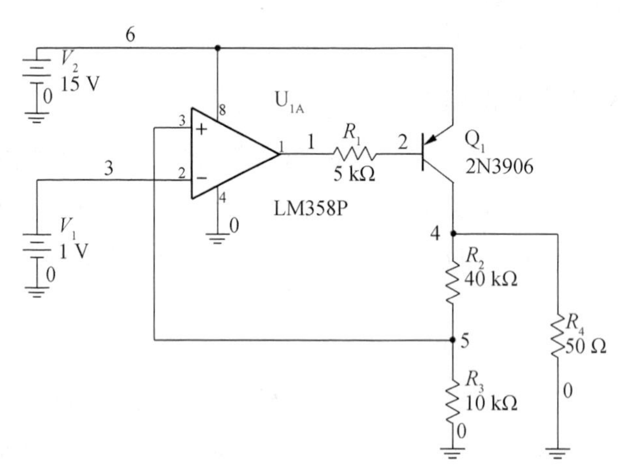

图 3－9－12　串联稳压电路

3.10 振荡器

【实验教会我】

1. 理解振荡器的工作原理和起振、平衡条件；
2. 掌握 LC 正弦波振荡器的设计、分析和调试方法；
3. 掌握晶体振荡器的设计、分析和调试方法；
4. 掌握 RC 正弦波振荡器的设计、分析和调试方法；
5. 掌握方波发生器的设计、分析和调试方法；
6. 在 Multisim 中查看编辑器件模型的方法。

【实验器材表】

实验用器件	型号	数量
运算放大器	OP37A	若干
电阻	不同阻值	若干
电容	不同容值	若干
面包板	任意	1 块
数字万用表	任意	1 台
口袋虚拟实验室	Pocket Lab	1 台

【背景知识回顾】

本实验涉及的理论知识包括振荡器工作原理和各种振荡器设计分析方法。

1) 振荡器

振荡器是不需外加输入信号的控制就能自动地将直流能量转换为特定频率、波形和振幅的交变能量的电路。

振荡器的分类可以从不同角度、不同观点进行。根据所产生的振荡波形的不同，振荡器通常可以分为正弦波振荡器和张弛振荡器两类，所谓正弦波振荡器就是指振荡波形接近理想正弦波的振荡器，而张弛振荡器则是指非正弦波振荡器，产生矩形波、锯齿波、三角波或其他特定波形的发生器均属于张弛振荡器一类。按照振荡器组成结构的不同，振荡器通常又可以分为反馈振荡器和负阻振荡器两类。所谓反馈振荡器就是指利用反馈原理，由基本放大器和反馈网络形成闭合环路而构成的振荡器。而负阻振荡器则是采用负阻器件与 LC 回路共同构成的一种正弦波振荡器。另外，就反馈振荡器而言，根据其组成的不同，又可分为两类，一类是一般模拟电路教材中都会讨论的由正反馈构成的振

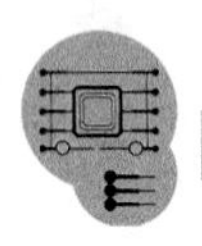

荡器。而另一类则是只有在数字电路教材中才会出现的由奇数个反相器门电路构成的振荡器。

要产生稳定的正弦振荡，振荡器必须满足振荡的起振条件、平衡条件和稳定条件。因此，在由主网络和反馈网络组成的闭合环路中，必须包含可变增益放大器和相移网络。前者应提供足够的增益，且其值具有随输入电压增大而减小的变化特性，以保证环路进入平衡状态，使振荡器产生稳定的振荡幅度；而后者应具有负斜率变化的特性，且在振荡频率上为环路提供合适的相移，使环路相移为零(或 $2n\pi$)。各种反馈振荡电路的区别就在于可变增益放大器和相移网络的实现电路不同。常用的可变增益放大器有晶体三极管放大器、场效应管放大器、差分对管放大器和集成运放等。而常用的相移网络有 LC 谐振回路、RC 相移和选频网络、石英晶体谐振器等。目前应用最广的是下列三种振荡器电路：采用 LC 谐振回路的 LC 振荡器，采用石英晶体谐振器的晶体振荡器、采用 RC 移相网络或 RC 选频网络的 RC 振荡器。

2) 振荡器的起振条件

一般反馈振荡器的组成框图如图 3-10-1 所示，在这个闭合环路中，将它在×处拆开，并定义它的环路增益为 $T(\mathrm{j}\omega)=\dot{V}_{\mathrm{f}}/\dot{V}_{\mathrm{i}}$。

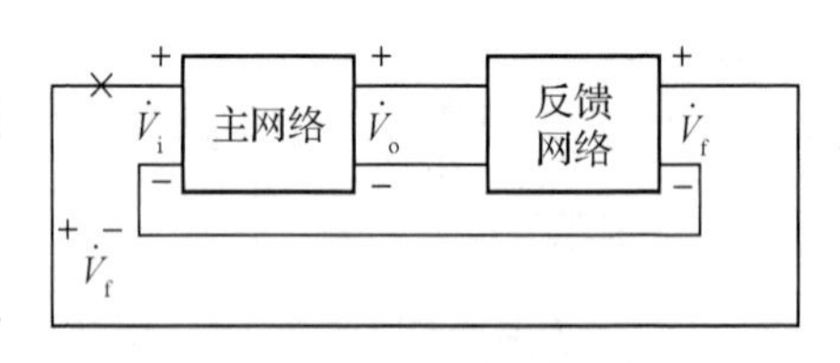

图 3-10-1 反馈振荡器的组成框图

为使反馈环路能够在某一频率 ω_{osc} 上建立起从无到有的振荡，反馈信号必须与初始信号同频同相，且反馈信号的幅度必须大于初始信号的幅度。因此，环路增益必须大于 1。若令 $T(\mathrm{j}\omega_{\mathrm{osc}})=T(\omega_{\mathrm{osc}})\mathrm{e}^{\mathrm{j}\varphi_{\mathrm{T}}(\omega_{\mathrm{osc}})}$，则上式又可写成

$$T(\omega_{\mathrm{osc}})>1 \tag{3-10-1}$$

$$\varphi_{\mathrm{T}}(\omega_{\mathrm{osc}})=2n\pi \quad (n=0,1,2,\cdots) \tag{3-10-2}$$

其中，式(3-10-1)称为振幅起振条件，式(3-10-2)称为相位起振条件。可见正反馈电路并非一定是振荡电路，正反馈只是振荡的必要条件，是振荡的相位条件，电路还必须满足振幅条件才有可能起振。

3) 振荡器的平衡条件

电路满足起振条件，可以建立起从无到有的过程。除此之外，电路还必须提供一定的机制，在振荡幅度达到某一所需确定值时限制其增长，并最终达到一个平衡。也即在正反馈环路中，反馈网络的输出信号幅度恰巧等于环路所需要的输入信号幅度，而输入信号经过主网络放大，再经反馈网络，又正好维持输出不变。因此振荡器的平衡条件为

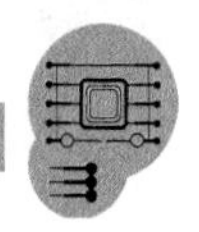

$$T(\omega_{osc})=1 \tag{3-10-3}$$

$$\varphi_T(\omega_{osc})=2n\pi \quad (n=0,1,2,\cdots) \tag{3-10-4}$$

其中，式(3-10-3)称为振幅平衡条件，式(3-10-4)称为相位平衡条件。

可见，作为反馈振荡器，必须同时满足起振条件和平衡条件。为此，电源接通后，电路中环路增益的模值 $T(\omega_{osc})$ 必须具有随振荡电压振幅 V_i 增大而下降的特性，因此环路中就必须包含非线性环节。

4) LC 正弦波振荡器

采用 LC 谐振回路作为相移网络的反馈振荡器统称为 LC 正弦波振荡器，目前在分立电路中应用最广的是三点式振荡电路。以管子作为放大器，以并联谐振电路作为选频网络，并且谐振回路的三个引出端点与三极管的三个电极相接。其中，与发射极相接的为两个同性质电抗；而另一个(接在集电极与基极间)为异性质电抗。电路的命名则与发射极相接的电抗相同。按这种规定连接的三点式振荡电路，满足相位平衡条件，可实现正反馈。电容三点式振荡电路又称考毕兹电路，如图 3-10-2(a)所示，图中 C_C 为耦合电容，C_B 为旁路电容，电阻 R_{B1}、R_{B2} 和 R_E 构成分压式偏置，为电路提供直流偏置，R_L 为输出负载电阻。电路的交流通路如图 3-10-2(b)所示。电感三点式电路又称为哈特莱电路，基本电路和它的交流通路如图 3-10-3(a)、(b)所示。基本电路中，有着与电容三点式同样的直流偏置电路，电容 C_B、C_C 的作用仍如前所述，电容 C_E 的用作是隔直流，防止电感 L_2 将偏置电阻 R_E 短路，在直流通路中 R_C 为负载电阻。交流通路中的 $R_L'=R_L/\!/R_C$。

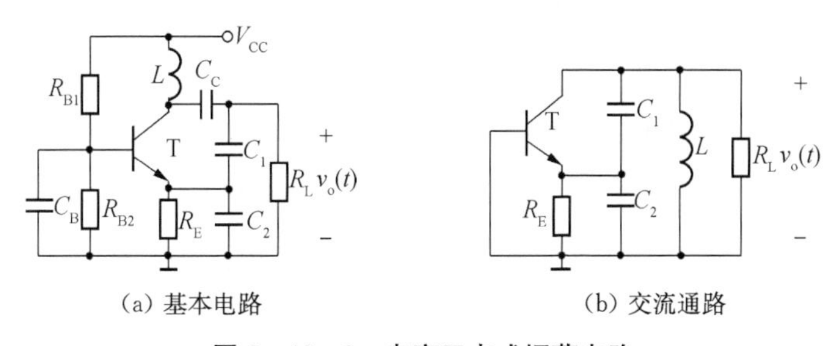

图 3-10-2　电容三点式振荡电路

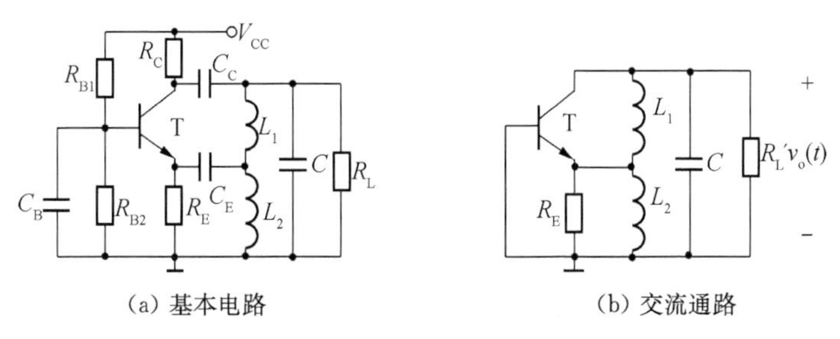

图 3-10-3　电感三点式振荡电路

5) 石英晶体振荡器

石英晶体和其他很多固体一样是有弹性的物体，在外力的作用下会发生形变，外力消失则有恢复原形的趋势。若对石英晶片施加外力使其发生机械形变，则在石英片两面引出的两个电极上就会产生符号相反、数值相等的电荷，其值与形变的大小成正比。反之，当在与之相接的两个电极上施加电压时，石英晶片产生机械形变，形变的大小与两电极间的电场强度成正比，通常将这种机/电和电/机的相互转换效应称为压电效应。正因为具有压电效应，可以利用石英谐振频率十分稳定的机械振动来控制振荡器的振荡频率，从而极大地提高振荡器的频率稳定度。

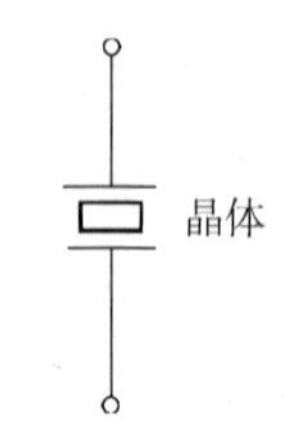

图 3-10-4　晶体的电路符号

晶体的电路符号与其结构类似，两极板间夹一片晶体，用两电极引出，如图 3-10-4 所示。以电学的观点来看，石英谐振器的等效电路如图 3-10-5(a)所示，图中，L_{q1}、C_{q1}、r_{q1} 等效为它的基频谐振特性，L_{q3}、C_{q3}、r_{q3} 等效为它的三次泛音的谐振特性……C_o 表示石英谐振器的静态电容和支架、引线等分布电容之和。若作为基频晶体，石英谐振器的等效电路就可简化为图 3-10-5(b)所示的形式，符号中的下标 1 省略。

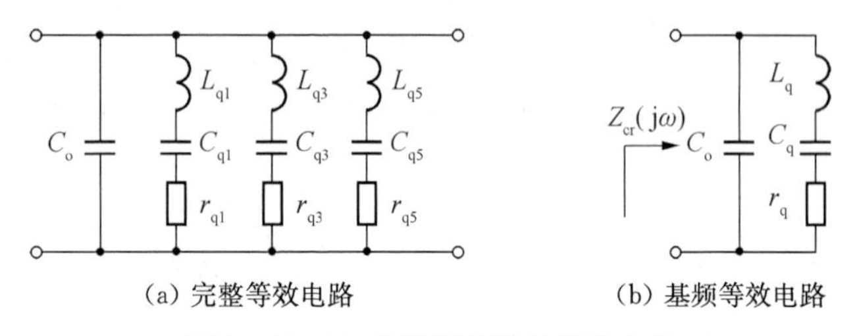

(a) 完整等效电路　　(b) 基频等效电路

图 3-10-5　石英谐振器的等效电路

如图 3-10-5(b)所示基频晶体等效电路，分析在电路中晶体所呈现的阻抗特性值近似为

$$Z_{cr}(j\omega) \approx jX_{cr} = -j\frac{1}{\omega C_o}\frac{1-\left(\frac{\omega_s}{\omega}\right)^2}{1-\left(\frac{\omega_p}{\omega}\right)^2} \tag{3-10-5}$$

式中

$$\omega_s = \frac{1}{\sqrt{L_q C_q}}, \qquad \omega_p = \frac{1}{\sqrt{L_q \frac{C_q C_o}{C_q + C_o}}} \tag{3-10-6}$$

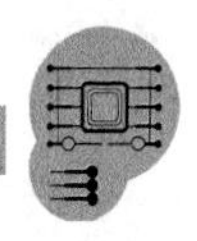

根据式(3－10－5)画出晶体的电抗曲线，如图 3－10－6 所示。由图可见，在 $\omega_s \sim \omega_p$ 的频率范围内，晶体呈感性；在其他频段内，晶体呈容性。在 ω_s 上，晶体具有串联谐振特性；在 ω_p 上，晶体具有并联谐振特性。

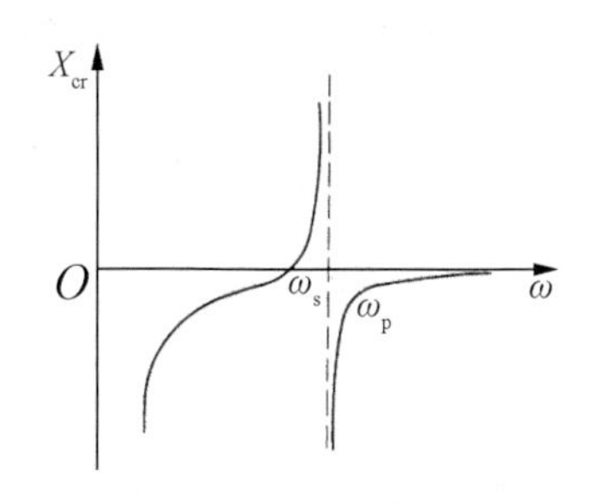

图 3－10－6　晶体的电抗曲线

在实际应用中，根据晶体在振荡电路中的不同作用，晶体振荡器有两种基本电路类型：

(1) 晶体的并联运用，工作在 f_s 和 f_p 之间，且偏向于 f_s，晶体等效为一个高 Q 值的电感，与外电路电容构成并联谐振回路，相应构成的振荡电路称为并联型晶体振荡电路。目前应用最广的是类似电容三点式的皮尔斯(Pirece)晶体振荡电路，如图 3－10－7(a)所示，相应的交流通路如图 3－10－7(b)所示。

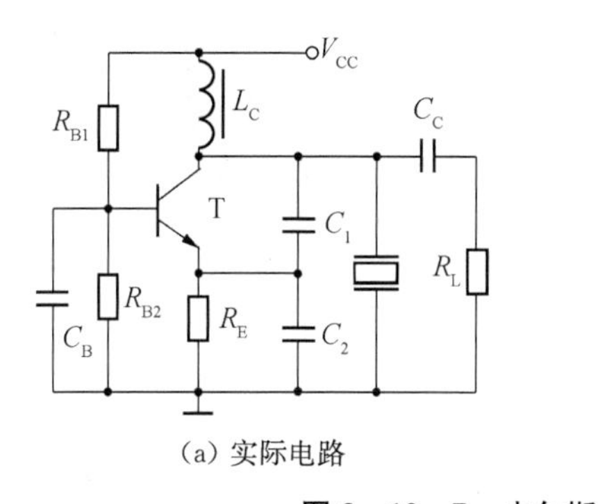

(a) 实际电路

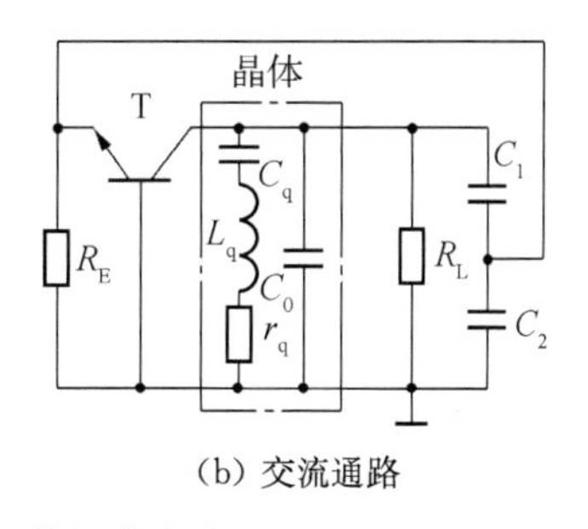

(b) 交流通路

图 3－10－7　皮尔斯晶体振荡电路

(2) 晶体的串联运用，工作在晶体的串联谐振频率 f_s 上，因为高 Q 值，损耗很小，晶体等效为短路线，相应构成的振荡电路称为串联型晶体振荡电路。如图 3－10－8 所示为晶体在三点式电路中的应用，由图可见，当晶体串联谐振等效为短路线时，电路是标准的电容三点式电路。而当偏离串联谐振频率时，晶体呈阻抗，且其值迅速增大同时产生相移，电路不再满足三点式的组成法则，不能振荡。因此，这种振荡器的振荡频率主要取决于晶体的串联谐振频率。

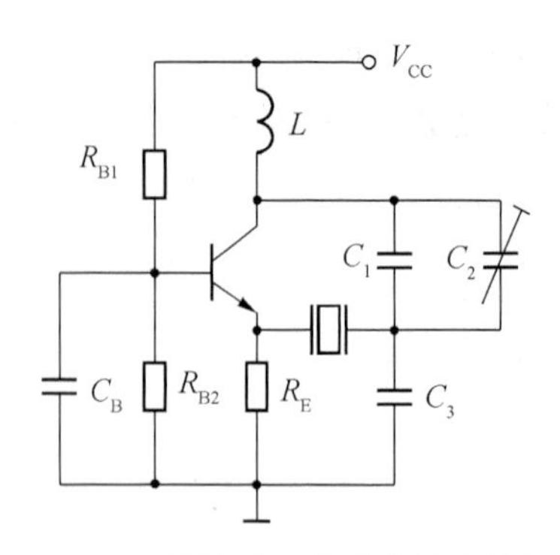

图 3-10-8　晶体在三点式电路中作短路线

6) *RC* 振荡器

采用 *RC* 电路作为移相网络的振荡器统称为 *RC* 正弦波振荡器，主要工作在几十 kHz 以下的低频段。采用的移相网络有 *RC* 导前移相电路、*RC* 滞后移相电路和 *RC* 串并联选频电路，它们的电路结构列在表 3-10-1 中，表中 $\omega_0=1/RC$。

表 3-10-1　*RC* 移相电路

	导前移相电路	滞后移相电路	串并联选频电路
电路	C, R, $\dot{V}_1$, $\dot{V}_2$ $A(j\omega)=j\dfrac{\omega/\omega_0}{1+j\omega/\omega_0}$	R, C, $\dot{V}_1$, $\dot{V}_2$ $A(j\omega)=\dfrac{R}{1+j\omega/\omega_0}$	R, C, R, C, $\dot{V}_1$, $\dot{V}_2$ $A(j\omega)=j\dfrac{\omega/\omega_0}{\left(1-j\dfrac{\omega^2}{\omega_0^2}+j\dfrac{\omega}{\omega_0}\right)+j3\dfrac{\omega}{\omega_0}}$
幅频特性	$A(\omega)$, 1, 0.7, 0, 1, ω/ω_0	$A(\omega)$, 1, 0.7, 0, 1, ω/ω_0	$\frac{1}{3}$, $A(\omega)$, 0, 1, ω/ω_0
相频特性	$\varphi_1(\omega)$, 90°, 45°, 0°, ω/ω_0	$\varphi(\omega)$, 1, 0°, ω/ω_0, -45°, -90°	$\varphi(\omega)$, 90°, 0°, 1, ω/ω_0, -90°

图 3-10-9(a)为 *RC* 相移振荡电路。将图 3-10-9(a)电路在×处断开，断开点的右端加 $\dot{V}_i$，左端为 $\dot{V}_f$，注意此时必须将断开点右端放大器的输入电阻接在 $\dot{V}_f$ 端，以保证

开环前后电路的等效性。对于理想集成运放，接成反相放大器时的输入电阻等于 R，因此得到图 3－10－9(b)所示开环电路。振荡器的振荡角频率 ω_{osc} 和振幅起振条件分别为

$$\omega_{osc}=\frac{1}{\sqrt{6}RC} \tag{3-10-5}$$

$$\frac{R_f}{R}>29 \tag{3-10-6}$$

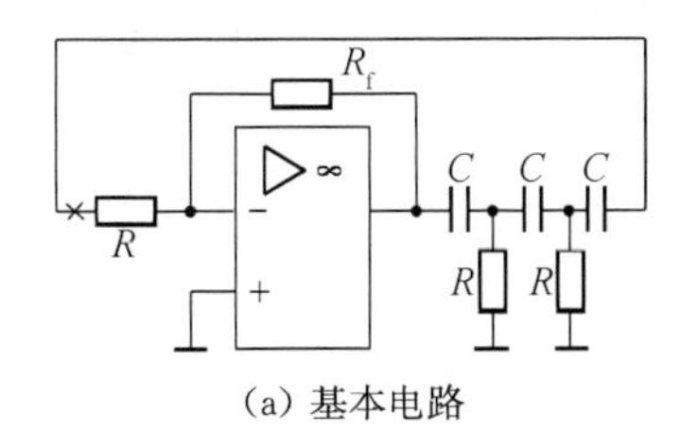

(a) 基本电路

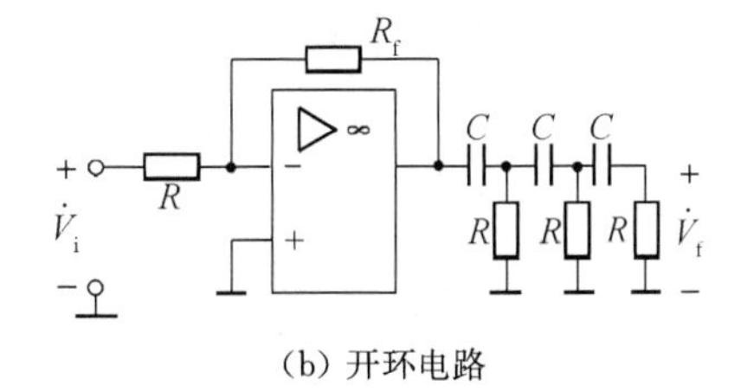

(b) 开环电路

图 3－10－9　*RC* 相移振荡电路

图 3－10－10(a)为外稳幅文氏电桥振荡器电路。由图可见，串并联选频电路的输出端接在运算放大器的同相端。如果从同相端断开，开环电路如图 3－10－10(b)所示，电路为同相放大器与串并联 RC 相接，满足电路组成原则。在 $\omega_{osc}=\omega_0$ 时，RC 串并联电路提供零相移，环路满足相位平衡条件。在这个频率上，振荡器的环路增益为

$$T(\omega_0)=\frac{1}{3}\frac{R_t+R_1}{R_1} \tag{3-10-7}$$

选取 R_t 和 R_1 的值，使 $R_t>2R_1$，即 $T(\omega_0)>1$，就可满足振幅起振条件。

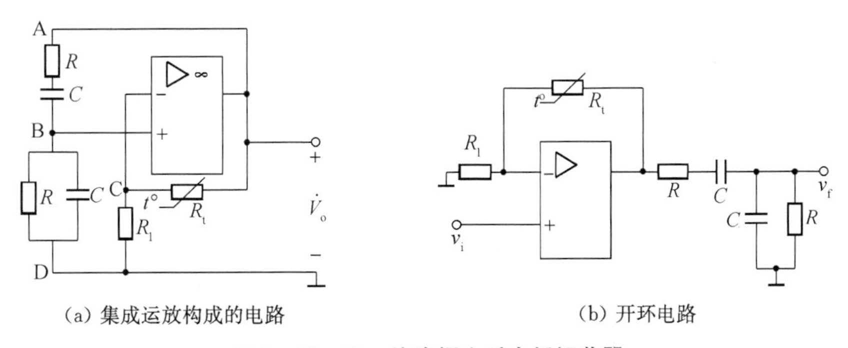

(a) 集成运放构成的电路

(b) 开环电路

图 3－10－10　外稳幅文氏电桥振荡器

7) 迟滞比较器构成方波发生器

迟滞比较器常用来组成波形整形，波形产生等电路。如图 3－10－11(a)所示为方波产生电路。图中 R 和 C 为定时元件。比较器的两个门限电压分别为

$$V_{IH}=V_{OH}\frac{R_2}{R_1+R_2}$$

$$V_{IL}=V_{OL}\frac{R_2}{R_1+R_2}$$

假设 $t=0$ 时 $v_O=V_{OH}$，且 C 上起始电压为零，这时，V_{OH} 通过 R 向 C 充电，C 上电压按指数规律上升，直到其值等于 V_{IH} 时，v_O 由 V_{OH} 下跃到 V_{OL}，C 将通过 R 放电，C 上电压按指数规律下降，直到其值等于 V_{IL} 时，v_O 由 V_{OL} 上跃到 V_{OH}。之后 C 又充电，如此重复，便得到图 3-10-11(b)所示的方波信号。

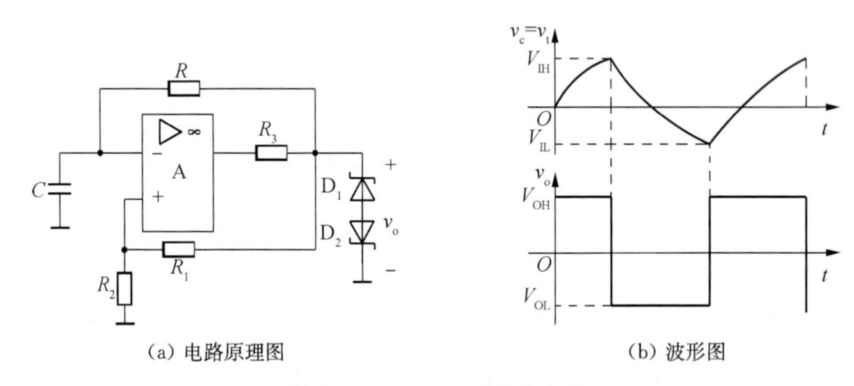

(a) 电路原理图　　(b) 波形图

图 3-10-11　方波发生电路

【背景知识小考查】

考查知识点：RC 相移振荡电路

(1) 在图 3-10-12 所示的 RC 相移振荡电路中，请计算该振荡器的振荡频率和振幅起振条件，并将振荡频率填入表 3-10-7 中。

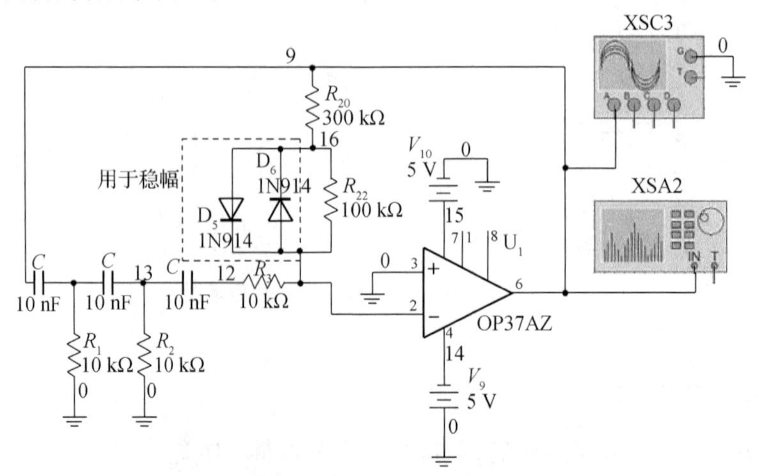

图 3-10-12　RC 相移振荡电路

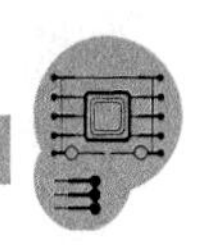

(2) 复习 Multisim 中示波器和频谱分析仪的使用方法。

(3) 复习开环方法，思考如何在 Multisim 中完成开环验证电路。

【一起做仿真】

1) *LC* 振荡电路

在 Multisim 中搭试如图 3-10-13 所示电路，对该电路首先进行直流工作点分析，并将结果填入表 3-10-2 中。

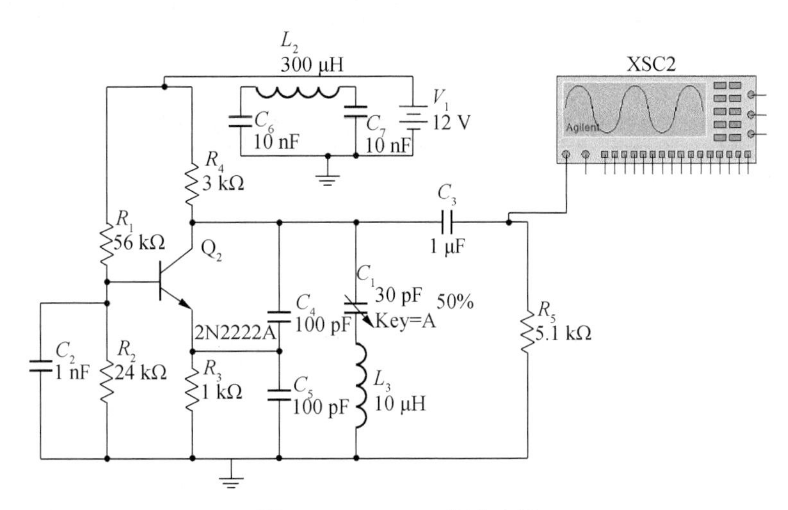

图 3-10-13　*LC* 振荡电路

表 3-10-2　*LC* 振荡电路静态工作点

	仿真值
基极电流 I_B(μA)	
集电极电流 I_C(mA)	
集电极电压(V)	
发射极电压(V)	

对电路进行瞬态分析，查看电路的起振过程，测量振荡频率，并回答问题。

仿真设置：点击 Simulate→Run…，测得振荡频率的测量值为________。

(1) 分析表 3-10-2 中数据，体会振荡器的正常工作也需要放大器静态工作点的正确设置。

(2) 该电路是 LC 振荡电路中的哪一种？并简述判断依据。

(3) 请估算该电路的振荡频率，简述估算过程，并给出估算值为________。对比估算值和测量值，说明两者存在差别的原因。

(4) 请思考并简述可变电容 C_1 的作用。

(5) 调节可变电容 C_1，完成表 3-10-3。思考 C_1 对振荡频率的影响。

表 3-10-3　C_1 变化对振荡的影响

C_1(30 pF)	0%	25%	50%	75%	100%
振荡频率					

2) 晶体振荡电路

在 Multisim 中搭试如图 3-10-14 所示电路，对该电路首先进行直流工作点分析，并将结果填入表 3-10-4 中。

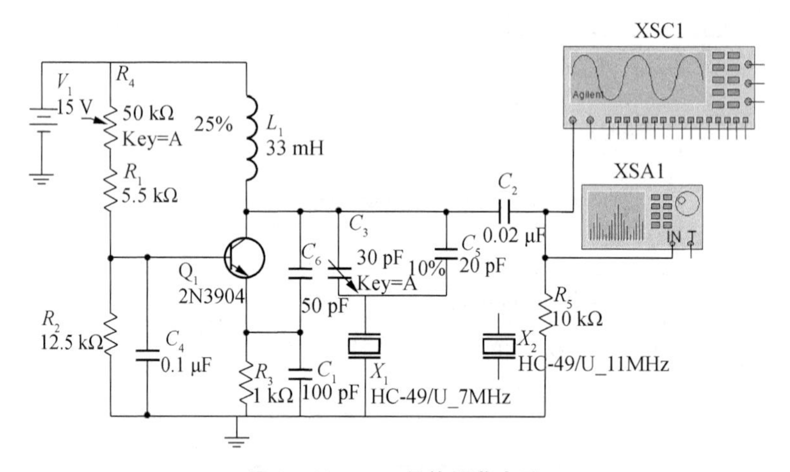

图 3-10-14　晶体振荡电路

表 3-10-4　晶体振荡电路静态工作点

	仿真值
基极电流 I_B(μA)	
集电极电流 I_C(mA)	
集电极电压 V_C(V)	
发射极电压 V_E(V)	

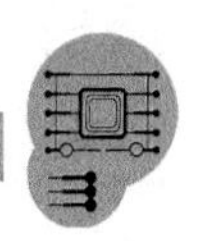

对电路进行瞬态分析，查看电路的起振过程，测量振荡频率，填入表 3－10－5 中。将 U_7MHz 晶振换成 U_11MHz 晶振，重新做瞬态仿真，测量振荡频率后填入表 3－10－5 中。

仿真设置：点击 Simulate→Run…

表 3－10－5　C_1 变化对振荡的影响

晶振	U_7MHz	U_11MHz
振荡频率		

（1）分析表 3－10－4 中的数据，体会若要振荡器正常工作，需要正确设置放大器的静态工作点。

（2）该电路是晶体振荡电路中的哪一种？晶体在该振荡电路中工作在什么频率范围，充当什么元器件？并简述判断依据。

（3）分析表 3－10－5 中的数据，对比采用不同晶振时电路的振荡频率，理解晶振的作用。

（4）双击晶体器件，在弹出窗口中选择标签 Value，如图 3－10－15 所示，点击“Edit model”，在弹出窗口中读取两种晶振的模型参数，如图 3－10－16 所示。根据式(3－10－6)，计算 ω_s 和 ω_p，填入表 3－10－6 中。分析计算得到的 ω_s、ω_p 和振荡频率的关系，对照图 3－10－16，验证问题 3 理解的正确性。

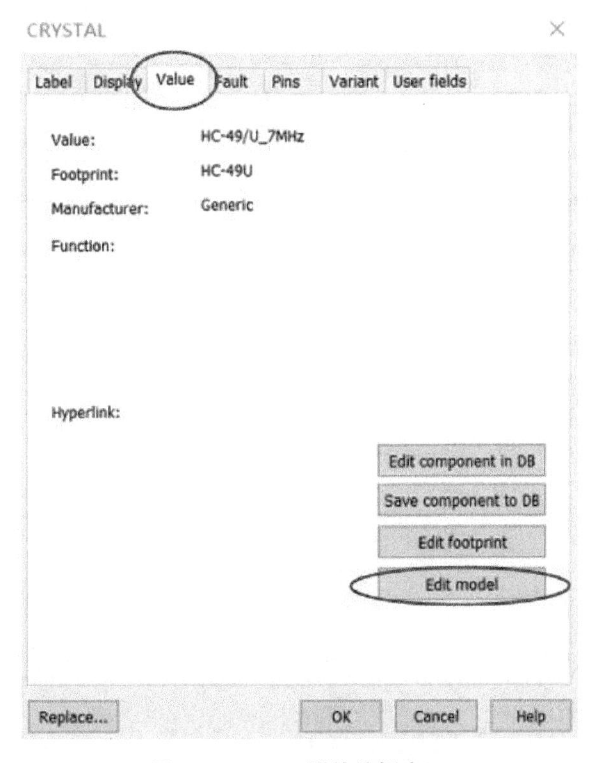

图 3－10－15　器件编辑窗口

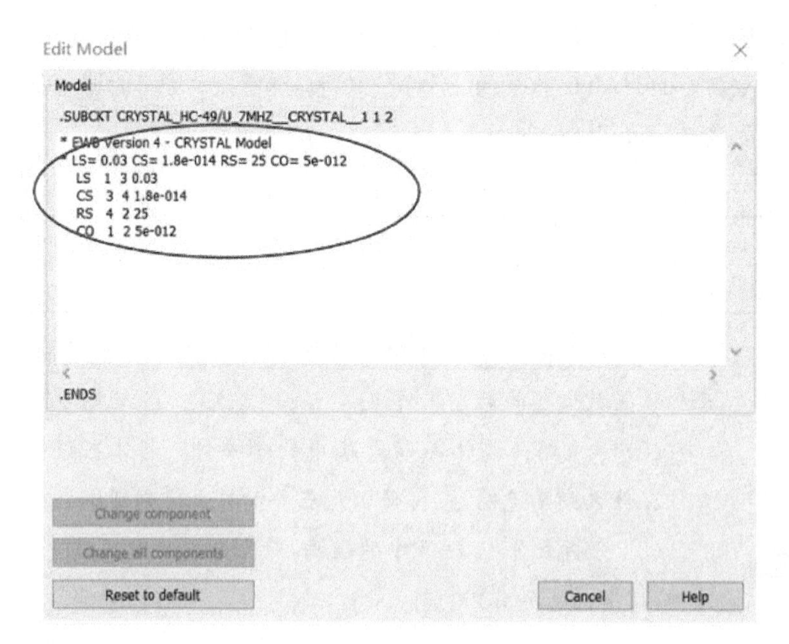

图 3-10-16　模型窗口

表 3-10-6　不同晶振参数

晶振	U_7MHz	U_11MHz
L_S		
C_S		
C_O		
ω_s		
ω_p		

3) *RC* 振荡电路

在 Multisim 中搭试图 3-10-12 *RC* 相移振荡电路的开环分析电路，如图 3-10-17 所示，进行 AC 交流分析，在幅频图和相频图上分析该振荡电路起振和稳定的相位条件与振幅条件，理解开环分析结果对振荡器工作条件的指导意义。

仿真设置：依次点击 Simulate→Analyses→AC analysis…

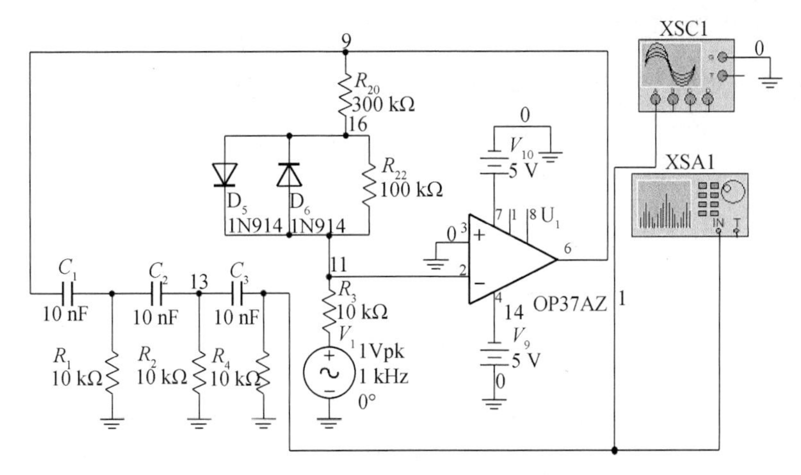

图 3-10-17　*RC* 相移振荡电路开环仿真图

请分析开环仿真获得的幅频图和相频图，并从图中判别该振荡器是否振荡。如果不能，请说明原因；如果可以，请读出电路的振荡频率为________，对应此频率的幅度增益为________，并记录判断依据。

在 Multisim 中搭建图 3-10-12 所示电路，并进行瞬态仿真，用示波器查看瞬态波形；用频谱分析仪查看输出信号的频谱。

仿真设置：点击 Simulate→Run…。注意观察振荡器的起振过程。读出示波器上瞬态波形的周期，分析频谱分析仪上输出信号的频谱，获得振荡器的仿真振荡频率，填入表 3-10-7 中。

表 3-10-7　*RC* 相移振荡电路振荡频率

	计算值	仿真值	实测值
振荡频率			

如果需要将如图 3-10-12 所示电路的振荡频率减小 10 倍或增加 10 倍，请重新设计电路参数，并将改动的参数列入表 3-10-8 中。(根据设计情况改变表格栏)

表 3-10-8　*RC* 相移振荡电路振荡频率

改动元件	改动前	改动频率减小 10 倍	改动频率增大 10 倍

4) 方波发生器

在 Multisim 中搭建如图 3－10－18 所示方波发生电路。

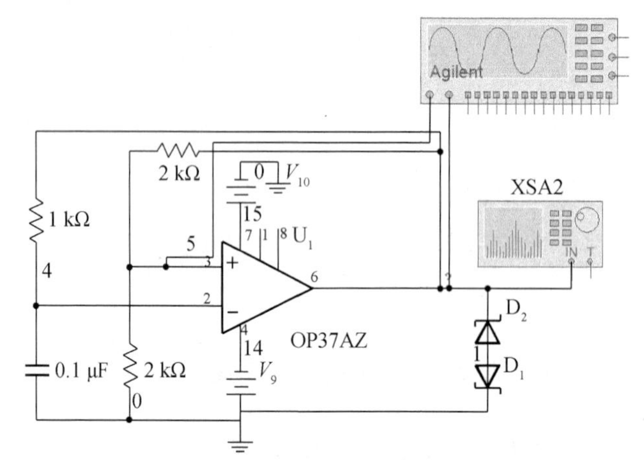

图 3－10－18　方波发生器

简述该电路的工作原理，并指出示波器两路将获得何种波形

通道 1：________________；通道 2：________________。

进行瞬态仿真，用示波器查看两通道的瞬态波形，并用频谱仪测量频率，记录在表 3－10－9 中。

仿真设置：点击 Simulate→Run…。

表 3－10－9　方波发生器振荡频率

	仿真值	实测值
振荡频率		

请至少提出三种改变频率的方法，并实际试一试，将改动方法和新频率记录于表 3－10－10 中。

表 3－10－10　方波发生器振荡频率

方法	改动元件	改动前	改动后	新频率
方法 1				
方法 2				
方法 3				

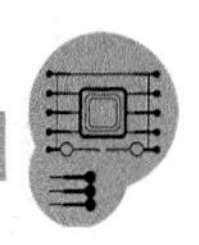

【动手搭硬件】

RC 振荡器和方波发生电路实验

1）RC 相移振荡器

（1）电路连接

首先根据图 3－10－12 在面包板上搭试电路，采用 AD 公司的集成运放模块 OP37（引脚定义参照图 3－10－19）。

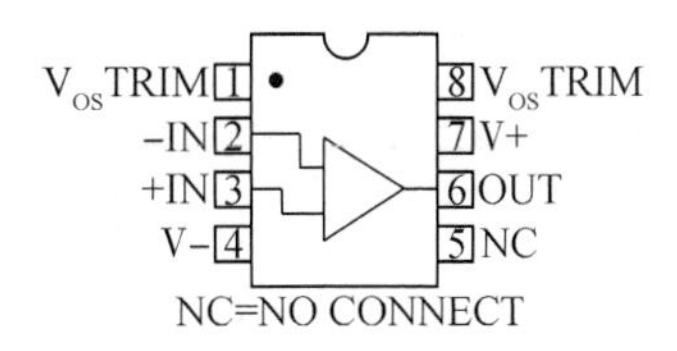

图 3－10－19　OP37 引脚定义

（2）瞬态波形观测

在电脑中打开 Pocket Lab 的示波器界面，选择合适的时间和电压刻度，显示输出波形，并在窗口中直接读出其振荡波形的峰峰值和振荡频率，填入表 3－10－7 中，比较计算值、仿真值和测试值是否一致。

（3）频谱测量

在电脑中打开 Pocket Lab 的 FFT 分析界面，选择合适的频率范围，显示输出波形频谱，并在窗口中直接读出其振荡频率。

2）方波发生器

（1）电路连接

首先根据图 3－10－18 在面包板上搭试电路。

（2）瞬态波形观测和频率测量

在电脑中打开 Pocket Lab 的示波器界面，选择合适的时间和电压刻度，显示输出波形。打开 Pocket Lab 的 FFT 分析界面，选择合适的频率范围，显示输出波形频谱，填入表 3－10－9 中，比较仿真值和测试值是否一致。

采用设计好的改变频率方法中的一种，修改方波发生器电路，并实际测量新的频率为________，采用的是方法________。

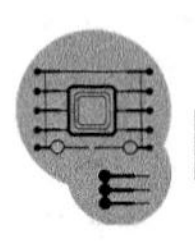

【设计大挑战】

根据图 3－10－20，采用 OP37 运算放大器和现有元器件，设计文氏电桥振荡器。要求振荡频率为 800 Hz。

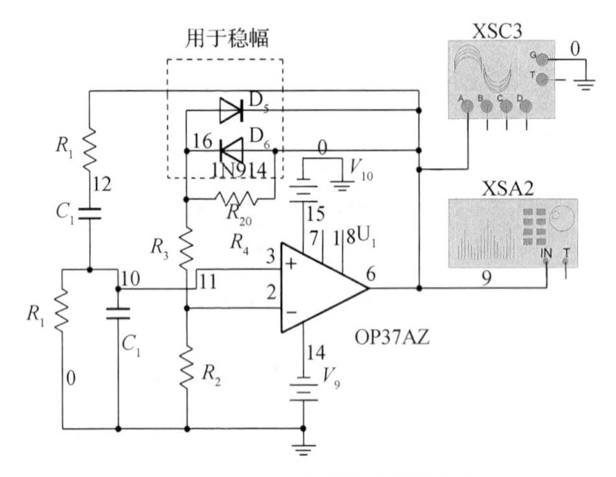

图 3－10－20　文氏电桥振荡电路

(1) 简述文氏电桥振荡电路的工作原理和设计过程，将设计参数填入表 3－10－11。

(2) 将设计好的文氏电桥振荡器输入 Multisim。经过调试修改(可采用开环验证相位和幅度的起振条件)，采用 Simulate→Run，查看瞬态仿真波形和频谱。将仿真获得的振荡频率填入表 3－10－12。

(3) 将设计好的文氏电桥振荡器采用以上 *RC* 相移振荡器的硬件实验步骤，在 Pocket Lab 的相应测量工具上获得其振荡频率，填入表 3－10－12。

表 3－10－11　文氏桥振荡电路振荡频率

C_1(μF)	R_1(kΩ)	R_2(kΩ)	R_3(kΩ)	R_4(kΩ)

表 3－10－12　文氏电桥振荡电路振荡频率

	设计值	仿真值	实测值
振荡频率	800 Hz		

【研究与发现】

振荡器起振条件研究

(1) 将图 3-10-12 中的电容 C 从 10 nF 改为 0.1 nF 后，进行 Multisim 瞬态仿真，记下此时的振荡频率为________。

(2) 在(1)的基础上，将图 3-10-12 中的运放从 OP37 改为 741 后，再进行 Multisim 瞬态仿真，结果如何？请解释原因。(提示：可采用开环分析方法查看此时的增益和相位，并思考变化的原因)

(3)可否采用 3.8 节运算放大器及应用电路中的运放研究方法，通过对运放的性能研究，验证自己对实验结果的思考是否正确？请记录验证过程和验证结果。

(4) 可改变哪些参数使该电路能够再次起振？请尝试提出方案并记录思路，采用 Multisim 仿真验证方法修改方案是否有效。

附录一　Pocket Lab 的软件安装

本软件基于 Windows 系统的 PC 客户端使用，与 Pocket Lab 硬件配套使用，具有简易虚拟示波器、信号发生器、直流电压表、波特分析仪以及逻辑分析仪等功能。

1　程序安装

(1) 双击 setup 安装程序，如附图 1.1 所示，点击下一步；

附图 1.1　安装程序欢迎界面

(2) 出现如附图 1.2 所示界面，可自定义应用程序目标目录，默认目录为 C:\Program Files (x86)\虚拟实验室，设置完成后，点击下一步；

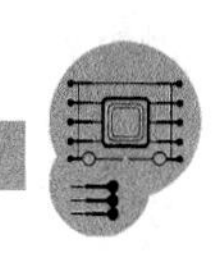

虚拟实验室

目标目录
选择主安装目录。

将在以下位置安装所有软件。如需将软件安装至其它位置，可单击“浏览”按钮并选择其它目录。

应用程序目标目录
C:\Program Files (x86)\虚拟实验室\
浏览...

National Instruments软件目标目录
D:\Program Files (x86)\National Instruments\
浏览...

<<上一步(B) 下一步(N)>> 取消(C)

附图 1.2 安装目标目录

(3) 出现如附图 1.3 所示界面，继续点击下一步；

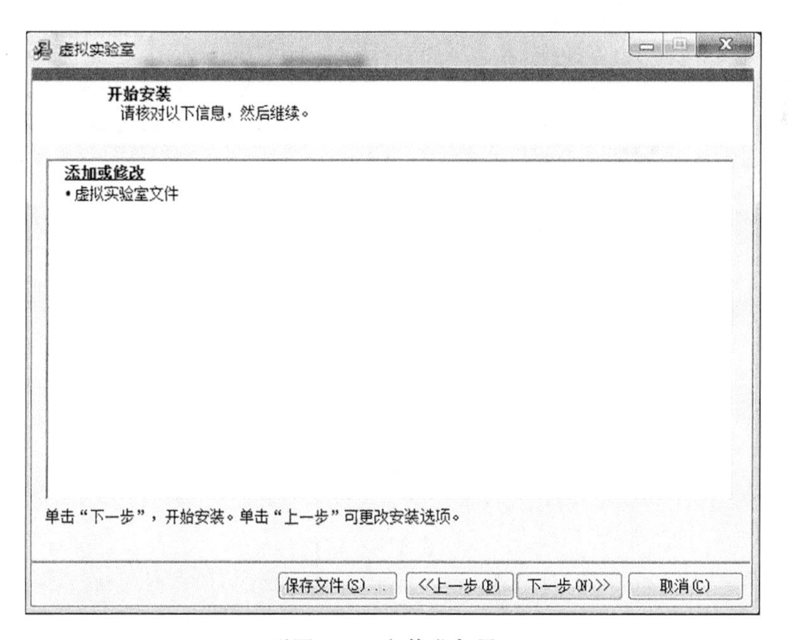

附图 1.3 安装准备界面

(4) 如附图 1.4 所示，程序开始安装；

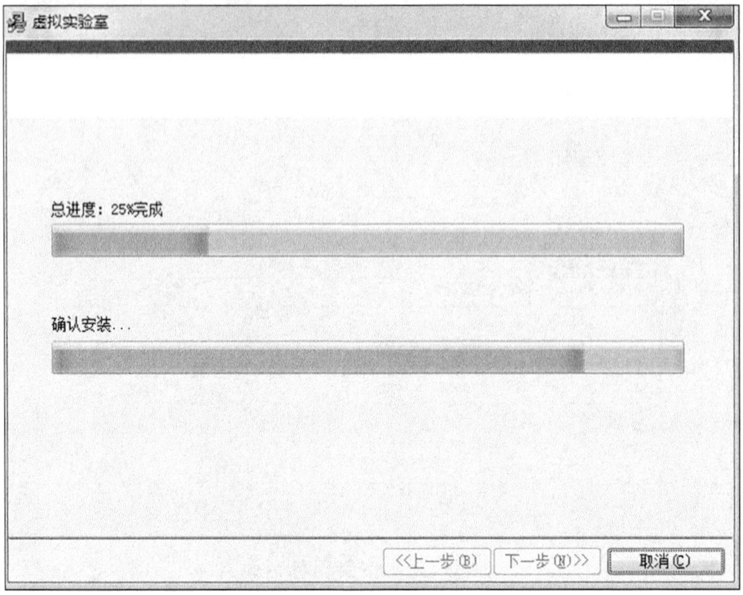

附图 1.4　开始安装

(5) 如附图 1.5 所示，程序安装完毕，点击完成。

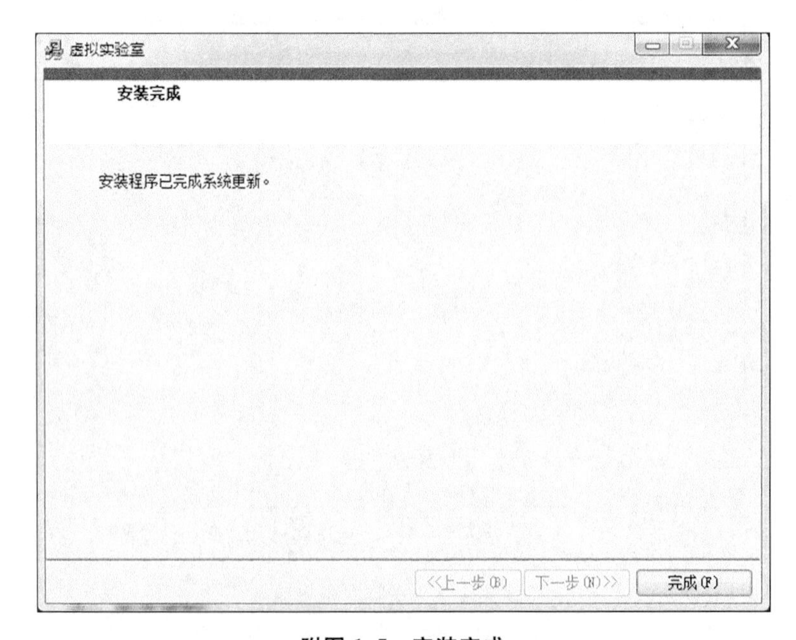

附图 1.5　安装完成

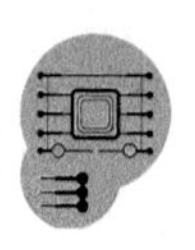

安装完成之后，桌面将自动生成 Pocket Lab 程序快捷方式，如附图 1.6 所示。

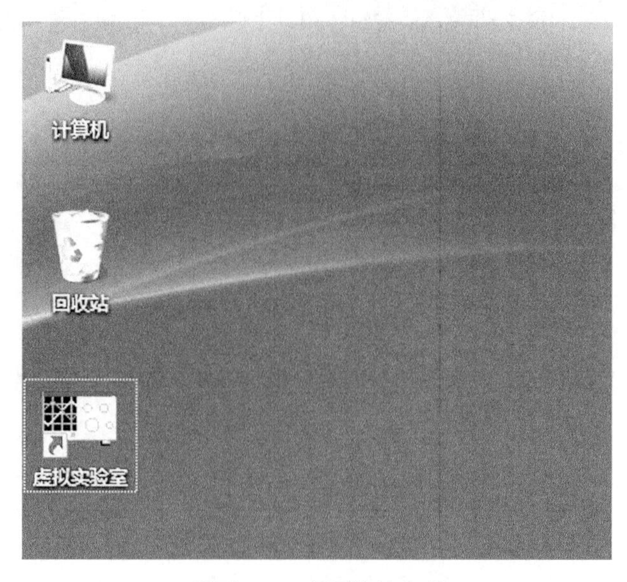

附图 1.6　桌面快捷方式

2　驱动安装

程序安装完成后，为了顺利使用 Pocket Lab 还需要安装驱动。在 PC 端首次连接 Pocket Lab 硬件时，需要安装驱动文件。安装过程如下：

(1) 将 Pocket Lab 设备通过 USB 连接，并打开电源，看到板上 LED 灯亮起。

(2) 找到驱动安装目录，运行 SETUP. EXE 执行文件，出现如附图 1.7 所示界面。

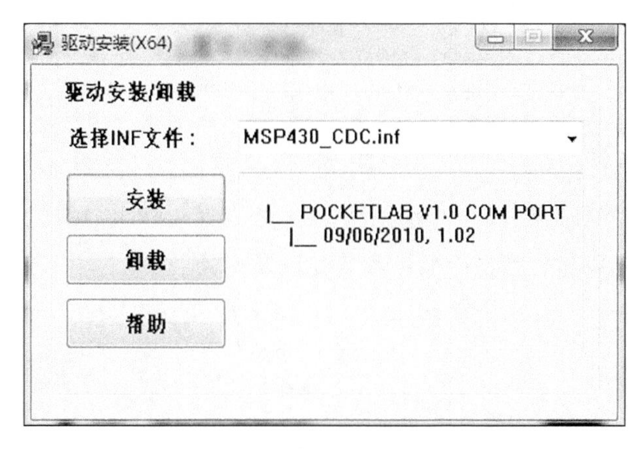

附图 1.7

提示：若系统运行 setup. exe 时出现“用户账户控制”对话框提示是否允许程序对计

算机进行修改，请点击“是(Yes)”确认后，进行下一步操作。

(3) 确认所选择 INF 文件名为“MSP430_CDC. inf”，点击安装，安装完成后，如附图 1.8 所示。

附图 1.8

注：若安装驱动过程中，出现如附图 1.9 所示错误，可能是由于操作系统缺失某些系统文件导致，可尝试通过以下方式来解决问题。

附图 1.9

在安装文件中找到“[3]部分电脑无法正确安装驱动解决方案”文件夹，按照文件夹内的说明文档“驱动安装失败指南”，根据具体故障解决。

当程序和驱动都安装成功后，Pocket Lab 设备与 PC 端实现正常通信。

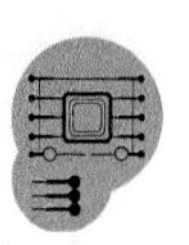

附录二　Pocket Lab 的软件接口

Pocket Lab 提供了用于计算机端二次开发的控制接口协议，可供用户通过 C++、Labview、Matlab 等软件进行二次开发，构成其他的测量、控制系统。

Pocket Lab 使用 TI 的 msp430 位控制核心，其接口采用 TI 的虚拟串行接口（VCP）通信方式。对于用户而言，它看上去就像一个一般的串行接口（COM 口）。只要开发软件支持串口读写操作，就可以通过输出相应的命令字符串，对它进行控制，并取得对应的控制信息。

对 Pocket Lab 对应的 VCP 口的打开以及输入/输出的方法与计算机上的其他 COM 口的操作完全相同，其过程在很多开发软件平台中都有详细的介绍，这里就不再赘述。下面将重点对 Pocket Lab 口袋实验室的命令字符串的组成和功能进行详细介绍。

1　通用命令

握手信号：确认连接设备。

功能：握手指令，主要是用于上位机确认 Pocket Lab 设备连接正常。

发送：HELLO↙。

回复：I ⊔ am ⊔ Pocket Lab ⊔ V2.0.0! \r\n(共 24Byte)。

说明：该命令可以用于寻找 Pocket Lab 所在的 COM 口，并确认硬件已经被正确地接在计算机的 COM 口上。

2　模拟信号相关指令

2.1　差分(Differential Mode)信号发生器设置命令

功能：设置信号发生器的输出参数。此时信号发生器产生两通道各参数相等但相位相差 180°的差分信号。

发送：OPEN_SIG ⊔<A1>⊔<A2>⊔<A3>⊔<A4>⊔<A5>↙

回复：Setting ⊔ SIG ⊔ OK！ \r\n(共 17Byte)。

参数说明：

<A1>为信号类型，内容如下：

① <A1>=SIN：产生正弦波；

其他参数：<A2>为其频率（单位：Hz），合法范围为 1～20 000 内正整数；<A3>为输出正弦波的幅值，单位为 mV，合法范围为 0～4 000 内正整数；<A4>为输出信号的直流电压，单位为 mV，合法范围为−4 000～4 000 内整数；<A5>无效，不写即可。

例 1 输出 100 Hz、峰峰值为 2 000 mV、直流偏移为 1 000 mV 的正弦波，指令为：

OPEN_SIG ⊔ SIN ⊔ 100 ⊔ 1000 ⊔ 1000 ↙

例 2 输出 100Hz、峰峰值为 2 000 mV、直流偏移−1 000 mV 的正弦波，指令为：

OPEN_SIG ⊔ SIN ⊔ 100 ⊔ 1000 ⊔−1000 ↙

注：实际 Pocket Lab 只能输出±4 000 mV 的电压，因此输入的幅值和直流偏移的绝对值不要大于 4 000。

② <A1>=REC：产生方波；

其他参数：<A2>为其频率（单位：Hz），合法范围为 1～5 000 内正整数；<A3>为输出方波的幅值，单位为 mV，合法范围为 0～4 000 内的正整数；<A4>为输出信号的直流电压，单位为 mV，合法范围为−4 000～4 000 内的整数；<A5>为其占空比，表示高电平占每个周期的百分比，合法范围为 0～99 内的正整数。

例 3 输出 100 Hz、峰峰值为 2 000 mV、直流偏移为 1 000 mV、占空比为 60%的矩形波，指令为：

OPEN_SIG ⊔ REC ⊔ 100 ⊔ 1000 ⊔ 1000 ⊔ 60 ↙

③ <A1>=TRI：产生三角波；

其他参数：<A2>为其频率（单位：Hz），合法范围为 1～5 000 内正整数；<A3>为输出三角波的幅值，单位为 mV，合法范围为 0～4 000 内的正整数；<A4>为输出信号的直流电压，单位为 mV，合法范围为−4 000～4 000 内的整数；<A5>无效，不写即可。

例 4 输出 100 Hz、峰峰值为 2 000 mV、直流偏移为 1 000 mV 的三角波，指令为：

OPEN_SIG ⊔ TRI ⊔ 100 ⊔ 1000 ⊔ 1000 ↙

当<A2>为 0 时，不论<A1><A3>为何，均输出<A4>对应的直流信号。

例 5 输出直流电平−1 000 mV，指令为：

OPEN_SIG ⊔ XXX ⊔ 0 ⊔ XXX ⊔−1000 ↙ XXX 表示任意字符。

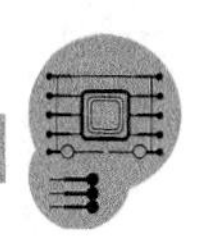

2.2 两通道独立输出信号发生器设置命令

功能:设置信号发生器的输出参数,两通道的参数需要单独设置。

发送:OPEN_SIG2 ⊔＜A1＞⊔＜A2＞⊔＜A3＞⊔＜A4＞⊔＜A5＞⊔＜A6＞↙

回复:Setting ⊔ SIG ⊔ OK! \r\n(共 17Byte)

参数说明:

＜A1＞为通道选择,输入 0 设置通道 0(CH0),1 对应通道 1(CH1)。

＜A2＞为信号类型,内容如下:

① SIN:产生正弦波;

其他参数:＜A3＞为其频率(单位:Hz),合法范围为 1～5 000 内正数,频率步进为 0.5 Hz;＜A4＞为输出正弦波的幅值,单位为 mV,合法范围为 0～4 000 内的正整数;＜A5＞为输出信号的直流电压,单位为 mV,合法范围为－4 000～4 000 内的整数;＜A6＞无效,不写即可。

例 6 设置通道 0 输出 100.5 Hz、峰峰值为 2 000 mV、直流偏移为 1 000 mV 的正弦波,指令为:

OPEN_SIG2 ⊔ 0 ⊔ SIN ⊔ 100.5 ⊔ 1000 ⊔ 1000 ↙

例 7 设置通道 1 输出 100 Hz、峰峰值为 2 000 mV、直流偏移为－1 000 mV 的正弦波,指令为:

OPEN_SIG2 ⊔ 1 ⊔ SIN ⊔ 100 ⊔ 1000 ⊔－1000 ↙

② REC:产生方波;

其他参数:＜A3＞为其频率(单位:Hz),合法范围为 1～5 000 内正数,频率步进为 0.5 Hz;＜A4＞为输出方波的幅值,单位为 mV,合法范围为 0～4 000 内的正整数;＜A5＞为输出信号的直流电压,单位为 mV,合法范围为－4 000～4 000 内的整数;＜A6＞为其占空比,表示高电平占每个周期的百分比,合法范围为 0～99 内的正整数。

例 8 设置通道 0 输出 100.5 Hz、峰峰值为 2 000 mV、直流偏移为 1 000 mV、占空比为 60%的矩形波,指令为:

OPEN_SIG2 ⊔ 0 ⊔ REC ⊔ 100.5 ⊔ 1000 ⊔ 1000 ⊔ 60 ↙

例 9 设置通道 1 输出 100.5Hz、峰峰值为 100 mV、直流偏移为 1 000 mV、占空比为 79%的矩形波,指令为:

OPEN_SIG2 ⊔ 1 ⊔ REC ⊔ 100 ⊔ 50 ⊔ 1000 ⊔ 79 ↙

③ TRI:产生三角波;

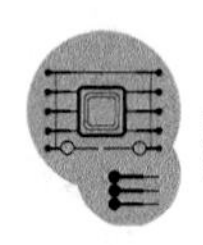

其他参数：＜A3＞为其频率(单位：Hz)，合法范围为 1～5 000 内正数，频率步进为 0.5 Hz；＜A4＞为输出三角波的幅值，单位为 mV，合法范围为 0～4 000 内的正整数；＜A5＞为输出信号的直流电压，单位为 mV，合法范围为－4 000～4 000 内的整数；＜A6＞无效，不写即可。

例 10　设置通道 1 输出 100 Hz、峰峰值为 2 000 mV、直流偏移为 1 000 mV 的三角波，指令为：

OPEN_SIG2 ⊔ 1 ⊔ TRI ⊔ 100 ⊔ 1000 ⊔ 1000 ↙

当＜A3＞为 0 时，不论＜A2＞＜A4＞为何，均输出＜A5＞对应的直流信号。

例 11　设置通道 1 输出直流电平 －1 000 mV，指令为：

OPEN_SIG2 ⊔ 1 ⊔ XXX ⊔ 0 ⊔ XXX ⊔－1000 ↙ XXX 表示任意字符。

2.3　关闭信号发生器命令

功能：Pocket Lab 停止产生输出信号，对差分输出和独立输出均有效，对独立输出而言是同时关闭两通道。此时 Pocket Lab 会输出一个接近 0 的电压。

发送：SET_SIG_OFF ↙

回复：SIG ⊔ turned ⊔ off！ \r\n(共 17Byte)

2.4　100 K 8 bit 示波器采样启动命令

功能：开启示波器，Pocket Lab 开始以 100 kHz 采样频率、8-bit 精度采集数据并发送。

发送：OPEN_OSC ⊔＜A1＞⊔＜A2＞⊔＜A3＞⊔＜A4＞↙

参数说明：

＜A1＞＜A3＞对应 AD0 AD1 两通道的耦合方式(0—DC 耦合，1—AC 耦合)

＜A2＞＜A4＞对应 AD0 AD1 的增益档位序号。

通道增益	1/8	1/4	1/2	1	2	4	8	16	32	64
增益档位序号	0	1	2	3	4	5	6	7	8	9
最大输入电压(mV)	4 000	4 000	3 200	1 500	800	400	200	100	50	25
分辨率(mV/LSB，因为实际增益会有误差，这里给出近似值)	103	52	26	13	6	3	1.6	0.8	0.4	0.2

回复：

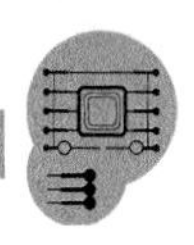

a. 首先返回标志信息 mode(char 型,1 字节),固定为十六进制 A3。

b. 然后返回实际设定的采样间隔十六进制 0A 00(int 型,共 2 字节,单位为 μs),表示采样周期为 10 μs。

c. 接着返回 CH0、CH1 在设置的档位下的偏移值 offset(两个 int 型,共 4 字节,单位为 mV,通道 0 在前)。

d. 然后是两通道的实际增益值 gain(两个 float 型,共 8 字节,单位 mV/LSB,通道 0 在前),数据顺序是低字节在前(例如,Pocket Lab 发送两字节 int 十六进制 CF 18,对应的 int 数是 0x18CF;发送四字节 float 98 D1 3F 42,实际应为 423FD198 ,float 为 IEEE 32bit float 格式,表示 47.9546814)。

e. 然后返还数据。数据格式为:ABABABABAB……其中每个 A 和 B 为一个字符(每个通道每个采样值 1 字节),分别对应通道 0 和通道 1 的 8 bit 采样值。每个通道的实际输入电压与采样值的换算公式为:

$$V = \text{offset} - \text{AD\_data} * \text{gain}(\text{mV})$$

例 12 设置通道 0 直流耦合,通道增益 1;通道 1 直流耦合,通道增益 1,指令为:

OPEN_OSC ␣ 0 ␣ 1 ␣ 0 ␣ 1 ↙

返回:A3 0A00 2618 4418 F6B64342 03194442(实际没有空格,空格是为了区分不同含义的数据),然后是采样数据。

解释:

a. 所有的数据为 A3 表示工作模式为 100 ks/s 8 bit;

b. 0A00 int 对应十进制 10,表示采样周期为 10 μs;

c. 2618 int 对应十进制 6182,即通道 0 的输入为 0 V 时对应的偏移是 6 182 mV;4418 int 对应十进制 6212,即通道 1 的输入为 0 V 时对应的偏移是 6 212 mV;

d. F6B64342 float 正确顺序应为 4243B6F6,按 IEEE 32-bit 浮点数解释约为 48.928 7,即通道 0 采集到的 AD 数据每一 LSB 对应 48.928 7;03194442 float 的正确顺序应为 42441903,按 IEEE 32-bit 浮点数解释约为 49.024 4,即通道 1 采集到的 AD 数据每一 LSB 对应 49.024 4;

例 13 设置通道 0 直流耦合,通道增益 1;通道 1 交流耦合,通道增益 4,指令为:

OPEN_OSC ␣ 0 ␣ 1 ␣ 1 ␣ 4 ↙

2.5 可变速率 12-bit 示波器采样启动命令

功能:开启示波器,Pocket Lab 开始以设定的采样频率(≤50 KSample/s)、12-bit 精

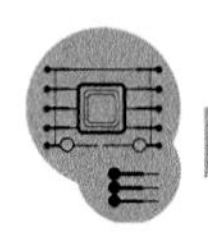

度采集数据并发送。(为了保证性能,建议采用 50 ks/s,其他采样率可能不能保证采样工作的连续性。)

发送:START_OSC12 ␣<A1>␣<A2>␣<A3>␣<A4>␣<A5>↙

参数说明:

<A1>对应需要的采样间隔,单位为 μs;Pocket Lab 会将实际采样率设置为尽可能接近输入采样间隔的采样频率。

<A2><A4>对应 AD0 AD1 两通道的耦合方式(0—DC 耦合,1—AC 耦合)。

<A3><A5>对应 AD0 AD1 的增益档位序号。

通道增益	1/8	1/4	1/2	1	2	4	8	16	32	64
增益档位序号	0	1	2	3	4	5	6	7	8	9
最大输入电压(mV)	4 000	4 000	3 200	1 500	800	400	200	100	50	25
分辨率(mV/LSB,因为实际增益会有误差,这里给出近似值)	6.5	3.2	1.6	0.8	0.38	0.19	0.099	0.05	0.025	0.0125

回复:

a. 首先返回标志信息 mode(char 型,1 字节),固定为十六进制 A1。

b. 然后返回实际设定的采样间隔(int 型,共 2 字节,单位为 μs),如 50 kHz 采样返回十六进制 14 00。

c. 随后返回 CH0、CH1 在设置的档位下的偏移值 offset(两个 int 型,共 4 字节,单位 mV,通道 0 在前)。

d. 然后是两通道的实际增益值 gain(两个 float 型,共 8 字节,单位 mV/LSB,通道 0 在前),数据顺序是低字节在前(例如,Pocket Lab 发送两字节 int 十六进制 CF. 18,对应的 int 数是 0x18CF;发送四字节 float 98 D1 3F 42,实际应为 423FD198 ,float 为 IEEE 32bit float 格式,表示 47.954 681 4)。

e. 最后开始返还数据。数据格式为:L0H0L1H1L0H0L1H1……其中每个 L0、H0、L1、H1 为一个字符。L0 和 H0 分别对应通道 0 低 8 位采样值和高 8 位采样值。L1 和 H1 分别对应通道 1 低 8 位采样值和高 8 位采样值。即 H0 L0 拼接成一个的 int 型,代表通道 0 的 12bit 采样数据。每个通道的实际输入电压与采样值的换算公式为:

$$V = offset - AD\_data * gain(mV)$$

例 14 设置采样率为 50 KSample/s,通道 0 直流耦合,通道增益 1;通道 1 交流耦合,通道增益 2,指令为:

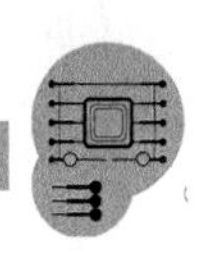

START_OSC12 ⊔ 20 ⊔ 0 ⊔ 3 ⊔ 0 ⊔ 4 ↙

2.6 示波器继续采集指令(100K 采样)

功能:按照上一次 OPEN_OSC 命令的参数设置不变,直接开始 AD 采样。一般它执行于 SET_OSC_OFF 命令之后,快速开始采集。

发送:CON_OSC ↙

回复:直接开始发送采样数据;数据格式为:CH0CH1CH0CH1……

2.7 示波器继续采集指令(可变采样率)

功能:按照上一次 START_OSC12 命令的参数设置不变,直接开始 AD 采样。一般它执行于 SET_OSC_OFF 命令之后,快速开始采集。

发送:CON_OSC2 ↙

回复:直接开始发送采样数据;数据格式根据之前设置精度为 8 bit 或 12 bit 有区别。

2.8 关闭示波器

功能:停止示波器工作(即停止采样与发送数据)。对所有示波器工作模式均有效。

发送:SET_OSC_OFF ↙

回复:OSC ⊔ turn ⊔⊔ off! \r\n(共 16Byte)停止采集数据;注意 turn 后有两个空格!

2.9 直流电压表

功能:开启直流电压测量功能,并返回输入的直流电压值。

发送:SET_VOLT ⊔<A1>⊔<A2>↙

参数说明:

<A1><A2>为输入通道的增益档位序号,同示波器。详见下表。

通道增益	1/8	1/4	1/2	1	2	4	8	16	32	64
增益档位序号	0	1	2	3	4	5	6	7	8	9
最大输入电压(mV)	4 000	4 000	3 200	1 500	800	400	200	100	50	25

回复:<V1><V2>(共 8Byte)Pocket Lab 直接返回 CH0 和 CH1 测量的结果(共 8 字节,float 型,单位为 mV,CH0 在前,数据格式仍为低字节在前,可参考示波器中返回的增益的计算方式)。由于 Pocket Lab 内部要计算平均值,返回结果可能稍慢,发送命令后

读取之前的延时或者读取的 Timeout 值可能需要稍微大一点(0.1s 已足够)。

3 逻辑分析仪相关指令

3.1 数字 I/O 控制

功能:使用逻辑分析仪的各项功能。

发送:SET_LOG ⊔<A1>⊔<A2>⊔<A3>↙

参数说明:

<A1>:操作命令,内容如下:

MOD: I/O 口的输入/输出方式,<A2>指定的数字 I/O 位号(0~7),<A3>数字对应的数据,决定该位的方式:0:输入,1:输出。

CLK:时钟方式。此时将<A2>对应的端口设置为输出时钟模式,<A3>为时钟周期(单位:0.1 ms),如输入 10,对应 1 kHz。频率范围为(1~10 kHz)。

HIG:将<A2>指定的端口输出电平设定为高。

LOW:将<A2>指定的端口输出电平设定为低。

回复:LOG ⊔ set! \r\n(共 10Byte)。

注意:上电后 I/O 口默认输入状态。

3.2 读取逻辑分析仪状态

功能:获取当前 8 个数字 I/O 的电平状态并立即返回。

发送:GET_LOG↙

回复:LOG <A1>

功能:<A1>是将逻辑分析仪接口状态以 8 位 16 进制数据表示成为 10 进制 ASCII 码字符串后发送。如收到"128"则对应 0x80。LED 亮灭对应于读取到的电平,是输入或输出电平取决于该引脚的 MODE。必须在 SET_LOG 后输入。

3.3 读取数字 I/O 的工作状态

功能:读取各个数字 I/O 当前的工作状态:输出还是输入。

发送:GET_LOG_MOD↙

回复:LOG ⊔ MODE ⊔<A1>\r\n(字节数不定,A1 可能为 1~3 字节)。

其中<A1>是将逻辑分析仪接口状态对应的十进制数的 ASCII 码(P7 为 MSB,p0

为 LSB,0—in,1—out,将 8 位二进制数转化为相应的十进制数,并用 ASCII 码表示相应的二进制数)。

例 15 当前的 0、4、5 引脚为输出状态,其余为输入状态,则返回:

LOG ⊔ MODE ⊔ 49\r\n(49 为 ASCII 码,不是二进制数据,对应十进制 49,二进制 00110001,即从 P7 至 P0 状态依次为:IN IN OUT OUT IN IN IN OUT)

3.4 简易逻辑分析仪

功能:以 100 kHz 的时钟频率读取各个数字引脚端当前的输入/输出电平并返回。

发送:LOG_OSC↙

回复:以 100kHz 的时钟频率进行对 8 个数字 I/O 的电平进行采样,并将 8 位二进制数合并为一个字节(P7 是 MSB,P0 是 LSB)的数据后,以每包 1024 字节的形式发送至串口。同时 LED 亮灭对应于读取到的电平。特别的,无论数字 I/O 处于输入/输出模式,均能读到正确的电平,但无法判断其为输入还是输出。另外,当 I/O 为输入状态并悬空时,其电平不能确定。

例 16 假设 I/O/全部为输出状态,从 P7 至 P0 依次为输出不变的电平:高低高高低低低高(10110001)。发送指令 GET_LOG↙

返回:(十六进制):B1B1B1B1……

3.5 关闭简易逻辑分析仪

功能:停止逻辑分析仪获取电平并返回数据。

发送:GET_LOG_OFF↙

回复:LOG ⊔ turn ⊔⊔ off! \r\n(共 16Byte)注意 turn 后有两个空格!

参考文献

[1] 冯军,谢嘉奎.电子线路—线性部分[M].5版.北京:高等教育出版社,2011.

[2] 冯军,谢嘉奎.电子线路—非线性部分[M].5版.北京:高等教育出版社,2010.